JOURNAL

DE

L'ÉCOLE POLYTECHNIQUE,

PUBLIÉ

PAR LE CONSEIL D'INSTRUCTION

DE CET ÉTABLISSEMENT.

NEUVIÈME CAHIER.

TOME III.

AVERTISSEMENT.

La *Théorie des fonctions analytiques*, qui forme le 9me. cahier du Journal de l'École Polytechnique, a été le sujet des leçons données par M. Lagrange à cette École, en 1795 et 1796. Elle est composée de trois parties :

La 1re. renferme les principes du calcul différentiel et du calcul intégral, rendus indépendans des notions d'*infiniment petits*.

La 2e. contient l'application de ces principes aux lignes et aux surfaces courbes ; la théorie des contacts que M. Lagrange y expose, n'a encore été transportée d'une manière complète dans aucun autre ouvrage.

Enfin, la 3e. partie traite de l'application du calcul des fonctions à la mécanique.

En 1799, M. Lagrange a repris le calcul des fonctions pour sujet de ses leçons à l'École Polytechnique. Ces nouvelles leçons, au nombre de vingt, composent le 12me. cahier du Journal de cette École ; elles sont un développement de la 1re. partie de la théorie des fonctions, notamment de la théorie des *sections angulaires*, et de celle des *équations primitives singulières*. Depuis l'impression du 12me. cahier, M. Lagrange a publié deux autres leçons qui sont relatives au calcul des variations envisagé d'une manière nouvelle, et ramené aux principes du calcul des fonctions. Ces deux leçons forment le supplément au 12me cahier, que l'École vient de publier en même temps que son 14me. cahier. En réunissant le 9me. cahier, le 12me. et son supplément, on aura tout ce que M. Lagrange a écrit sur le calcul des fonctions, et sur ses applications à la géométrie et à la mécanique.

THÉORIE

DES

FONCTIONS ANALYTIQUES.

Se trouve à PARIS,

Chez BERNARD, libraire, quai des Augustins, n.° 37.

THÉORIE
DES FONCTIONS ANALYTIQUES,

CONTENANT

LES PRINCIPES DU CALCUL DIFFÉRENTIEL,

DÉGAGÉS DE TOUTE CONSIDÉRATION

D'INFINIMENT PETITS OU D'ÉVANOUISSANS,

DE LIMITES OU DE FLUXIONS,

ET RÉDUITS

A L'ANALYSE ALGÉBRIQUE

DES QUANTITÉS FINIES;

Par J. L. LAGRANGE, de l'Institut national.

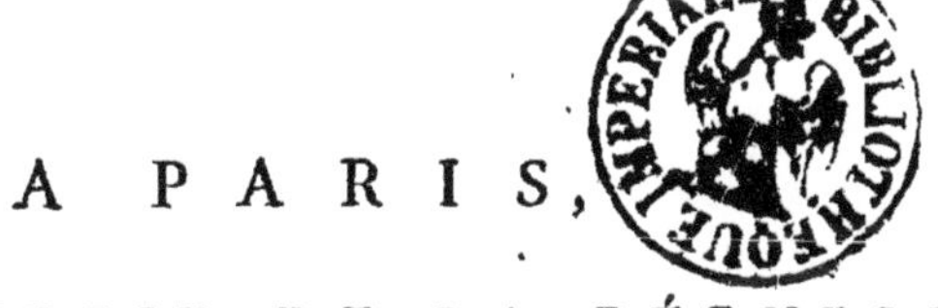

A PARIS,

DE L'IMPRIMERIE DE LA RÉPUBLIQUE.

Prairial an V.

TABLE

Des matières contenues dans cet Ouvrage.

THÉORIE DES FONCTIONS ANALYTIQUES.

PREMIÈRE PARTIE.

Exposition de la Théorie, avec ses principaux usages dans l'Analyse.

SECONDE PARTIE.

Application de la Théorie à la Géométrie et à la Mécanique.

Application à la Géométrie.

Application à la Mécanique.

FIN DE LA TABLE DES MATIÈRES.

THÉORIE
DES FONCTIONS ANALYTIQUES,

CONTENANT

Les principes du Calcul différentiel, dégagés de toute considération d'infiniment petits ou d'évanouissans, de limites ou de fluxions, et réduits à l'Analyse algébrique des quantités finies.

PREMIÈRE PARTIE.

Exposition de la Théorie, avec ses principaux usages dans l'Analyse.

---

1. On appelle *fonction* d'une ou de plusieurs quantités, toute expression de calcul dans laquelle ces quantités entrent d'une manière quelconque, mêlées ou non avec d'autres quantités qu'on regarde comme ayant des valeurs données et invariables, tandis que les quantités de la fonction peuvent recevoir toutes les valeurs possibles. Ainsi dans les fonctions on ne considère que les quantités qu'on suppose variables, sans aucun égard aux constantes qui peuvent y être mêlées.

2. Pour marquer une fonction d'une seule variable comme x, nous ferons simplement précéder cette variable de la lettre ou caractéristique f, ou F; mais lorsqu'on voudra désigner la fonction d'une quantité déjà composée

de cette variable, comme x^2 ou $a + bx$ ou &c., on renfermera cette quantité entre deux parenthèses. Ainsi fx désignera une fonction de x, $f(x^2)$, $f(a + bx)$, &c. désigneront des fonctions de x^2, de $a + bx$, &c.

Pour marquer une fonction de deux variables indépendantes comme x, y, nous écrirons $f(x, y)$, et ainsi des autres.

Lorsque nous voudrons employer d'autres caractéristiques pour marquer les fonctions, nous aurons soin d'en avertir.

Le mot *fonction* a été employé par les premiers analystes pour désigner en général les puissances d'une même quantité. Depuis on a étendu la signification de ce mot à toute quantité formée d'une manière quelconque d'une autre quantité. *Leibnitz* et les *Bernoulli* l'ont employé les premiers dans cette acception générale, et il est aujourd'hui généralement adopté.

3. Considérons donc une fonction fx d'une variable quelconque x. Si à la place de x on met $x + i$, i étant une quantité quelconque indéterminée, elle deviendra $f(x + i)$; et par la théorie des séries on pourra la développer en une suite de cette forme $fx + pi + qi^2 + ri^3 +$ &c., dans laquelle les quantités p, q, r, &c., coëfficiens des puissances de i, seront de nouvelles fonctions de x, dérivées de la fonction primitive fx, et indépendantes de la quantité i.

Il est clair que la forme des fonctions p, q, r, &c. dépendra uniquement de celle de la fonction fx; et on déterminera aisément ces fonctions dans les cas particuliers par les règles ordinaires de l'algèbre, en développant la fonction dans une série ordonnée suivant les puissances de i.

4. Cette manière de déduire d'une fonction donnée d'autres fonctions dérivées et dépendant essentiellement de la fonction primitive, est de la plus grande importance dans l'analyse. La formation et le calcul de ces différentes fonctions sont à proprement parler le véritable objet des nouveaux calculs, c'est-à-dire du calcul appelé *différentiel*, ou *fluxionnel*. Les premiers géomètres qui ont employé le calcul différentiel, *Leibnitz*, les *Bernoulli*, l'*Hopital*, &c. l'ont fondé sur la considération des quantités infiniment petites de différens ordres, et sur la supposition qu'on peut regarder et traiter comme égales les quantités qui ne diffèrent entre elles que par des quantités infiniment petites à leur égard. Contens d'arriver

par les procédés de ce calcul d'une manière prompte et sûre à des résultats exacts, ils ne se sont point occupés d'en démontrer les principes. Ceux qui les ont suivis, *Euler*, d'*Alembert*, &c. ont cherché à suppléer à ce défaut, en faisant voir, par des applications particulières, que les différences qu'on suppose infiniment petites, doivent être absolument nulles; et que leurs rapports, seules quantités qui entrent réellement dans le calcul, ne sont autre chose que les limites des rapports des différences finies, ou indéfinies.

Mais il faut avouer que cette idée, quoique juste en elle-même, n'est pas assez claire pour servir de principe à une science dont la certitude doit être fondée sur l'évidence, et sur-tout pour être présentée aux commençans; d'ailleurs il me semble que comme dans le calcul différentiel, tel qu'on l'emploie, on considère et on calcule en effet les quantités infiniment petites ou supposées infiniment petites elles-mêmes, la véritable métaphysique de ce calcul consiste en ce que l'erreur résultant de cette fausse supposition est redressée ou compensée par celle qui naît des procédés mêmes du calcul, suivant lesquels on ne retient dans la différenciation que les quantités infiniment petites du même ordre. Par exemple, en regardant une courbe comme un polygone d'un nombre infini de côtés chacun infiniment petit, et dont le prolongement est la tangente de la courbe, il est clair qu'on fait une supposition erronée; mais l'erreur se trouve corrigée dans le calcul par l'omission qu'on y fait des quantités infiniment petites. C'est ce qu'on peut faire voir aisément dans des exemples, mais dont il serait peut-être difficile de donner une démonstration générale.

5. *Newton*, pour éviter la supposition des infiniment petits, a considéré les quantités mathématiques comme engendrées par le mouvement, et il a cherché une méthode pour déterminer directement les vîtesses ou plutôt le rapport des vîtesses variables avec lesquelles ces quantités sont produites; c'est ce qu'on appelle, d'après lui, la *méthode des fluxions* ou *le calcul fluxionnel*, parce qu'il a nommé ces vîtesses *fluxions des quantités*. Cette méthode ou ce calcul s'accorde pour le fond et pour les opérations, avec le calcul différentiel, et n'en diffère que par la métaphysique qui paraît en effet plus claire, parce

que tout le monde a ou croit avoir une idée de la vîtesse. Mais, d'un côté, introduire le mouvement dans un calcul qui n'a que des quantités algébriques pour objet, c'est y introduire une idée étrangère, et qui oblige à regarder ces quantités comme des lignes parcourues par un mobile; de l'autre, il faut avouer qu'on n'a pas même une idée bien nette de ce que c'est que la vîtesse d'un point à chaque instant, lorsque cette vîtesse est variable; et on peut voir par le savant Traité des fluxions de *Maclaurin*, combien il est difficile de démontrer rigoureusement la méthode des fluxions, et combien d'artifices particuliers il faut employer pour démontrer les différentes parties de cette méthode.

Aussi *Newton* lui-même, dans son livre des Principes, a préféré, comme plus courte, la méthode des dernières raisons des quantités évanouissantes; et il faut avouer que c'est aux principes de cette méthode que se réduisent en dernière analyse les démonstrations relatives à celle des fluxions. Mais cette méthode a, comme celle des limites dont nous avons parlé plus haut, et qui n'en est proprement que la traduction algébrique, le grand inconvénient de considérer les quantités dans l'état où elles cessent, pour ainsi dire, d'être quantités; car quoiqu'on conçoive toujours bien le rapport de deux quantités tant qu'elles demeurent finies, ce rapport n'offre plus à l'esprit une idée claire et précise, aussitôt que ses deux termes deviennent l'un et l'autre nuls à-la-fois.

6. C'est pour prévenir ces difficultés, qu'un habile géomètre anglais, qui a fait dans l'analyse des découvertes importantes, a proposé dans ces derniers temps de substituer à la méthode des fluxions, jusqu'alors suivie scrupuleusement par tous les géomètres anglais, une autre méthode purement analytique, et analogue à la méthode différentielle, mais dans laquelle, au lieu de n'employer que les différences infiniment petites ou nulles des quantités variables, on emploie d'abord des valeurs différentes de ces quantités, qu'on égale ensuite, après avoir fait disparaître par la division le facteur que cette égalité rendrait nul. Par ce moyen, on évite à la vérité les infiniment petits, et les quantités évanouissantes; mais les procédés et les applications du calcul sont embarrassans et peu naturels, et il faut convenir que cette manière de rendre le calcul différentiel plus

rigoureux dans ses principes, lui fait perdre ses principaux avantages, la simplicité de la méthode et la facilité des opérations. *Voyez* l'ouvrage intitulé : *The residual analysis, a new branch of the algebric art by* John Landen, *London*, *1764*; ainsi que le discours publié par le même auteur, en 1758, sur le même objet.

Ces variations dans la manière d'établir et de présenter les principes du calcul différentiel, et même dans la dénomination de ce calcul, montrent, ce me semble, qu'on n'en avait pas saisi la véritable théorie, quoiqu'on eût trouvé d'abord les règles les plus simples et les plus commodes pour le mécanisme des opérations.

7. Dans un mémoire imprimé parmi ceux de l'académie de Berlin, de 1772, j'avançai que la théorie du développement des fonctions en série contenait les vrais principes du calcul différentiel, dégagés de toute considération d'infiniment petits, ou de limites, et je démontrai par cette théorie le théorème de *Tailor*, qu'on peut regarder comme le principe fondamental de ce calcul, et qu'on n'avait encore démontré que par le secours de ce même calcul, ou par la considération des différences infiniment petites.

Depuis, *Arbogast* a présenté à l'académie des sciences un beau mémoire, où la même idée est exposée avec des développemens et des applications qui lui appartiennent. Cet ouvrage ne doit rien laisser à désirer sur l'objet dont il s'agit; mais l'auteur n'ayant pas encore jugé à propos de le faire paraître, et m'étant trouvé engagé par des circonstances particulières à développer les principes généraux de l'analyse, j'ai rappelé mes anciennes idées sur ceux du calcul différentiel, et j'ai fait de nouvelles réflexions tendantes à les confirmer et à les généraliser; c'est ce qui a occasionné cet écrit, que je ne me détermine à publier que par la considération de l'utilité dont il peut être à ceux qui étudient cette branche importante de l'analyse.

8. Il peut au reste paraître surprenant que cette manière d'envisager le calcul différentiel ne se soit pas offerte plutôt aux géomètres, et sur-tout qu'elle ait échappé à *Newton*, inventeur de la méthode des séries et de celle des fluxions. Mais nous observerons à cet égard qu'en effet *Newton*

n'avait d'abord employé que la simple considération des séries pour résoudre le problème troisième du second livre des Principes, dans lequel il cherche la loi de la résistance nécessaire pour qu'un corps pesant décrive librement une courbe donnée; problème qui dépend naturellement du calcul différentiel ou fluxionnel. On sait que *Jean Bernoulli* trouva cette solution fausse, en la comparant avec celle qui résulte du calcul différentiel; et son neveu *Nicolas* prétendit que l'erreur venait de ce que *Newton* avait pris le troisième terme de la série convergente dans laquelle il réduisait l'ordonnée de la courbe donnée, pour la différentielle seconde de cette ordonnée, et le quatrième pour la différentielle troisième, au lieu que suivant les règles du calcul différentiel, ces termes ne sont, l'un que la moitié, l'autre que la sixième partie des mêmes différentielles. (*Voyez* les Mémoires de l'académie des sciences de 1711, et le tome I.er des Œuvres de *Jean Bernoulli.*) *Newton*, sans répondre, abondonna entièrement sa première méthode, et donna dans la seconde édition des principes une solution différente du même problème, fondée sur la méthode même du calcul différentiel. Depuis on n'a plus parlé de l'application de la méthode des séries à ce genre de problèmes, que pour avertir de la méprise dans laquelle *Newton* était tombé, et faire sentir la nécessité d'avoir égard à l'observation de *Nicolas Bernoulli.* (*Voyez* l'Encyclopédie, aux articles *différentiel*, *force.*) Mais nous ferons voir que cette méprise ne vient point du fond de la méthode, mais simplement de ce que *Newton* n'a pas tenu compte de tous les termes auxquels il fallait avoir égard, et nous rectifierons de cette manière sa première solution, dont aucun des commentateurs des Principes n'a fait mention.

9. Nous nous proposons dans cet écrit de considérer les fonctions qui naissent du développement d'une fonction quelconque. Nous donnerons la loi de leur formation et de leur dérivation, et nous en montrerons l'usage pour la transformation des expressions analytiques. Nous ferons ensuite l'application de ces fonctions dérivées aux principaux problèmes de géométrie et de mécanique qui se rapportent au calcul différentiel, et nous donnerons par-là à la solution de ces problèmes la rigueur des anciennes démonstrations. Enfin, nous ferons

voir l'identité de ce calcul des fonctions avec le calcul différentiel proprement dit, et nous démontrerons par ce moyen les principes et les règles connues de celui-ci, d'une manière indépendante de toute supposition et de toute métaphysique.

10. Mais pour ne rien avancer gratuitement, nous commencerons par examiner la forme même de la série qui doit représenter le développement de toute fonction fx, lorsqu'on y substitue $x+i$ à la place de x, et que nous avons supposée ne devoir contenir que des puissances entières et positives de i (n.° 3).

Cette supposition se vérifie en effet par le développement des différentes fonctions connues; mais personne, que je sache, n'a cherché à la démontrer *à priori*; ce qui me paraît néanmoins d'autant plus nécessaire, qu'il y a des cas particuliers où elle ne peut pas avoir lieu. D'ailleurs le calcul différentiel porte expressément sur cette même supposition, et les cas qui font exception sont précisément ceux où ce calcul a été accusé d'être en défaut.

Je vais d'abord démontrer que dans la série résultant du développement de la fonction $f(x+i)$, il ne peut se trouver aucune puissance fractionnaire de i, à moins qu'on ne donne à x des valeurs particulières.

En effet, il est clair que les radicaux de i ne pourraient venir que des radicaux renfermés dans la fonction primitive fx, et il est clair en même temps que la substitution de $x+i$, au lieu de x, ne pourrait ni augmenter ni diminuer le nombre de ces radicaux ni en changer la nature, tant que x et i sont des quantités indéterminées. D'un autre côté, on sait par la théorie des équations, que tout radical a autant de valeurs différentes qu'il y a d'unités dans son exposant, et que toute fonction irrationnelle a par conséquent autant de valeurs différentes qu'on peut faire de combinaisons des différentes valeurs des radicaux qu'elle renferme. Donc si le développement de la fonction $f(x+i)$ pouvait contenir un terme de la forme $ui^{\frac{m}{n}}$, la fonction fx serait nécessairement irrationnelle, et aurait par conséquent un certain nombre de valeurs différentes, qui serait le même pour la fonction $f(x+i)$, ainsi que pour son développement. Mais ce développement étant représenté par la série $fx+pi+qi^2+\&c.+ui^{\frac{m}{n}}+\&c.$,

chaque valeur de fx se combinerait avec chacune des n valeurs du radical $\sqrt[n]{i^m}$; de sorte que la fonction $f(x+i)$ développée, aurait plus de valeurs différentes que la même fonction non développée, ce qui est absurde.

Cette démonstration est générale et rigoureuse tant que x et i demeurent indéterminées; mais elle cesserait de l'être, si on donnait à x des valeurs déterminées; car il serait possible que ces valeurs détruisissent quelques radicaux dans fx, qui pourraient néanmoins subsister dans $f(x+i)$. Nous examinerons plus bas (n.° 34) ces cas particuliers et les conséquences qui en résultent.

11. Nous étant ainsi assurés de la forme générale du développement de la fonction $f(x+i)$, voyons plus particulièrement en quoi ce développement consiste, et ce que signifie chacun de ses termes.

On voit d'abord que si on cherche dans cette fonction ce qui est indépendant de la quantité i, il n'y a qu'à faire $i=0$, ce qui la réduit à fx. Ainsi fx est la partie de $f(x+i)$, qui reste lorsque la quantité i devient nulle; de sorte que $f(x+i)$ sera égale à fx, plus à une quantité qui doit disparaître en faisant $i=0$, et qui sera par conséquent, ou pourra être censée multipliée par une puissance positive de i: et comme nous venons de démontrer que dans le développement de $f(x+i)$ il ne peut entrer aucune puissance fractionnaire de i, il s'ensuit que la quantité dont il s'agit ne pourra être multipliée que par une puissance positive et entière de i; elle sera donc de la forme iP, P étant une fonction de x et i, qui ne deviendra point infinie lorsque $i=0$.

On aura donc ainsi $f(x+i)=fx+iP$, donc $f(x+i)-fx$ $=iP$, et par conséquent divisible par i; la division faite, on aura $P=$ $\frac{f(x+i)-fx}{i}$.

Or, P étant une nouvelle fonction de x et i, on pourra de même en séparer ce qui est indépendant de i, et qui par conséquent ne s'évanouit pas lorsque i devient nul. Soit donc p ce que devient P lorsqu'on fait $i=0$, p sera une fonction de x sans i: et par un raisonnement semblable au précédent, on prouvera que $P=p+iQ$, iQ étant la partie de P, qui devient nulle

nulle lorsque $i = 0$, et Q étant une nouvelle fonction de x et i qui ne devient pas infinie lorsque $i = 0$.

On aura donc $P - p = iQ$, et par conséquent divisible par i; la division faite, on aura $Q = \frac{P - p}{i}$. Soit q la valeur de Q, en y faisant $i = 0$, q sera une fonction de x sans i; et la partie de Q, qui devient nulle lorsque i devient nul, sera comme ci-dessus de la forme iR, R étant une fonction de x et i, qui ne deviendra pas infinie lorsque $i = 0$, et qu'on trouvera en divisant $Q - q$ par i: et ainsi de suite.

On aura, par ce procédé, $f(x+i) = fx + iP$, $P = p + iQ$, $Q = q + iR$, $R = r + iS$, &c.; donc, substituant successivement. $f(x+i) = fx + iP = fx + ip + i^2 Q = fx + ip + i^2 q + i^3 R =$ &c.; ce qui donnera pour le développement de $f(x+i)$, une série de la forme que nous avons supposée au commencement.

12. Soit, par exemple, $fx = \frac{1}{x}$, on aura $f(x+i) = \frac{1}{x+i}$; donc $iP = \frac{1}{x+i} - \frac{1}{x} = -\frac{i}{x(x+i)}$; $P = -\frac{1}{x(x+i)}$; $p = -\frac{1}{x^2}$; $iQ = -\frac{1}{x(x+i)} + \frac{1}{x^2} = \frac{i}{x^2(x+i)}$; $Q = \frac{1}{x^2(x+i)}$; $q = \frac{1}{x^3}$; $iR = \frac{1}{x^3(x+i)} - \frac{1}{x^3} = -\frac{i}{x^3(x+i)}$; $R = -\frac{1}{x^3(x+i)}$; $r = -\frac{1}{x^4}$, &c.; ainsi on aura $\frac{1}{x+i} = \frac{1}{x} - \frac{i}{x(x+i)} = \frac{1}{x} - \frac{i}{x^2} + \frac{i^2}{x^2(x+i)} = \frac{1}{x} - \frac{i}{x^2} + \frac{i^2}{x^3} - \frac{i^3}{x^3(x+i)} =$ &c., comme il résulte de la division actuelle.

Prenons encore pour exemple la fonction irrationnelle $\sqrt{x}$. On aura donc $fx = \sqrt{x}$, $f(x+i) = \sqrt{(x+i)} = \sqrt{x} + iP$; donc $iP = \sqrt{(x+i)} - \sqrt{x} = \frac{i}{\sqrt{(x+i)} + \sqrt{x}}$; $P = \frac{1}{\sqrt{(x+i)} + \sqrt{x}}$; $p = \frac{1}{2\sqrt{x}}$; $iQ = P - p = \frac{1}{\sqrt{(x+i)} + \sqrt{x}} - \frac{1}{2\sqrt{x}} =$

$\frac{\sqrt{x}-\sqrt{(x+i)}}{2\sqrt{x}[\sqrt{(x+i)}+\sqrt{x}]} = -\frac{i}{2\sqrt{x}[\sqrt{(x+i)}+\sqrt{x}]^2}$;
$Q = -\frac{1}{2\sqrt{x}[\sqrt{(x+i)}+\sqrt{x}]^2}$; $q = -\frac{1}{8x\sqrt{x}}$; $iR = Q - q$
$= \frac{1}{2\sqrt{x}}\left(\frac{1}{4x} - \frac{1}{[\sqrt{(x+i)}+\sqrt{x}]^2}\right) = \frac{1}{2\sqrt{x}} \times$
$\frac{[\sqrt{(x+i)}+3\sqrt{x}]\,[\sqrt{(x+i)}-\sqrt{x}]}{4x[\sqrt{(x+i)}+\sqrt{x}]^2} = \frac{i}{2\sqrt{x}} \times \frac{\sqrt{(x+i)}+3\sqrt{x}}{4x[\sqrt{(x+i)}+\sqrt{x}]^3}$;
$R = \frac{\sqrt{(x+i)}+3\sqrt{x}}{8x\sqrt{x}[\sqrt{(x+i)}+\sqrt{x}]^3}$; $r = \frac{1}{16x^2\sqrt{x}}$; &c.

De sorte qu'on aura de cette manière $\sqrt{(x+i)} = \sqrt{x} + \frac{i}{\sqrt{(x+i)}+\sqrt{x}}$ $= \sqrt{x} + \frac{i}{2\sqrt{x}} - \frac{i^2}{2\sqrt{x}[\sqrt{(x+i)}+\sqrt{x}]^2} = \sqrt{x} + \frac{i}{2\sqrt{x}} -$ $\frac{i^2}{8x\sqrt{x}} + \frac{\sqrt{(x+i)}+3\sqrt{x}}{8x\sqrt{x}[\sqrt{(x+i)}+\sqrt{x}]^3}\, i^3 = \sqrt{x} + \frac{i}{2\sqrt{x}} - \frac{i^2}{8x\sqrt{x}}$ $+ \frac{i^3}{16x^2\sqrt{x}} -$ &c. Cette dernière série est celle qu'on trouve par l'extraction actuelle de la racine quarrée ou par la formule du binome.

13. Il serait difficile d'exécuter ces opérations sur les fonctions irrationnelles plus compliquées; mais, en faisant disparaître les irrationnalités par rapport à la quantité i, l'application de la méthode n'aura plus de difficulté.

Ainsi, en reprenant l'exemple précédent, on partira de l'équation $\sqrt{(x+i)} = \sqrt{x} + iP$, qui étant élevée au quarré pour dégager l'i de dessous le signe radical, devient après la division par i, $1 = 2P\sqrt{x} + iP^2$; faisant $i = 0$, P devient p, et l'on aura $1 = 2p\sqrt{x}$; d'où $p = \frac{1}{2\sqrt{x}}$. On fera donc $P = p + iQ$, ce qui étant substitué, on aura, après la division par i, $0 = \frac{1}{4x} + 2Q\sqrt{x} + \frac{iQ}{\sqrt{x}} + i^2Q^2$. Faisant $i = 0$, Q devient q; donc on aura $\frac{1}{4x} + 2q\sqrt{x} = 0$, d'où l'on tire $q = -\frac{1}{8x\sqrt{x}}$. On fera donc $Q = q + iR$; et ainsi de suite.

On peut, à la vérité, trouver les valeurs de p, q, r, &c. d'une manière plus expéditive, en faisant tout de suite l'équation

$$\sqrt{(x+i)} = \sqrt{x} + pi + qi^2 + ri^3 + \&c.,$$

l'élevant au quarré pour dégager la quantité i de dessous le signe, et comparant ensuite les termes affectés des mêmes puissances de i, pour que cette quantité puisse demeurer indéterminée, comme on le suppose; mais la méthode précédente a l'avantage de ne développer la série qu'autant qu'on veut, et de donner la valeur exacte du reste. En effet, si on voulait, par exemple, s'arrêter au second terme pi, on aurait Qi^2 pour la valeur du reste, et on pourrait déterminer Q par la résolution de l'équation en Q. Dans l'exemple ci-dessus, cette équation est $i^2Q^2 + Q(2\sqrt{x} + \frac{i}{\sqrt{x}}) + \frac{i}{4x} = 0$, et pour la résoudre de manière que l'expression de Q ne présente pas la quantité i au dénominateur, il n'y a qu'à faire $Q = \frac{1}{V}$, ce qui réduira l'équation à cette forme, $V^2 + 4V(2x\sqrt{x} + i\sqrt{x}) + 4x^2i^2 = 0$, d'où l'on tire

$$V = -4x\sqrt{x} - 2i\sqrt{x} \pm 4x\sqrt{(x+i)};$$

et comme Q ne doit pas devenir infini, lorsque $i = 0$ (n.° 11), il faudra que V ne devienne pas nul dans le même cas; par conséquent il faudra prendre le signe inférieur du radical; on aura ainsi

$$V = -2\sqrt{x}(2x+i) - 4x\sqrt{(x+i)},$$

et de là

$$Q = -\frac{1}{2\sqrt{x}(2x+i) + 4x\sqrt{(x+i)}} = -\frac{1}{2\sqrt{x}[\sqrt{(x+i)} + \sqrt{x}]^2}.$$

comme plus haut. On en usera de même dans tous les cas semblables.

14. Mais le principal avantage de la méthode que nous avons exposée, consiste en ce qu'elle fait voir comment les fonctions p, q, r, &c. résultent de la fonction principale fx, et sur-tout en ce qu'elle prouve que les restes iP, iQ, iR, &c. sont des quantités qui doivent devenir nulles lorsque $i = 0$; d'où l'on tire cette conséquence importante, que dans la série $fx + pi + qi^2 + ri^3 +$ &c. qui naît du développement de $f(x+i)$, on peut toujours

prendre i assez petit pour qu'un terme quelconque soit plus grand que la somme de tous les termes qui le suivent; et que cela doit avoir lieu aussi pour toutes les valeurs plus petites de i.

Car, puisque les restes iP, iQ, iR, &c. sont des fonctions de i qui deviennent nulles, par la nature même du développement, lorsque $i = 0$, il s'ensuit qu'en considérant la courbe dont i serait l'abcisse, et l'une de ces fonctions l'ordonnée, cette courbe coupera l'axe à l'origine des abscisses; et à moins que ce point ne soit un point singulier, ce qui ne peut avoir lieu que pour des valeurs particulières de x, comme il est facile de s'en canvaincre avec un peu de réflexion, et par un raisonnement analogue à celui du n.° 10 ci-dessus, le cours de la courbe sera nécessairement continu depuis ce point; donc elle s'approchera peu à peu de l'axe avant de le couper, et s'en approchera, par conséquent d'une quantité moindre qu'aucune quantité donnée; de sorte qu'on pourra toujours trouver une abscisse i correspondant à une ordonnée moindre qu'une quantité donnée; et alors toute valeur plus petite de i répondra aussi à des ordonnées moindres que la quantité donnée.

On pourra donc prendre i assez petit, sans être nul, pour que iP soit moindre que fx, ou pour que iQ soit moindre que p, ou pour que iR soit moindre que q, et ainsi des autres; et par conséquent pour que i^2R soit moindre que ip, ou que i^3R soit moindre que i^2q, &c.; donc, puisque (n.° 11) $iP = ip + i^2q + i^3r +$ &c., $i^2Q = i^2q + i^3r +$ &c., $i^3R = i^3r +$ &c., il s'ensuit qu'on pourra toujours donner à i une valeur assez petite pour que chaque terme de la série $fx + ip + i^2q + i^3r +$ &c. devienne plus grand que la somme de tous les termes suivans; et alors toute valeur de i plus petite que celle-là satisfera toujours à la même condition.

On doit regarder ce théorème comme un des principes fondamentaux de la théorie que nous nous proposons de développer: on le suppose tacitement dans le calcul différentiel et dans celui des fluxions, et c'est par cet endroit qu'on peut dire que ces calculs donnent le plus de prise sur eux, sur-tout dans leur application aux problèmes géométriques et mécaniques.

15. Au reste, il est facile de voir que la manière que nous venons de

donner pour trouver successivement les termes de la série qui représente une fonction de $x + i$, développée suivant les puissances de i, peut s'appliquer en général au développement de toute fonction de x et de i, pourvu que cette fonction soit susceptible d'être réduite en une série qui procède suivant les puissances positives et entières de i. Car le raisonnement du n.° 9, par lequel nous avons prouvé que toute fonction de $x + i$ est, généralement parlant, susceptible de cette forme, ne pourrait pas s'appliquer en général à une fonction quelconque de x et i. Mais dans les cas où cette réduction est possible, on pourra toujours appliquer à la série résultant du développement suivant les puissances ascendantes de i, la conséquence que nous en avons tirée dans le n.° 14; savoir, que la quantité i pourra être prise assez petite pour qu'un terme quelconque de la série soit plus grand que tous ceux qui le suivent, pris ensemble.

16. Après ces considérations générales sur le développement des fonctions, nous allons considérer en particulier la formule du n.° 3;

$$f(x+i) = fx + pi + qi^2 + ri^3 + \&c.,$$

et chercher comment les fonctions dérivées p, q, r, &c. dépendent de la fonction primitive fx.

Pour cela, supposons que l'indéterminée x devienne $x + o$, o étant une quantité quelconque indéterminée et indépendante de i, il est visible que $f(x+i)$ deviendra $f(x+i+o)$; et l'on voit en même temps que l'on aurait le même résultat en mettant simplement $i + o$ à la place de i dans $f(x+i)$. Donc aussi le résultat doit être le même, soit qu'on mette dans la série $fx + pi + qi^2 + ri^3 + \&c.$, $i + o$ à la place de i, soit qu'on y mette $x + o$ au lieu de x.

La première substitution donnera

$$fx + p(i+o) + q(i+o)^2 + r(i+o)^3 + \&c.;$$

savoir, en développant les puissances de $i + o$, et n'écrivant, pour plus de simplicité, que les deux premiers termes de chaque puissance, parce que la comparaison de ces termes suffira pour les déterminations dont nous avons besoin,

$$fx + pi + qi^2 + ri^3 + si^4 + \&c.;$$
$$+ po + 2qio + 3ri^2o + 4si^3o + \&c.$$

Pour faire l'autre substitution, soit $fx + f'xo + \&c.$, $p + p'o + \&c.$; $q + q'o + \&c.$ $r + r'o + \&c.$, ce que deviennent les fonctions fx, p; q, r, &c. en y mettant $x + o$ pour x, et ne considérant dans le développement que les termes qui contiennent la première puissance de o, il est clair que la même formule deviendra

$$\begin{aligned} &fx + pi + qi^2 + ri^3 + si^4 + \&c. \\ &\quad + f'xo + p'io + q'i^2o + r'i^3o + \&c. \end{aligned}$$

Comme ces deux résultats doivent être identiques, quelles que soient les valeurs de i et de o, on aura, en comparant les termes affectés de o, de io, de i^2o, &c. $p = f'x$, $2q = p'$, $3r = q'$, $4s = r'$, &c.

Maintenant, de même que $f'x$ est la première fonction dérivée de fx, il est clair que p' est la première fonction dérivée de p, que q' est la première fonction dérivée de q, r' la première fonction dérivée de r, et ainsi de suite. Donc, si, pour plus de simplicité et d'uniformité, on dénote par $f'x$ la première fonction dérivée de fx, par $f''x$ la première fonction dérivée de $f'x$, par $f'''x$ la première fonction dérivée de $f''x$, et ainsi de suite, on aura $p = f'x$, et de-là $p' = f''x$; donc $q = \frac{p'}{2} = \frac{f''x}{2}$; donc $q' = \frac{f'''x}{2}$, et de-là $r = \frac{q'}{3} = \frac{f'''x}{2 \cdot 3}$; donc $r' = \frac{f^{\text{IV}}x}{2 \cdot 3}$, et de-là $s = \frac{r'}{4} = \frac{f^{\text{IV}}x}{2 \cdot 3 \cdot 4}$, et ainsi de suite.

Donc, substituant ces valeurs dans le développement de la fonction $f(x + i)$, on aura

$$f(x + i) = fx + f'xi + \frac{f''x}{2}i^2 + \frac{f'''x}{2 \cdot 3}i^3 + \frac{f^{\text{IV}}x}{2 \cdot 3 \cdot 4}i^4 + \&c.$$

Cette nouvelle expression a l'avantage de faire voir comment les termes de la série dépendent les uns des autres, et sur-tout comment, lorsqu'on sait former la première fonction dérivée d'une fonction primitive quelconque, on peut former toutes les fonctions dérivées que la série renferme.

17. Nous appellerons la fonction fx, *fonction primitive*, par rapport aux fonctions $f'x$, $f''x$, &c. qui en dérivent, et nous appellerons celles-ci, *fonctions dérivées*, par rapport à celle-là. Nous nommerons de plus la première

fonction dérivée $f'x$, *fonction prime*; la seconde dérivée $f''x$, *fonction seconde*; la troisième fonction dérivée $f'''x$, *fonction tierce*, et ainsi de suite.

De la même manière, si y est supposé une fonction de x, nous dénoterons ses fonctions dérivées par y', y'', y''', &c. de sorte que y étant une fonction primitive, y' sera sa fonction *prime*, y'' en sera la fonction *seconde*, y''' la fonction *tierce*, et ainsi de suite.

De sorte que x devenant $x + i$, y deviendra $y + y'i + \frac{y''i^2}{2} + \frac{y'''i^3}{2.3} +$ &c.

18. Ainsi, pourvu qu'on ait un moyen d'avoir la fonction prime d'une fonction primitive quelconque, on aura, par la simple répétition des mêmes opérations, toutes les fonctions dérivées, et par conséquent tous les termes de la série qui résulte du développement de la fonction primitive.

Soit donc d'abord $fx = x^m$, on aura $f(x + i) = (x + i)^m$; or, il est facile de démontrer, soit par les simples règles de l'arithmétique, soit par les premières opérations de l'algèbre, que les deux premiers termes de la puissance m du binome $x + i$ sont $x^m + mx^{m-1}i$, soit que m soit un nombre entier ou fractionnaire, positif ou négatif; ainsi on aura $f'x = mx^{m-1}$. De-là on tirera de la même manière $f''x = m(m - 1)x^{m-2}$; $f'''x = m(m - 1)(m - 2)x^{m-3}$, &c.; de sorte qu'on aura

$$(x + i)^m = x^m + mx^{m-1}i + \frac{m(m-1)}{2}x^{m-2}i^2 + \frac{m(m-1)(m-2)}{2 \cdot 3}x^{m-3}i^3 + \text{\&c.}$$

ce qui est la formule connue du binome, laquelle se trouve ainsi démontrée pour toutes les valeurs de m.

19. Soit en second lieu $fx = a^x$, on aura $f(x + i) = a^{x+i} = a^x a^i$; ainsi tout se réduit à trouver les deux premiers termes de la série de a^i, développée suivant les puissances de i.

Soit, pour cela, $a = 1 + b$, alors $a^i = (1 + b)^i = 1 + ib + \frac{i(i-1)}{2}b^2 + \frac{i(i-1)(i-2)}{2.3}b^3 +$ &c., par la formule que nous venons de démontrer. Développant les produits de i, $i - 1$, $i - 2$, &c.,

et ordonnant les termes suivant les puissances de i, on trouvera que les termes multipliés par i sont $i\left(b - \frac{b^2}{2} + \frac{b^3}{3} - \&c.\right)$.

Donc, faisant, pour abréger, $A = b - \frac{b^2}{2} + \frac{b^3}{3} - \&c. = a - 1 - \frac{(a-1)^2}{2} + \frac{(a-1)^3}{3} - \&c.$, les deux premiers termes de la valeur de a^i en série seront $1 + Ai$; donc on aura $f'x = Aa^x$. On tirera de-là, par la même opération répétée, $f''x = A \times A a^x = A^2 a^x$, $f'''x = A^3 a^x$, &c. On aura ainsi $f(x+i) = a^{x+i} = a^x\left(1 + Ai + \frac{A^2 i^2}{2} + \frac{A^3 i^3}{2 \cdot 3} + \&c.\right)$ Divisant par a^x, et changeant i en x, on aura la série connue $a^x = 1 + Ax + \frac{A^2 x^2}{2} + \frac{A^3 x^3}{2 \cdot 3} + \&c.$

20. Si dans cette formule on fait $x = 1$, on aura

$$a = 1 + A + \frac{A^2}{2} + \frac{A^3}{2 \cdot 3} + \&c.$$

et si on fait $x = \frac{1}{A}$, on aura

$$a^{\frac{1}{A}} = 1 + 1 + \frac{1}{2} + \frac{1}{2 \cdot 3} + \frac{1}{2 \cdot 3 \cdot 4} + \&c.$$

Ainsi la quantité $a^{\frac{1}{A}}$ est égale à un nombre constant, qui est la valeur de a, lorsque $A = 1$; et ce nombre déterminé par la série précédente, se trouve

$$= 2{,}71828\ 18284\ 59045 \ldots\ldots$$

C'est le nombre qu'on désigne ordinairement par e; de sorte que la relation entre a et A se trouve exprimée d'une manière finie par l'équation $a^{\frac{1}{A}} = e$, laquelle donne $a = e^A$.

Or, dans l'équation $y = a^x$, x est ce qu'on appelle le logarithme de y, a étant la base du système logarithmique, c'est-à-dire, le nombre dont le logarithme est l'unité; de sorte que cette équation donne $x = \log. y$ pour la la base a. Par la même raison, l'équation $a^{\frac{1}{A}} = e$ donnera $\frac{1}{A} = \log.\, e$ pour la base a, et $A = \log.\, a$ pour la base e.

Dans le système des logarithmes ordinaires, la base a a été prise $= 10$, parce que ces logarithmes sont plus commodes pour le calcul arithmétique; mais dans l'analyse on préfère, comme plus simple, le système dont la base est le nombre e; c'est le système des logarithmes de *Naper*, qu'on nomme communément *logarithmes hyperboliques*, parce qu'ils sont représentés par l'aire de l'hyperbole équilatère entre ses asymptotes; et on les désigne par la simple caractéristique l. Ainsi on a $A = la$; par conséquent la fonction prime de la fonction a^x, est exprimée par $a^x la$ (*n.° précédent*). Au reste, comme $a = e^A$, on aura $a = e^{la}$, et par conséquent $a^x = e^{xla}$; moyennant quoi on peut réduire toutes les exponentielles à la même base e.

21. Soit donc, en troisième lieu, $fx = \log.\, x$, on aura, par la nature des logarithmes, $x = a^{fx}$. Or, x devenant $x + i$, fx devient $f(x+i) = fx + if'x + \frac{i^2}{2} f''x + \&c.$ Faisant, pour abréger, $o = if'x + \frac{i^2}{2} f''x + \&c.$ l'équation $x = a^{fx}$ deviendra (en y mettant $x + i$ pour x) $x + i = a^{fx+o} = a^{fx} \times a^o$, et divisant cette équation par la précédente, on aura $1 + \frac{i}{x} = a^o = 1 + Ao + \frac{A^2 o^2}{2} + \&c.$ (*n.° 19*). Effaçant l'unité de part et d'autre, et divisant par i, après avoir substitué la valeur de o, on aura, en ordonnant suivant les puissances de i,

$$\frac{1}{x} = Af'x + \frac{i}{2}(Af''x + A^2 f'x^2) + \&c.$$

La quantité i étant et devant demeurer indéterminée, il faudra que cette équation se vérifie indépendamment de cette quantité; par conséquent tous les termes affectés d'une même puissance de i devront se détruire d'eux-mêmes, et former autant d'équations à part. On aura donc ainsi $\frac{1}{x} = Af'x$, $Af''x + A^2 f'x^2 = 0$, et ainsi de suite.

Donc, fx étant $= \log.\, x$, on aura en général $f'x = \frac{1}{Ax} = \frac{1}{xla}$ (*n.° 20*);

C

et de là, par la formule générale du n.° 18, on tirera $f''x = -\frac{1}{x^2 la}$
$f'''x = \frac{2}{x^3 la}$, $f^{\text{IV}}x = -\frac{2 \cdot 3}{x^4 la}$ &c., valeurs qui satisfont, comme l'on voit, aux différentes équations trouvées ci-dessus. Ainsi, par la substitution de ces valeurs dans la série $fx + if'x + \frac{i^2}{2} f''x + $ &c., on aura sur-le-champ

$$\log.(x+i) = lx + \frac{i}{xla} - \frac{i^2}{2x^2 la} + \frac{i^3}{2 \cdot 3 x^3 la} - \text{\&c.}$$

Faisant $x = 1$, et changeant i en x, on aura la formule connue

$$\log.(1+x) = \frac{x - \frac{x^2}{2} + \frac{x^3}{3} - \text{\&c.}}{la}.$$

Pour les logarithmes hyperboliques où $le = 1$, on aura simplement $fx = lx$, $f'x = \frac{1}{x}$, $f''x = -\frac{1}{x^2}$, &c.

22. Ces formules pour le développement en série des exponentielles et des logarithmes sont assez connues, et on les démontre, ou par le calcul différentiel, ou par la seule formule du binome, mais en employant la considération de l'infini ou de l'infiniment petit, comme on le voit dans l'*Introductio in analysin* d'*Euler*. Quoique cette manière de démontrer, dont *Halley* est, je crois, l'auteur (*Trans. phil. n.° 216*), puisse être admise en analyse, on ne saurait disconvenir qu'elle n'a pas l'évidence ni même la rigueur qu'on doit désirer dans les élémens d'une science, et nous croyons qu'on nous saura gré de nous écarter ici un moment de notre marche, pour donner une démonstration des mêmes formules, fondée aussi uniquement sur celle du binome, mais dégagée de toute considération de l'infini. Nous donnerons même à ces formules une généralisation qui servira à rendre les séries aussi convergentes qu'on voudra dans tous les cas.

Considérons donc l'équation générale $y = a^x$, dans laquelle x est le logarithme de y pour la base a; mettons à la place de a, $1 + a - 1$, ce qui est la même chose, et ensuite à la place de $(1 + a - 1)^x$, $[(1 + a - 1)^n]^{\frac{x}{n}}$, ce qui est encore la même chose que a^x; on aura

$$y = [(1 + a - 1)^n]^{\frac{x}{n}},$$

n étant une quantité quelconque qui disparaît d'elle-même dans la valeur de y.

Je développe maintenant le binome $(1 + a - 1)^n$ dans la série $1 + n(a - 1) + \frac{n(n-1)}{2}(a - 1)^2 + \frac{n(n-1)(n-2)}{2 \cdot 3}(a - 1)^3 + \&c.$, et j'ordonne les termes suivant les puissances de n, j'aurai

$$(1 + a - 1)^n = 1 + An + Bn^2 + \&c.,$$

les coëfficiens A, B, &c. étant donnés en a; et il est aisé de voir qu'on aura d'abord

$$A = a - 1 - \frac{(a-1)^2}{2} + \frac{(a-1)^3}{3} - \&c.;$$

cette quantité A étant la même que celle du n.° 19 ci-dessus. A l'égard des autres coëfficiens, nous n'aurons pas besoin de les chercher, puisqu'ils disparaîtront du calcul, comme on va le voir.

Faisant cette substitution, nous aurons $y = (1 + An + Bn^2 + \&c.)^{\frac{x}{n}}$; et développant à la manière du binome, il viendra

$$y = 1 + \frac{x}{n}(An + Bn^2 + \&c.) + \frac{x(x-n)}{2n^2}(An + Bn^2 + \&c.)^2 + \frac{x(x-n)(x-2n)}{2 \cdot 3 n^3}(An + Bn^2 + \&c.)^3 + \&c.,$$

savoir, en effaçant les puissances de n, communes aux numérateurs et aux dénominateurs,

$$y = 1 + x(A + Bn + \&c.) + \frac{x(x-n)}{2}(A + Bn + \&c.)^2 + \frac{x(x-n).(x-2n)}{2 \cdot 3}(A + Bn + \&c.)^3 + \&c.$$

Maintenant, comme la quantité n est arbitraire, et doit par la nature même de la fonction y disparaître de l'expression de cette fonction, il faudra que tous les termes multipliés par chaque puissance de n se détruisent mutuellement. Ne tenant donc aucun compte de ces termes qui doivent disparaître d'eux-mêmes, quel que soit n, on aura simplement

$$y = a^x = 1 + xA + \frac{x^2A^2}{2} + \frac{x^3A^3}{2.3} + \&c.$$

comme plus haut (n.° 19).

23. Cherchons de la même manière la valeur de x en y. Pour cela, nous mettrons l'équation $a^x = y$ sous la forme $(1 + a - 1)^{nx} = (1 + y - 1)^n$, qui est identique avec la précédente, et où n est encore une quantité quelconque à volonté, qui ne doit point entrer dans la valeur de x en y.

Développant les deux membres à la manière du binome, on aura

$$1 + nx(a-1) + \frac{nx(nx-1)}{2}(a-1)^2 + \frac{nx(nx-1)(nx-2)}{2.3}(a-1)^3 + \&c.$$

$$= 1 + n(y-1) + \frac{n(n-1)}{2}(y-1)^2 + \frac{n(n-1)(n-2)}{2.3}(y-1)^3 + \&c.;$$

savoir, en effaçant l'unité de part et d'autre, et divisant par n:

$$x(a-1) + \frac{x(nx-1)}{2}(a-1)^2 + \frac{x(nx-1)(nx-2)}{2.3}(a-1)^3 + \&c.$$

$$= y - 1 + \frac{n-1}{2}(y-1)^2 + \frac{(n-1)(n-2)}{2.3}(y-1)^3 + \&c.$$

Or n étant, comme nous l'avons déjà dit, une quantité entièrement arbitraire et qui ne doit pas entrer dans l'expression de x en y, il faudra que les termes multipliés par les différentes puissances de n se détruisent d'eux-mêmes, en sorte qu'il ne reste que ceux où n n'entrera pas. On aura ainsi, en ne tenant compte que des termes sans n, l'équation suivante, dans laquelle j'emploie, pour abréger, la quantité A déterminée ci-dessus:

$$xA = y - 1 - \tfrac{1}{2}(y-1)^2 + \tfrac{1}{3}(y-1)^3 - \&c.$$

d'où l'on tire

$$x = \log. y = \frac{y - 1 - \frac{1}{2}(y-1)^2 + \frac{1}{3}(y-1)^3 - \&c.}{A},$$

formule connue, et qui s'accorde avec celle du n.° 21, A étant $= la$.

24. Mais cette formule n'est convergente que lorsque le nombre y, dont elle donne le logarithme, est peu différent de l'unité. Aussi n'est-elle

d'aucune utilité pour le calcul des logarithmes ordinaires. Voici un moyen de la rendre convergente pour tous les nombres.

Il est évident que l'équation fondamentale $y = a^x$ peut se changer en celle-ci $y^m = a^{mx}$, m étant un nombre quelconque entier ou fractionnaire. Employant donc cette dernière formule à la place de l'autre, il n'y aura qu'à changer dans celle-ci y en y^m et x en mx. On aura donc en général

$$x = \log. y = \frac{y^m - 1 - \frac{1}{2}(y^m - 1)^2 + \frac{1}{3}(y^m - 1)^3 - \&c.}{mA},$$

où l'on pourra prendre pour m une fraction $\frac{1}{r}$, telle que $\sqrt[r]{y}$ soit toujours un nombre aussi peu différent de l'unité qu'on voudra.

Supposons, ce qui est toujours possible, que la racine r de y ne contienne que l'unité avant la virgule, et qu'après la virgule il y ait s zéro, alors si on s'arrête à $2s$ décimales, il est visible que le terme $(y^m - 1)^2$, et à plus forte raison les termes suivans, ne donneront rien ; de sorte qu'on aura simplement dans ce cas

$$x = \frac{y^m - 1}{mA} \text{ ou } r\frac{\sqrt[r]{y} - 1}{A}.$$

De la même manière, on aura aussi, sous les mêmes conditions, $A = r(\sqrt[r]{a} - 1)$; et par conséquent $x = \frac{\sqrt[r]{y} - 1}{\sqrt[r]{a} - 1}$.

C'est par cette formule que *Brigs* a calculé les premiers logarithmes. Il avait remarqué qu'en faisant des extractions successives de racines quarrées d'un nombre quelconque, si on s'arrête dans une de ces extractions à deux fois autant de décimales qu'il y aura de zéros à la suite de l'unité, lorsqu'il n'y a plus que l'unité avant la virgule, la partie décimale de cette racine se trouve exactement la moitié de celle de la racine précédente, en sorte que ces parties décimales ont entre elles le même rapport que les logarithmes des racines mêmes ; c'est ce qui résulte évidemment des formules précédentes.

Ainsi, en prenant $r = 2^{60}$, on trouve pour $a = 10$

$\sqrt[r]{a} = 1,$ 00000 00000 00000 00199 71742 08125 50527,

$\frac{1}{r} = 0,$ 00000 00000 00000 00086 73617 37988 40354.

De sorte que $\frac{1}{r} \times \frac{1}{\sqrt[r]{a}-1} = \frac{8673617379884035\,4}{1997174208125505\,27}$

$= 0,\ 43429\ 44819\ 03251\ldots = \frac{1}{A} = \frac{1}{la} = \text{log. } e.$

Si maintenant on veut avoir, par exemple, le logarithme de 3, on fera $y = 3$, et employant de même 60 extractions de racines quarrées, on trouvera

$\sqrt[r]{y} = 1,\ 00000\ 00000\ 00000\ 00095\ 28942\ 64074\ 58932\ldots,$

et de-là

$x = \text{log. } y = \frac{\sqrt[r]{y}-1}{\sqrt[r]{a}-1} = \frac{9528942640745893 2\ldots}{1997174208125505 27\ldots}$

$= 0,\ 47712\ 12547\ 19662\ldots$

Cette méthode est, comme l'on voit, très-laborieuse, par le grand nombre d'extractions de racines qu'elle demande pour avoir un résultat en plusieurs décimales; mais la formule générale que nous avons donnée ci-dessus pour l'expression de x en y, sert à la simplifier et à la compléter; car, quel que soit le nombre y, il suffira d'en extraire quelques racines quarrées jusqu'à ce qu'on parvienne à un nombre y^m ou $\sqrt[r]{y}$, qui n'ait que l'unité avant la virgule; alors les puissances de $y^m - 1$ seront des fractions d'autant plus petites qu'elles seront plus hautes; et par conséquent la série deviendra assez convergente, pour qu'il suffise d'en prendre un petit nombre de termes.

25. On peut appliquer la méthode précédente à la recherche des séries qui expriment le sinus par l'arc, ou l'arc par le sinus, et pour lesquelles on emploie aussi (comme l'a fait *Euler* dans le même ouvrage) la considération de l'infiniment petit et de l'infini.

En effet, en partant de la formule connue pour la multiplication des angles $\cos. nx + \sin. nx\sqrt{-1} = (\cos. x + \sin. x\sqrt{-1})^n$, on a réciproquement

$$\cos. x + \sin. x\sqrt{-1} = (\cos. nx + \sin. nx\sqrt{-1})^{\frac{1}{n}},$$

où le nombre n peut être quelconque.

Maintenant, quelle que soit l'expression de $\sin. x$ en série de l'arc x, elle ne peut être que de la forme $Ax + Bx^2 + \&c.$; car, puisque le sinus devient nul lorsque l'arc est nul, il est visible que cette expression ne doit contenir aucun terme sans x. Or, comme $\cos. x = \sqrt{[1 - (\sin. x^2)]}$, on aura

$$\cos. x = \sqrt{(1 - A^2x^2 - 2ABx^3 - \&c.)} = 1 - \frac{A^2x^2}{2} + \&c.$$

Les coëfficiens A, B, &c. sont censés indépendans de l'arc x; par conséquent ils seront les mêmes pour tout autre arc. Substituant donc nx pour x, on aura pareillement

$$\sin. nx = nAx + n^2Bx^2 + \&c., \cos. nx = 1 - \frac{n^2A^2x^2}{2} + \&c.$$

Donc l'équation précédente deviendra

$$\cos. x + \sin. x\sqrt{-1} = [1 + nAx\sqrt{-1} + n^2(B\sqrt{-1} - \frac{A^2}{2})x^2 + \&c.]^{\frac{1}{n}}.$$

Développons le second membre à la manière du binome, en faisant, pour abréger, $X = Ax\sqrt{-1} + n(B\sqrt{-1} - \frac{A^2}{2})x^2 + \&c.$, on aura

$$\cos. x + \sin. x\sqrt{-1} = 1 + \frac{1}{n}(nX) + \frac{1-n}{2n^2}(nX)^2 + \frac{(1-n)(1-2n)}{2.3.n^3}(nX)^3 + \&c. = 1 + X + \frac{1-n}{2}X^2 + \frac{(1-n)(1-2n)}{2.3}X^3 + \&c.$$

Comme les valeurs de sin. x et de cos. x doivent être indépendantes du nombre arbitraire n, il s'ensuit que tous les termes du second membre qui se trouveront multipliés par une même puissance de n doivent se détruire d'eux-mêmes. Ne tenant donc compte que des termes où n ne se trouvera pas après le développement, il est aisé de voir que la quantité X se réduira à son premier terme $Ax\sqrt{-1}$, et que les coëfficiens des puissances de x se réduiront à $1, \frac{1}{2}, \frac{1}{2.3}$ &c. De sorte que l'on aura simplement

$$\cos. x + \sin. x\sqrt{-1} = 1 + Ax\sqrt{-1} + \frac{1}{2}(Ax\sqrt{-1})^2 + \frac{1}{2.3}(Ax\sqrt{-1})^3 + \&c.$$

En effectuant les puissances de $\sqrt{-1}$, et comparant les parties réelles des deux membres ensemble, et les imaginaires ensemble, on aura

$$\sin. x = Ax - \frac{A^3x^3}{2.3} + \frac{A^5x^5}{2.3.4.5} - \&c.$$

$$\cos. x = 1 - \frac{A^2x^2}{2} + \frac{A^4x^4}{2.3.4} - \&c.$$

26. Pour avoir de même la valeur de x en sin. et cos. de x, il n'y aura qu'à reprendre la formule fondamentale

$$\cos. nx + \sin. nx\sqrt{-1} = (\cos. x + \sin. x\sqrt{-1})^n,$$

dans laquelle on mettra, à la place de sin. nx et cos. nx, leurs valeurs en série $nAx + n^2Bx^2$ &c., $1 - \frac{n^2A^2x^2}{2} +$ &c., et on développera la puissance n du second membre. On aura ainsi

$$1 + nAx\sqrt{-1} + n^2\left(B\sqrt{-1} - \frac{A^2}{2}\right)x^2 + \&c.$$

$$= (\cos. x^n)\left[1 + n\frac{\sin. x}{\cos. x}\sqrt{-1} + \frac{n(n-1)}{2}\left(\frac{\sin. x}{\cos. x}\sqrt{-1}\right)^2 + \&c.\right].$$

Or $\frac{\sin. x}{\cos. x} = \text{tang}. x$, $\cos. x = \sqrt{(1 - \sin. x^2)}$; donc $(\cos. x)^n = (1 - \sin. x^2)^{\frac{n}{2}} = 1 - \frac{n}{2}\sin. x^2 + \frac{n(n-2)}{2.4}\sin. x^4$ &c.

Substituant ces valeurs, la quantité n ne se trouvera plus que dans les coëfficiens, et ordonnant les termes suivant les puissances de cette quantité, le second membre deviendra de cette forme $1 + nP + n^2Q +$ &c. en faisant, pour abréger,

$$P = \text{tang}. x\sqrt{-1} - \tfrac{1}{2}(\text{tang}. x\sqrt{-1})^2 + \tfrac{1}{3}(\text{tang}. x\sqrt{-1})^3 - \&c.$$

$$- \tfrac{1}{2}\sin. x^2 - \tfrac{1}{4}\sin. x^4 - \tfrac{1}{6}\sin. x^6 + \&c., \; Q = \tfrac{1}{2}(\text{tang}. x\sqrt{-1})^2 + \&c.$$

Effaçant l'unité des deux membres, et divisant toute l'équation par n, elle deviendra

$$Ax\sqrt{-1} + n\left(B\sqrt{-1} - \frac{A^2}{2}\right)x^2 + \&c. = P + nQ + \&c.;$$

et comme elle doit avoir lieu indépendamment de la quantité n, qui doit demeurer indéterminée, il faudra que les termes qui contiennent les différentes puissances de n se détruisent d'eux-mêmes; ce qui la réduira d'abord à

à $Ax\sqrt{-1} = P$, savoir, en développant les puissances de $\sqrt{-1}$
$Ax\sqrt{-1} = (\text{tang.}\,x - \frac{1}{3}\,\text{tang.}\,x^3 + \frac{1}{5}\,\text{tang.}\,x^5 - \&c.)\sqrt{-1}$
$+ \frac{1}{2}\,\text{tang.}\,x^2 - \frac{1}{4}\,\text{tang.}\,x^4 + \frac{1}{6}\,\text{tang.}\,x^6 - \&c. - \frac{1}{2}\,\text{sin.}\,x^2 - \frac{1}{4}\,\text{sin}\,x^4 -$
$\frac{1}{6}\,\text{sin.}\,x^6 + \&c.$

Comme on peut prendre le radical $\sqrt{-1}$ en plus et en moins, il est visible qu'en le prenant successivement en plus et en moins, et soustrayant les deux équations l'une de l'autre, on aura, après avoir divisé par $2A\sqrt{-1}$,

$$x = \frac{\text{tang.}\,x - \frac{1}{3}\,\text{tang.}\,x^3 + \frac{1}{5}\,\text{tang.}\,x^5 x - \&c.}{A}.$$

27. Au reste, il est visible que l'équation trouvée dans le n.° 25,

$$\cos.\,x + \sin.\,x\sqrt{-1} = 1 + Ax\sqrt{-1} + \tfrac{1}{2}(Ax\sqrt{-1})^2 + \tfrac{1}{2\cdot 3}(Ax\sqrt{-1})^3 + \&c.,$$

se réduit directement à celle-ci,

$$\cos.\,x + \sin.\,x\sqrt{-1} = a^{x\sqrt{-1}},$$

par la formule du n.° 22, en prenant pour a une quantité dépendante A, comme nous l'avons déterminée dans ce même endroit, c'est-à-dire, en sorte que a soit la base du système logarithmique dont A est le module.

De cette formule on tire tout de suite, en prenant le radical en plus et ensuite en moins,

$$\sin.\,x = \frac{a^{x\sqrt{-1}} - a^{-x\sqrt{-1}}}{2\sqrt{-1}},\ \cos.\,x = \frac{a^{x\sqrt{-1}} + a^{-x\sqrt{-1}}}{2},$$

et passant des exponentielles aux logarithmes,

$$x\sqrt{-1} = l.\,(\cos.\,x + \sin.\,x\sqrt{-1}) = l\cos.\,x + l(1 + \text{tang.}\,x\sqrt{-1}),$$

ou bien, en prenant successivement le radical en plus et moins, et soustrayant une équation de l'autre,

$$x = \frac{1}{2\sqrt{-1}}\,l.\,\frac{1 + \text{tang.}\,x\sqrt{-1}}{1 - \text{tang.}\,x\sqrt{-1}};$$

d'où l'on peut déduire les séries trouvées ci-dessus, en employant les développemens des exponentielles et des logarithmes exposés dans les numéros 22 et 23.

Mais il y a ici une remarque importante à faire; c'est que dans les formules que nous venons de trouver, la quantité A, ainsi que a, étant arbitraire, le système de logarithmes peut être pris à volonté; au lieu que dans les formules ordinaires relatives aux arcs de cercle, le module A est égal à l'unité, ce qui donne pour la base le nombre e, dont le logarithme hyperbolique est l'unité. Ainsi celles-ci ne sont qu'un cas particulier de celles que nous avons trouvées; mais cette particularisation est nécessaire pour qu'elles soient applicables au cercle, comme nous l'allons démontrer.

28. Tout se réduit à prouver que dans l'expression de sin. x en série, le premier terme doit être simplement x, au lieu que nous l'avons supposé en général Ax (n.° 25). En employant la considération des infiniment petits cela est évident; car on voit que dans le cercle le sinus, à mesure qu'il diminue, s'approche de plus en plus de l'arc, jusqu'à s'y confondre dans l'infiniment petit. Ainsi, en supposant l'arc x infiniment petit, on a sin. $x = x$; par conséquent $A = 1$.

Mais comme nous avons cherché à rendre notre analyse indépendante de la considération des infiniment petits, nous devons aussi en affranchir la démonstration du point dont il s'agit.

Pour cela, nous ne supposerons que le principe établi par *Archimède*, que le sinus, qui est la moitié de la corde de l'arc double, est moindre que l'arc auquel il répond, et que la tangente est plus grande que ce même arc. Nous aurons ainsi $\sin. x < x$, et $\text{tang}. x > x$; or, comme $\text{tang}. x = \frac{\sin. x}{\cos. x} = \frac{\sin. x}{\sqrt{(1 - \sin. x^2)}}$, on aura $\frac{\sin. x}{\sqrt{(1 - \sin. x^2)}} > x$, et de-là $\sin. x^2 > x^2 (1 - \sin. x^2)$, d'où l'on tire $\sin. x > \frac{x}{\sqrt{(1 + x^2)}}$. Employant donc l'expression de sin. x en série trouvée n.° 25, il faudra que l'on ait, quelque petit que soit l'arc x,

$$Ax - \frac{A^3 x^3}{2 \cdot 3} + \frac{A^5 x^5}{2 \cdot 3 \cdot 4 \cdot 5} - \&c. < x, > \frac{x}{\sqrt{(1 + x^2)}}.$$

Donc aussi, en divisant par x,

$$A - \frac{A^3 x^2}{2 \cdot 3} + \frac{A^5 x^4}{2 \cdot 3 \cdot 4 \cdot 5} - \&c. < 1, > \frac{1}{\sqrt{(1 + x^2)}}.$$

Comme $\frac{1}{\sqrt{(1 + x^2)}} = \frac{\sqrt{(1 + x^2)}}{1 + x^2}$, et que $\sqrt{(1 + x^2)} > 1$, il est clair que $\frac{1}{\sqrt{(1+x^2)}} > \frac{1}{1+x^2}$, et en même temps on voit que $\frac{1}{1+x^2} > 1 - x^2$, car la différence est $\frac{x^4}{1+x^2}$; ainsi la quantité qui est plus grande que $\frac{1}{\sqrt{(1+x^2)}}$ sera à plus forte raison plus grande que $1 - x^2$; de sorte qu'on pourra réduire l'espèce d'équation d'inégalité ci-dessus à cette forme

$$A - \frac{A^3 x^2}{2 \cdot 3} + \frac{A^5 x^4}{2 \cdot 3 \cdot 4 \cdot 5} - \&c. < 1, > 1 - x^2.$$

Or, en prenant x tel que $\frac{A^2 x^2}{2 \cdot 3}$ soit < 1, il est visible que la série $A - \frac{A^3 x^2}{2 \cdot 3} + \&c.$ sera convergente et $< A$ mais $> A - \frac{A^3 x^2}{2 \cdot 3}$, parce qu'en ajoutant ensemble le second et le troisième terme, le quatrième et le cinquième, et ainsi de suite, on n'aura que des quantités toutes positives, et qu'au contraire en ajoutant le troisième et le quatrième, le cinquième et le sixième, &c. on n'aura que des quantités toutes négatives. Donc x étant supposé $= \frac{\sqrt{6}}{A}$, on aura à plus forte raison $A - \frac{A^3 x^2}{2 \cdot 3} < 1$ et $A > 1 - x^2$; par conséquent $A > 1 - x^2$ et $< 1 + \frac{A^3 x^2}{2 \cdot 3}$; ce qui devant avoir lieu, quelque petite que soit la valeur de x, il s'ensuit que l'on aura nécessairement $A = 1$. En effet, si $A = 1 + i$, i étant une quantité quelconque très-petite, positive, il n'y aurait qu'à prendre x tel que $\frac{A^3 x^2}{2 \cdot 3} < i$, et alors la condition de $A < 1 + \frac{A^3 x^2}{2 \cdot 3}$ n'aurait plus lieu. De même, si $A = 1 - i$, il n'y aurait qu'à prendre $x^2 < i$, et l'autre condition $A > 1 - x^2$ serait en défaut. Donc on a nécessairement $A = 1$ dans le cercle; par conséquent $a = e =$ au nombre dont le logarithme hyperbolique est l'unité; ce qui fait rentrer nos formules dans celles connues pour les fonctions circulaires.

29. Soit, en quatrième lieu, $fx = \sin. x$, on aura $f(x + i) = \sin. (x + i) = \sin. x \times \cos. i + \cos. x \times \sin. i$, par les théorèmes connus. Or nous venons de trouver $\sin. i = i - \frac{i^3}{2 \cdot 3} + \&c$, $\cos. i = 1 -$

$\frac{i^2}{2} + \&c.$, en faisant $x = i$ et $A = 1$ dans les formules du n.° 25. Donc les deux premiers termes du développement de sin. $(x+i)$ sont sin. $x + i$ cos. x; par conséquent on aura $f'x = \cos. x$.

De la même manière, en faisant $fx = \cos. x$, on trouvera $f(x+i) = \cos.(x+i) = \cos. x \times \cos. i - \sin. x \times \sin. i = \cos. x - i \sin x + \&c.$; de sorte qu'on aura $f'x = -\sin. x$.

Connaissant ainsi les fonctions primes des fonctions primitives sin. x et cos. x, on en déduira tout de suite toutes les fonctions dérivées.

En effet, puisque $fx = \sin. x$ a donné $f'x = \cos. x$, et que $fx = \cos. x$ a donné $f'x = -\sin. x$, il est clair que pour $fx = \sin. x$, on aura $f'x = \cos. x$, $f''x = -\sin. x$, $f'''x = -\cos. x$, $f^{\text{IV}}x = \sin. x$, &c., et que pour $fx = \cos. x$ on aura $f'x = -\sin. x$, $f''x = -\cos. x$, $f'''x = \sin. x$, $f^{\text{IV}}x = \cos. x$ &c.

D'après ces formules, on aurait sur-le-champ les séries

$$\sin.(x+i) = \sin. x + i \cos. x - \frac{i^2}{2} \sin. x - \frac{i^3}{2 \cdot 3} \cos. x + \frac{i^4}{2 \cdot 3 \cdot 4} \sin. x + \&c.,$$

$$\cos.(x+i) = \cos. x - i \sin. x - \frac{i^2}{2} \cos. x + \frac{i^3}{2 \cdot 3} \sin. x + \frac{i^4}{2 \cdot 3 \cdot 4} \cos. x - \&c.;$$

ce qui, en faisant $x = 0$ et changeant ensuite i en x, redonnera les formules que nous avons déjà trouvées.

30. Les fonctions x^m, a^x, lx, sin. x et cos. x que nous venons de considérer, peuvent être regardées comme les fonctions simples analytiques d'une seule variable. Toutes les autres fonctions de x se composent de celle-là par addition, soustraction, multiplication ou division, ou sont données en général par des équations dans lesquelles entrent des fonctions de ces mêmes formes. Ainsi, connaissant les fonctions primes des fonctions simples que nous venons d'examiner, on trouvera aisément les fonctions primes des fonctions composées, et par des opérations répétées, on aura successivement les fonctions secondes, tierces, &c.

Soient p, q, r, &c. des fonctions simples de x, dont p', q', r', &c. soient les fonctions primes connues par les règles précédentes, et qu'on demande la fonction prime y' d'une fonction y composée de p, q, r, &c., on considérera que x devenant $x+i$, y devient en général $y+y'i+\frac{y''i^2}{2}+$ &c. (n°. 17). Or p, q, r, &c. deviennent en même temps $p+p'i+$ &c., $q+q'i+$ &c., $r+r'i+$ &c., et ainsi des autres. Il n'y aura donc qu'à substituer ces valeurs dans l'expression de y, développer les termes suivant les puissances de i, et le coëfficient de i sera la valeur cherchée de y'.

Ainsi, si $y=ap+bq+$&c., a, b, &c. étant des coëfficiens constans quelconques, on aura sur-le-champ $y'=ap'+bq'+$ &c.

Si $y=apq$, la quantité pq deviendra $(p+ip'+$ &c.$)$ $(q+iq'+$ &c.$)=pq+i(p'q+q'p)+$ &c.; donc $y'=ap'q+aq'p$.

Si $y=apqr$, on trouvera de la même manière $y'=ap'qr+aq'pr+ar'pq$; et ainsi de suite.

Si $y=\frac{ap}{q}$, la quantité $\frac{p}{q}$ deviendra $\frac{p+ip'+\text{\&c.}}{q+iq'+\text{\&c.}}$. Développant le dénominateur en série par les règles connues, on aura $(p+ip'+$&c.$)$ $(\frac{1}{q}-\frac{iq'}{q^2}+$&c.$)=\frac{p}{q}+i(\frac{p'}{q}-\frac{q'p}{q^2})+$ &c. Donc $y'=\frac{ap'}{q}-\frac{apq'}{q^2}$.

31. Soit en général $y=fp$, en regardant fp comme une fonction primitive de p, sa fonction prime sera $f'p$; en sorte que p devenant $p+o$ (j'emploie ici la quantité indéterminée o, à la place de la quantité indéterminée i, qui désignera toujours l'augmentation indéterminée de x), fp deviendra $fp+of'p+\frac{o^2}{2}f''p+$ &c.; (n.° 17). Or, p étant une fonction de x, lorsque x devient $x+i$, p devient (ibid.) $p+ip'+\frac{i^2p''}{2}+$&c.; donc, faisant $o=ip+\frac{i^2}{2}p''+$ &c., fp deviendra par la substitution

de $x+i$, à la place de x, $fp+ip'f'p+\frac{i^2}{2}(p''f''p+p''f'p)+$ &c.; par conséquent on aura $y'=p'f'p$. D'où résulte ce principe : que la fonction prime d'une fonction d'une quantité qui est elle-même une fonction de x, est égale au produit des fonctions primes des deux fonctions.

Supposons maintenant que y soit une fonction de p et de q, que nous désignerons par $f(p, q)$, il s'agit donc de substituer $x+i$ à la place de x dans les deux fonctions p et q. Or, il est visible que l'on doit avoir le même résultat, soit qu'on fasse ces deux substitutions à-la-fois ou successivement, puisque les quantités p et q sont regardées comme indépendantes.

En substituant d'abord $x+i$ à la place de x dans la fonction p, la fonction $f(p, q)$, regardée seulement comme fonction de p, devient $f(p, q) + ip'f'(p)+$ &c., j'écris simplement $f'(p)$ pour désigner la fonction prime de $f(p, q)$, prise relativement à p seul, q étant regardée comme constante. Substituons maintenant $x+i$ pour x dans q, la fonction $f(p, q)$ deviendra pareillement $f(p, q)+iq'f'(q)+$ &c., où $f'(q)$ représente la fonction prime de $f(p, q)$, prise relativement à q seul, p étant regardée comme constante. Quant au terme $ip'f'(p)$, il est visible que par cette nouvelle substitution il se trouverait augmenté de termes multipliés par i^2, i^3, &c. Ainsi les deux premiers termes de la série provenant du développement de $f(p, q)$, après la substitution de $x+i$ pour x, seront simplement $f(p, q) + i[p'f'(p)+q'f'(q)]$; de sorte qu'on aura

$$y'=p'f'(p)+q'f'(q).$$

Si y était une fonction de p, q, r représentée par $f(p, q, r)$, on trouverait de la même manière

$$y'=p'f'(p)+q'f'(q)+r'f'(r),$$

et ainsi de suite.

D'où il est aisé de tirer cette conclusion générale, que la fonction prime d'une fonction composée de différentes fonctions particulières, sera la somme des fonctions primes relatives à chacune de ces mêmes fonctions, considérées séparément et indépendamment l'une de l'autre.

Ce principe, combiné avec le précédent, suffira pour trouver les fonctions primes de toutes sortes de fonctions, ainsi que les autres fonctions dérivées des ordres supérieurs.

32. Ainsi, en supposant X une fonction quelconque de x, les fonctions primes de X^m, lX, a^X, sin. X, cos. X, &c. seront $mX^{m-1}X'$, $\frac{X'}{X}$, $a^X laX'$, X' cos. X, $-X'$ sin. X, &c., et leurs fonctions secondes seront $mX^{m-1}X'' + m(m-1)X^{m-2}X'^2$, $\frac{X''}{X} - \frac{X'^2}{X^2}$, $a^X laX'' + a^X (la)^2 X'^2$, X'' cos. $X - X'^2$ sin. X, $-X''$ sin. $X - X'^2$ cos. X, &c.; et ainsi de suite.

33. Mais la fonction y pourrait n'être donnée que par une équation quelconque entre x et y.

Représentons cette équation en général par $F(x, y) = 0$, on aura, par la résolution, y égal à une fonction quelconque de x, qu'on pourra désigner par fx; de sorte qu'en substituant fx pour y dans la fonction $F(x, y)$, elle deviendra $F(x, fx)$, fonction de x seul, que nous désignerons par φx. Cette fonction φx devra donc être nulle, quelle que soit la valeur de x. Donc elle le sera aussi en mettant $x + i$ pour x, quelle que soit la valeur de i. Mais par cette substitution φx devient $\varphi x + i\varphi' x + \frac{i^2}{2} \varphi'' x +$&c.; donc, pour que i puisse être une quantité quelconque, il faudra que l'on ait séparément les équations $\varphi x = 0$, $\varphi' x = 0$, $\varphi'' x = 0$, &c., dont la première est l'équation donnée, la seconde est sa fonction prime, la troisième sa fonction seconde, &c.

Or, puisque $\varphi x = F(x, fx) = F(x, y)$, $\varphi' x$ sera la fonction prime de $F(x, y)$, y étant regardé comme fonction de x, et par le principe établi dans le n.° 31, cette fonction prime sera exprimée par $F'(x) + y'F'(y)$, en désignant par $F'(x)$ et $F'(y)$ les fonctions primes de la fonction $F(x, y)$, prises relativement à x seul et à y seul.

Donc l'équation $\varphi' x = 0$ donnera $F'(x) + y'F'(y) = 0$; d'où l'on tire

$$y' = -\frac{F'(x)}{F'(y)};$$

Ayant ainsi la valeur de la fonction prime y' en fonction de x et y, on aura celle de y'', en prenant la fonction prime de cette fonction, et ainsi de suite.

Il résulte de l'analyse précédente, ce principe:

Lorsqu'on a une équation quelconque entre deux variables x, y, l'équation subsistera encore entre les fonctions primes de tous ses termes, ainsi qu'entre leurs fonctions secondes, &c. Nous appellerons ces nouvelles équations, *équations dérivées;* et en particulier, *équations primes*, *équations secondes*, &c.; celles qu'on obtient en prenant les fonctions primes, secondes, &c.

Si l'équation ne contenait qu'une seule variable x, qui dût demeurer indéterminée, ce qui a lieu dans les équations identiques, le même principe subsisterait, et l'on aurait également une équation prime, une équation seconde, &c. qui seraient aussi identiques.

34. Quelle que soit donc la fonction proposée fx, et de quelque manière qu'elle soit donnée, on a des méthodes simples et générales pour trouver sa fonction prime $f'x$; et de-là, par la répétition des mêmes opérations, on pourra trouver toutes les autres fonctions dérivées. On aura ainsi facilement tous les termes de la série $fx + if'x + \frac{i^2}{2}f''x +$ &c. qui naît du développement de la fonction $f(x+i)$, lorsque ce développement est susceptible de cette forme.

Il est donc nécessaire, avant d'aller plus loin, d'examiner quand et comment cette forme pourrait être en défaut.

Nous avons déjà démontré plus haut (*n.*° *10*) que cela ne peut arriver que lorsqu'on donnera à x une valeur déterminée, telle qu'elle fasse disparaître dans la fonction fx, et dans ses dérivées, quelques radicaux. Or, un radical ne peut disparaître dans une fonction que de deux manières, ou parce que la quantité qui multiplie le radical devient nulle, ou parce que le radical lui-même devient nul.

Dans le premier cas, il est clair que le radical disparaissant dans fx, il pourra ne pas disparaître dans $f'x$, $f''x$, &c., ou bien que disparaissant à-la-fois dans fx, $f'x$, il pourra ne pas disparaître dans $f''x$, $f'''x$, &c., et ainsi du reste, parce que le radical acquérant des coëfficiens différens dans les fonctions dérivées, ces coëfficiens ne deviendront plus nuls par la même supposition de la variable.

Dans

Dans le second cas, au contraire, il est évident que le radical disparaîtra nécessairement dans toutes les fonctions fx, $f'x$, $f''x$, &c. à l'infini, puisque c'est la quantité radicale elle-même qui est supposée s'évanouir pour une valeur donnée de la variable x.

Or, comme l'évanouissement du radical ne peut plus avoir lieu dans la fonction $f(x+i)$, où i est une quantité indéterminée et indépendante de x, il s'ensuit que la série $fx + if'x + \frac{i^2}{2} f''x +$ &c. qui représente le développement de cette fonction, ne pourra être exacte, qu'autant que le même radical s'y trouvera ; par conséquent cette série sera légitime dans le premier cas, et ne le sera pas dans le second.

35. Soit $y = fx$, et par conséquent, en prenant les fonctions primes secondes, &c. $y' = f'x$, $y'' = f''x$ &c. ; supposons que pour une valeur donnée de x, il disparaisse dans fx un radical, lequel ne disparaisse pas dans $f'x$; il est clair que pour cette valeur de x, la fonction $f'x$ devra avoir un plus grand nombre de valeurs différentes que la fonction fx, à raison du radical qui se trouve dans $f'x$ et qui a disparu dans fx ; d'où il s'ensuit que la valeur de y' ne pourra pas être donnée par une fonction de x et y qui ne contiendrait pas ce radical. Cependant, si dans l'équation $y = fx$ on détruit ce même radical par l'élévation des puissances, et que l'équation résultante soit représentée par $F(x, y) = 0$, son équation prime donnera généralement, comme nous l'avons vu (n.° 33), $y' = -\frac{F'(x)}{F'(y)}$. Donc cette expression sera en défaut dans le cas où l'on donnerait à x la valeur en question, ce qui ne peut avoir lieu qu'autant que les quantités $F'(x)$ et $F'(y)$ seront l'une et l'autre nulles à la fois. Ainsi, dans le cas dont il s'agit, l'expression de y' deviendra égale à zéro divisé par zéro ; et réciproquement lorsque cela arrivera, ce sera une marque que la valeur correspondante de x aura détruit dans fx un radical, sans le détruire dans $f'x$.

Pour avoir dans ce cas la valeur de y', il ne suffira donc pas de s'arrêter à l'équation prime de $F(x, y) = 0$, laquelle étant $y'F'(y) + F'(x) = 0$ (n.° 33) aura lieu d'elle-même, indépendamment de la valeur de y' ; mais il faudra passer à l'équation seconde, qu'on trouvera par les mêmes règles de cette forme

$$y''F'(y) + y'^2F''(y) + 2y'F''(y)(x) + F''(x) = 0;$$

en désignant par $F''(y)$ et $F''(x)$ les fonctions primes de $F'(y)$ et $F'(x)$, prises, la première relativement à y seul, et la seconde relativement à x seul, c'est-à-dire les fonctions secondes de $F(y, x)$, prises relativement aux mêmes variables isolées, et par $F''(y)(x)$ la fonction prime de $F'(y)$, prise relativement à x, ou la fonction prime de $F'(x)$, prise relativement à y, ces deux fonctions étant la même chose, comme il est facile de s'en convaincre, et comme nous le démontrerons plus bas, lorsque nous traiterons des fonctions de plusieurs variables, c'est-à-dire la fonction seconde de $F(y, x)$, prise relativement à y et à x.

Cette équation donne généralement la valeur de y''; mais dans le cas proposé la quantité $F'(y)$ devenant nulle, le terme qui contient y'' disparaîtra, et l'équation restante sera une équation du second degré en y', par laquelle on déterminera la valeur de y', qui sera par conséquent double.

36. Soit, par exemple, $fx = (x - a)\sqrt{(x - b)}$, en sorte qu'on ait l'équation $y = (x - a)\sqrt{(x - b)}$ on aura $f'x = y' = \sqrt{(x - b)} + \frac{x - a}{2\sqrt{(x - b)}}$; faisant $x = a$, on a $y = 0$, $y' = \sqrt{(x - b)}, = \sqrt{(a - b)}$, où l'on voit que le radical disparaît dans la valeur de y, mais non pas dans celle de y', en sorte que la valeur de y est simple et celle de y' double.

Maintenant, si on réduit l'équation proposée à cette forme rationnelle $y^2 = (x - a)^2 (x - b)$, et qu'on en prenne l'équation prime, on aura $2yy' = 2(x - a)(x - b) + (x - a)^2$; d'où l'on tire $y' = \frac{2(x - a)(x - b) + (x - a)^2}{2y}$; faisant $x = a$, on a $y' = \frac{0}{0}$; passant donc à l'équation seconde, on aura $2y'^2 + 2yy'' = 4(x - a) + 2(x - b)$. Ici $x = a$ donne (à cause de $y = 0$ dans ce cas) $2y'^2 = 2(x - b) = 2(a - b)$; donc $y' = \sqrt{(a - b)}$, comme plus haut.

Il serait possible, au reste, que la même valeur de x qui détruit les termes de l'équation prime, détruisît aussi ceux de l'équation seconde; alors il faudrait passer à l'équation tierce, laquelle, par la destruction des termes qui contiendraient y'' et y''', deviendrait une simple équation en y', mais du troisième degré, et ainsi de suite. Cela dépend de la nature du radical qui aura été détruit dans fx, et qui doit être remplacé par le degré de l'équation d'où dépend la valeur de y'; mais nous n'entrerons dans aucun détail sur ce point, pour ne pas trop nous écarter de notre objet.

37. Supposons en second lieu que la même valeur de x, qui fait disparaître un radical dans fx, le fasse disparaître aussi dans $f'x$, sans le faire disparaître néanmoins dans $f''x$, alors les valeurs correspondantes de fx et de $f'x$ seront en même nombre; mais celles de $f''x$ seront en nombre plus grand. Si donc on détruit ce radical dans l'équation $y = fx$, la valeur de y'' qu'on en déduira, se trouvera $= \frac{0}{0}$, et il faudra passer aux équations dérivées d'un ordre supérieur pour avoir la valeur de y''.

Soit $y = (x-a)^2\sqrt{(x-b)}$, on aura $y' = 2(x-a)\sqrt{(a-b)} + \frac{(x-a)^2}{2\sqrt{(x-b)}}$, $y'' = 2\sqrt{(x-b)} + \frac{2(x-a)}{\sqrt{(x-b)}} - \frac{(x-a)^2}{4(x-b)^{\frac{3}{2}}}$; faisant $x = a$, on a $y = 0$, $y' = 0$ et $y'' = 2\sqrt{(x-b)} = 2\sqrt{(a-b)}$. Mais si on réduit l'équation proposée à cette forme rationnelle $y^2 = (x-a)^4(x-b)$, on en tirera l'équation prime $2yy' = 4(x-a)^3(x-b) + (x-a)^4$, laquelle donne, lorsque $x = a$, $y' = \frac{0}{0}$, à cause de $y = 0$, à moins qu'en substituant la valeur de y, on ne divise le tout par $(x-a)^2$, et qu'ensuite on ne fasse $x = a$; ce qui donnera $y' = 0$.

Passant à l'équation seconde, on aura $y'^2 + yy'' = 6(x-a)^2(x-b) + 4(x-a)^3$; faisant $x = a$, on aura $y' = 0$, comme ci-dessus. Mais pour avoir la valeur de y'', il faudra avoir recours à l'équation tierce et même à l'équation quarte. Celle-là sera $3y'y'' + yy''' = 18(x-a)^2 + 12(x-a)(x-b)$, où tous les termes disparaissent lorsque $x = a$. La suivante sera $3y''^2 + 4y'y''' + yy^{\text{IV}} = 48(x-a) + 12(x-b)$. Faisant $x = a$, et par conséquent $y = 0$, et $y' = 0$, on aura $3y''^2 = 12(x-b)$, $y'' = 2\sqrt{(x-b)} = 2\sqrt{(a-b)}$, comme plus haut.

38. Nous ne pousserons pas cette analyse plus loin, qui d'ailleurs n'a plus de difficulté d'après les principes établis. Nous nous contenterons de

remarquer que si l'on construit la courbe dont x serait l'abscisse et $y = fx$ l'ordonnée, cette courbe aura ce qu'on appelle un point multiple dans l'endroit correspondant à la valeur donnée de x, qui fera disparaître un radical dans fx, sans le faire disparaître en même temps dans $f'x$; qu'elle aura un point d'attouchement, si la même valeur de x fait disparaître à la fois le radical dans fx et dans $f'x$; que ce sera un point d'osculation, si le radical disparaît en même temps dans $f''x$, et ainsi de suite. On en verra la raison, lorsque nous appliquerons la théorie des fonctions à celle des courbes.

39. A l'occasion de la difficulté que nous venons de résoudre, nous allons donner la théorie de la méthode pour trouver la valeur d'une fraction, dans le cas où le numérateur et le dénominateur deviennent zéro à la fois.

Soit $\frac{fx}{Fx}$ une pareille fraction, fx et Fx étant des fonctions de x, telles que la supposition de $x = a$ les rende toutes les deux nulles à la fois; et qu'on demande la valeur de cette fraction lorsque $x = a$.

On fera $y = \frac{fx}{Fx}$, et par conséquent $yFx = fx$. En supposant $x = a$, cette équation se vérifie d'elle-même, indépendamment de la valeur de y qui demeure par conséquent indéterminée; ainsi elle ne peut servir dans cet état à la détermination de y, lorsque $x = a$. Mais, en prenant l'équation prime, on aura $y'Fx + yF'x = f'x$; la supposition de $x = a$ fait disparaître le terme $y'Fx$; et le reste de l'équation donne $y = \frac{f'x}{F'x}$. S'il arrivait que les fonctions primes $f'x$, $F'x$ devinssent aussi nulles par la même supposition, alors on trouverait par le même principe, en substituant dans l'équation ci-dessus $f'x$, $F'x$, pour fx, Fx, cette nouvelle expression de y, $y = \frac{F''x}{f''x}$, et ainsi de suite. On pourrait aussi la déduire directement de la même équation prime, en considérant que, comme elle se vérifie de nouveau d'elle-même, elle ne peut pas servir non plus à la détermination de y; que par conséquent il sera nécessaire de passer à l'équation seconde, laquelle sera $y''Fx + 2y'F'x + yF''x = f''x$. Comme la supposition de $x = 0$ rend nulles les fonctions Fx et $F'x$, les termes qui contiennent y' et y'' s'en iront d'eux-mêmes, et les termes restans donneront $y = \frac{f''x}{F''x}$, comme plus haut.

Il n'est pas à craindre que les fonctions $fx, f'x, f''x$, &c. Fx $F'x$, $F''x$, &c. à l'infini, puissent devenir nulles en même temps par la supposition de $x = a$, comme quelques géomètres paraissent le supposer; car, puisque $f(x+i) = fx + if'x + \frac{i^2}{2} f''x$ &c. en faisant $x = a$ on aurait $f(a+i) = 0$, quel que soit i, ce qui est impossible; il en serait de même de $F(x+i)$. Mais il peut arriver que ces fonctions deviennent infinies par la même supposition de $x = a$, ce qui rendra également les fractions $\frac{fx}{Fx}$, $\frac{f'x}{F'x}$, &c. indéterminées : mais la solution de cette difficulté dépend de l'examen du second cas du n.° 34, dont nous allons nous occuper.

40. Ce cas a lieu, lorsque la supposition de $x = a$ fait disparaître dans fx un radical en le rendant nul, auquel cas elle le fera disparaître de même dans les fonctions dérivées; mais ce radical restant dans la fonction $f(x+i)$, il doit rester aussi dans le développement de cette fonction; par conséquent ne pouvant affecter la valeur de x, il faudra qu'il affecte l'i; d'où il suit que ce développement doit contenir nécessairement des puissances irrationnelles de i. Il est clair, en effet, que si fx contient la quantité $\sqrt[m]{X}$, X étant une fonction de x, qui devient nulle lorsque $x = a$, en mettant $x+i$ à la place de x, X deviendra $X + iX' + \frac{i^2}{2} X'' +$ &c. et faisant $x = a$, on aura simplement $iX' + \frac{i^2}{2} X'' +$ &c. pour la valeur de X; de sorte que $\sqrt[m]{X}$ deviendra $\sqrt[m]{i}\,(X' + \frac{i}{2} X'' +$ &c.$)$; donc la fonction $f(x+i)$ contiendra, dans le cas de $x = a$, le radical $\sqrt[m]{i}$, qui devra par conséquent se trouver dans son développement suivant les puissances de i. Voyons donc ce que donnera alors le développement fautif $fx + if'x + \frac{i^2}{2} f''x +$ &c.

41. Pour cela, j'observe que les fonctions $f'(x+i)$, $f''(x+i)$, &c. sont également les fonctions primes, secondes, &c. de la fonction $f(x+i)$, soit qu'on les prenne relativement à x, soit qu'on les prenne relativement à i, ce qui est évident, puisque en augmentant soit x, soit i d'une même quantité quelconque, on a le même accroissement de la quantité $x+i$. D'où il suit que l'on aura également les valeurs de $f'x$, $f''x$, &c. quel que soit x, en prenant les fonctions primes, secondes, &c. de $f(x+i)$ relativement à i, et faisant ensuite $i=0$.

Or, si on suppose que le développement de $f(x+i)$ doive contenir, lorsque $x=a$, un terme affecté de i^m, tel que Ai^m, A étant une fonction de a, et m n'étant pas un nombre entier positif, en prenant les fonctions primes, secondes, &c. relativement à i, il faudra que les développemens de $f'(x+i)$, $f''(x+i)$, &c. contiennent les termes mAi^{m-1}, $m(m-1)Ai^{m-2}$, &c. (n.° 18). Donc, faisant $i=0$, on en conclura que les fonctions fx, $f'x$, $f''x$, &c. lorsque $x=a$, contiendront respectivement les termes Ao^m, mAo^{m-1}, $m(m-1)Ao^{m-2}$, &c.

Si m est un nombre quelconque négatif, il est clair que tous ces termes seront infinis.

Si m est un nombre positif non entier, soit n le nombre entier immédiatement plus grand que m, il est visible que le terme $m(m-1)\ldots\ldots(m-n+1)Ao^{m-n}$ sera infini ainsi que tous les termes suivans, et que tous les précédens seront nuls.

Donc en général la fonction $f^n x$ et toutes les suivantes $f^{n+1}x$, $f^{n+2}x$, &c. à l'infini (n, $n+1$, &c. étant des indices), seront infinies, n étant le nombre entier positif immédiatement plus grand que l'exposant m.

42. On conclura de-là que le développement $fx+if'x+\frac{i^2}{2}f''x+$ &c. ne peut devenir fautif pour une valeur donnée de x, qu'autant qu'une des fonctions fx, $f'x$, $f''x$, &c. deviendra infinie, ainsi que toutes les suivantes pour cette valeur de x. Alors si n est l'indice de la première fonction qui devient infinie, le développement dont il s'agit devra contenir un terme de la forme i^m, m étant un nombre compris entre $n-1$ et n.

Et si toutes les fonctions fx, $f'x$, $f''x$, &c. devenaient infinies pour la même valeur de x, le développement de $f(x+i)$ contiendrait dans ce cas des puissances négatives de i.

Pour trouver alors la vraie forme du développement suivant les puissances ascendantes de i, il faudra faire d'abord dans la fonction $f(x+i)$, x égal à la valeur donnée, et développer ensuite suivant les puissances croissantes de i par les règles connues, en ayant égard aux puissances fractionnaires ou négatives de i qui se trouveraient dans la fonction même.

Au reste, nous remarquerons qu'en faisant $y=fx$, et prenant x et y pour les coordonnées d'une courbe, cette courbe aura dans le point où l'une des fonctions y, y', y'', &c. devient infinie, ainsi que toutes les suivantes, un rebroussement dont l'espèce dépendra de l'indice n, pourvu que l'exposant fractionnaire m ait pour dénominateur un nombre pair; et l'on déterminera la nature du rebroussement par la forme du développement de $f(x+i)$ dans ce cas.

43. Dans l'exemple du n.° 36, où $y=(x-a)\sqrt{(x-b)}$, on voit que la supposition de $x=b$ détruit le radical dans y, et doit par conséquent le détruire aussi dans les fonctions dérivées y', y'', &c. Donc le développement $fx+if'x+\frac{i^2}{2}f''x+$ &c., de $f(x+i)$, en supposant $y=fx=(x-a)\sqrt{(x-b)}$, sera fautif dans le cas de $x=b$. En effet, on aura dans ce cas $y=0$, $y'=\sqrt{(x-b)}+\frac{x-a}{2\sqrt{(x-b)}}=\infty$, x étant $=b$; et on trouvera de même $y''=\infty$, $y'''=\infty$, &c. Donc le développement dont il s'agit devra contenir alors un terme de la forme i^m, m étant entre 0 et 1.

Soit, en effet, $x=b+i$, fx deviendra $(b-a+i)\sqrt{i}$, de sorte que le vrai développement de cette fonction sera $(b-a)\sqrt{i}+i^{\frac{3}{2}}$.

44. C'est aussi de la même manière qu'on résoudra la difficulté proposée à la fin du n.° 39, sur les fractions qui demeureraient toujours indéterminées, en prenant à l'infini les fonctions dérivées du numérateur et du dénominateur. Nous y avons vu que cela ne saurait arriver que dans le cas où la même valeur de x rendrait ces fonctions successives

infinies. Il faudra donc alors supposer $x = a + i$ (a étant la valeur de x qui rend ces fonctions infinies), dans l'expression générale de la fraction, réduire ensuite cette expression en série, suivant les puissances ascendantes de i, et le premier terme de la série, en faisant $i = 0$, donnera la valeur cherchée de la fraction pour le cas de $x = a$.

Ainsi, si l'on avait la fraction $\frac{\sqrt{x} - \sqrt{a} + \sqrt{(x-a)}}{\sqrt{(x^2 - a^2)}}$, qui devient $\frac{0}{0}$ lorsque $x = a$, et dont les fonctions primes, secondes, &c. du numérateur et du dénominateur deviennent toutes infinies par la même valeur de x, en y mettant $a + i$ au lieu de x, et réduisant le numérateur et le dénominateur en série, elle deviendra

$$\frac{\sqrt{i} + \frac{i}{2\sqrt{a}} + \&c.}{\sqrt{2ai} + \frac{i\sqrt{i}}{2\sqrt{2a}} + \&c.} = \frac{1}{\sqrt{2a}} + \frac{\sqrt{i}}{2\sqrt{2}.a} + \&c.;$$

de sorte qu'en faisant $i = 0$, on aura $\frac{1}{\sqrt{2a}}$ pour la valeur cherchée de la fraction, lorsque $x = a$.

En effet, si, suivant la méthode du n.° 39, on prend les fonctions primes du numérateur et du dénominateur, on aura

$$\frac{1}{2\sqrt{x}} + \frac{1}{2\sqrt{(x-a)}} \text{ et } \frac{x}{2\sqrt{(x^2-a^2)}},$$

quantités qui deviennent infinies, lorsque $x = a$; mais en les multipliant l'une et l'autre par $2\sqrt{(x - a)}$, la nouvelle fraction sera

$$\frac{\frac{\sqrt{(x-a)}}{\sqrt{x}} + 1}{\frac{x}{\sqrt{(x+a)}}},$$

laquelle, en faisant $x = a$, devient $\frac{1}{\sqrt{2a}}$, comme plus haut.

Nous avons donc résolu les difficultés qui peuvent se rencontrer dans le développement de $f(x + i)$; et quoique nous n'ayons considéré que des fonctions algébriques, il n'est pas difficile d'étendre nos solutions aux fonctions transcendantes. Comme ces difficultés n'ont lieu que pour des valeurs particulières de x, il est clair qu'elles n'influent en rien sur la

théorie

théorie des fonctions dérivées $f'x$, $f''x$, &c.; mais il était nécessaire de les examiner, et de donner les moyens de les lever, pour ne laisser aucun nuage sur cette théorie.

45. Non-seulement on peut par cette théorie trouver directement tous les termes du développement de la fonction $f(x+i)$, suivant les puissances de i; mais on peut aussi en général développer une fonction quelconque, suivant les puissances ascendantes d'une des variables contenues dans la fonction.

En effet, si on reprend la formule $f(x+i)=fx+if'x+\frac{i^2}{2}f''x+\frac{i^3}{2.3}f'''x+$ &c., puisque x et i sont deux quantités indéterminées, on y peut substituer $x-i$ à la place de x, ce qui donnera

$$fx=f(x-i)+if'(x-i)+\frac{i^2}{2}f''(x-i)+\text{\&c.}$$

De plus, on pourra mettre ici xz à la place de i, et l'on aura

$$fx=f(x-xz)+xzf'(x-xz)+\frac{x^2z^2}{2}f''(x-xz)+\text{\&c.},$$

où z est une quantité arbitraire quelconque.

Ici, fx représente, comme l'on voit, une fonction quelconque de x, et $f'(x-xz)$, $f''(x-xz)$, &c. représentent les fonctions primes, secondes, &c. de fx, en y substituant $x(1-z)$ à la place de x. Mais, quoique fx ne représente qu'une fonction de x relativement à ses fonctions dérivées, il est clair qu'elle peut représenter en général une fonction quelconque de x et d'autres quantités quelconques, pourvu que ces quantités y soient regardées comme constantes dans la formation des fonctions dérivées $f'x$, $f''x$, &c.

Si dans la formule précédente on fait $z=0$, l'équation devient identique $fx=fx$, et si on y fait $z=1$, la quantité $x-xz$ s'évanouit; de sorte que si on dénote simplement par $f.\ f'.\ f''.$ &c. les valeurs des fonctions fx, $f'x$, $f''x$, &c., lorsque $x=0$, on aura

$$fx=f.+xf'.+\frac{x^2}{2}f''.+\text{\&c.}$$

Ainsi, lorsque fx sera une fonction donnée de plusieurs variables x,

y, &c., il n'y aura qu'à chercher par les règles générales les fonctions dérivées par rapport à x seul, et y faire ensuite $x = 0$, on aura tous les termes du développement de la fonction suivant les puissances ascendantes de x; et il est clair que les valeurs des quantités $f'.\ f''.$ &c., seront des fonctions de y, &c. sans x, toutes dérivées de la fonction primitive, suivant une loi dépendant de la manière dont la quantité x entrera dans cette fonction.

46. On aurait pu résoudre le problème précédent d'une manière plus simple, en supposant tout de suite $fx = A + Bx + Cx^2 + Dx^3 +$ &c., A, B, C, &c. étant des quantités indépendantes de x. Pour les déterminer, on considérera que cette équation devant être identique, doit avoir lieu pour toutes les valeurs de x. Donc, 1.°, en faisant $x = 0$, on aura $f. = A$; 2.° en prenant les fonctions primes de tous ses termes (n.° 33), on aura encore l'équation identique

$$f'x = B + 2Cx + 3Dx^2 + \&c.,$$

où, faisant de nouveau $x = 0$, on aura $f'. = B.$; 3.° en prenant de nouveau les fonctions primes, on aura

$$f''x = 2C + 2.3Dx + 3.4Ex^2 + \&c.,$$

où, faisant derechef $x = 0$, on aura $f''. = 2C$. Continuant de la même manière, on trouvera

$$f'''. = 2.3D,\ f^{\text{iv}}. = 2.3.4E,\ \&c.,$$

d'où l'on tire

$$A = f.\ B = f'.,\ C = \frac{1}{2}f''.,\ D = \frac{1}{2.3}f'''.,\ \&c.,$$

ce qui donnera, par la substitution, la même série pour fx que ci-dessus. Mais cette méthode est moins directe que la précédente, et elle suppose déjà la théorie des fonctions dérivées; elle est d'ailleurs moins rigoureuse, en ce qu'elle suppose que la somme de tous les termes affectés de x devient nulle, lorsque $x = 0$, quoique les coëfficiens de ces termes augmentent à l'infini dans les équations dérivées; mais le grand avantage de la méthode précédente consiste en ce qu'elle donne le moyen d'arrêter le développement de la série à tel terme que l'on voudra, et de juger de la valeur du reste de la série.

Ce problème, l'un des plus importans de la théorie des séries, n'a pas encore été résolu d'une manière générale. On pourrait, à la vérité, la résoudre pour chaque fonction en particulier, par les méthodes exposées au commencement (*n.*° 11); mais il serait impossible de parvenir par cette voie à une solution générale pour une fonction quelconque.

47. Reprenons donc la formule générale trouvée ci-dessus (*n.*° 45),

$$fx = f(x - xz) + xzf'(x - xz) + \frac{x^2z^2}{2} f''(x - xz) + \&c.,$$

et supposons qu'on veuille s'arrêter au premier terme $f(x - xz)$. Comme tous les termes suivans sont multipliés par x, nous supposerons

$$fx = f(x - xz) + xP,$$

P étant regardée comme une fonction de z, qui devra être nulle lorsque $z = 0$, puisque alors $f(x - xz)$ devient fx.

Comme cette équation doit avoir lieu, quelle que soit la valeur de z, qui est arbitraire, son équation prime, relativement à z, aura donc lieu aussi (*n.*° 33). On prendra donc les fonctions primes relativement à cette variable, et il est facile de voir que la fonction prime du terme $f(x - xz)$, sera $- xf'(x - xz)$. Car on a vu (*n.*° 31) que si $y = f.p$, p étant une fonction de x, on a $y' = p'f'p$; ainsi, prenant z à la place de x, et faisant $p = x - xz$, on aura $p' = - x$ et $y' = - xf'p = - xf'(x - xz.)$

Ainsi, à cause que fx ne renferme point z, l'équation prime relativement à z, sera

$$0 = - xf'(x - xz) + xP',$$

P' étant la fonction prime de P relativement à z; d'où l'on tire

$$P' = f'(x - xz).$$

On aura donc la valeur de P, en cherchant une fonction de z dont la fonction prime soit égale à $f'(x - xz)$, et qui de plus soit telle, qu'elle devienne nulle lorsque $z = 0$. Cette valeur de P ainsi trouvée, si on y fait $z = 1$, on aura

$$fx = f. + xP.$$

Supposons, en second lieu,

$$fx = f(x - xz) + xzf'(x - xz) + x^2Q,$$

Q étant une fonction de z, qui devra être nulle, comme l'on voit, lorsque $z=0$.

En prenant, comme ci-dessus, les fonctions primes relativement à z, on aura cette équation prime

$$0=-xf'(x-xz)+xf'(x-xz)-x^2zf''(x-xz)+x^2Q',$$

où les fonctions désignées par f', f'' sont les fonctions primes et secondes de fx relativement à x, et dans lesquelles on a mis ensuite $x-xz$ pour x. On tire de-là, en effaçant ce qui se détruit,

$$Q'=zf''(x-xz);$$

de sorte qu'on aura la valeur de Q en cherchant une fonction de z, dont la fonction prime ait la valeur qu'on vient de trouver pour Q', et qui ait la condition de devenir nulle lorsque $z=0$. Si ensuite on fait $z=1$, on aura

$$fx=f.+xf'.+x^2Q.$$

Soit, en troisième lieu,

$$fx=f(x-xz)+xzf'(x-xz)+\frac{x^2z^2}{2}f''(x-xz)+x^3R;$$

R étant une fonction de z, qui s'évanouisse lorsque $z=0$. On trouvera, en prenant les fonctions primes relativement à z, et effaçant les termes qui se détruisent mutuellement,

$$R'=\frac{z^2}{2}f'''(x-xz),$$

la fonction représentée par f''' étant la fonction tierce de fx relativement à x, transformée par la substitution de $x-xz$ à la place de x.

Il faudra donc, pour avoir la valeur de R, trouver une fonction primitive de z, dont la fonction prime soit la valeur précédente de R', et qui soit telle, qu'elle s'évanouisse lorsque $z=0$. Cette fonction étant trouvée, on aura, en faisant $z=1$,

$$fx=f.+xf'.+\frac{x^2}{2}f''.+x^3R,$$

et ainsi de suite.

En continuant ainsi, on aura la formule du n.° 45,

$$fx=f+xf'+\frac{x^2}{2}f''+\frac{x^3}{2.3}f'''+\&c.$$

Mais l'analyse précédente a l'avantage de donner la manière d'avoir les restes xP, x^2Q, x^3R, &c. de la série, lorsqu'on veut l'interrompre à son premier, second, troisième, &c. terme.

48. Voilà le problème résolu analytiquement; mais comme les quantités P, Q, R, &c. ne sont connues que par leurs fonctions primes, il reste encore à remonter de ces fonctions aux fonctions primitives; ce qui peut être souvent fort difficile, et même impossible. Cependant on peut trouver des limites de ces quantités, ce qui suffira pour apprécier l'erreur qu'on peut commettre en s'en tenant à quelques-uns des premiers termes de la série.

Pour cela, nous allons établir ce lemme général:

Si une fonction prime de z, telle que $f'z$ est toujours positive pour toutes les valeurs de z, depuis $z = a$ jusqu'à $z = b$, b étant $> a$, la différence des fonctions primitives qui répondent à ces deux valeurs de z, savoir, $fb - fa$, sera nécessairement une quantité positive.

Considérons la fonction $f(z + i)$, dont le développement est $fz + if'z + \frac{i^2}{2}f''z +$ &c., nous avons vu qu'on peut toujours prendre la quantité i assez petite pour qu'un terme quelconque de cette série devienne plus grand que la somme de tous ceux qui le suivent (*n.*° 14). Ainsi le terme $if'z$ pourra devenir plus grand que le reste de la série; par conséquent si $f'z$ est une quantité positive, on pourra prendre i positif et assez petit pour que toute la série $if'z + \frac{i^2}{2}f''z +$ &c. ait nécessairement une valeur positive; mais cette série est $= f(z + i) - fz$: donc, si $f'z$ est une quantité positive, on pourra prendre pour i une quantité positive et assez petite pour que la quantité $f(z + i) - fz$ soit nécessairement positive.

Mettons successivement à la place de z les quantités a, $a + i$, $a + 2i$, $a + 3i$, &c., $a + ni$, il en résultera que l'on peut prendre i positif et assez petit pour que toutes les quantités $f(a + i) - fa$, $f(a + 2i) - f(a + i)$, $f(a + 3i) - f(a + 2i)$, jusqu'à $f[a + (n + 1)i] - f(a + ni)$, soient nécessairement positives, si les quantités $f'a$, $f'(a + i)$, $f'(a + 2i)$, &c. jusqu'à $f'(a + ni)$ le sont. Donc aussi, dans ce cas, la somme des premières quantités, c'est-à-dire la quantité $f[a+(n+1)i]-fa$, sera positive.

Faisons maintenant $a+(n+1)i=b$, on aura $i=\frac{b-a}{n+1}$, et l'on en conclura que la quantité $fb-fa$ sera nécessairement positive, si toutes les quantités $f'a$, $f'(a+\frac{b-a}{n+1})$, $f'(a+\frac{2(b-a)}{n+1})$, $f'(a+\frac{3(b-a)}{n+1})$, &c., jusqu'à $f'(a+\frac{n(b-a)}{n+1})$; sont positives, en prenant n aussi grand qu'on voudra.

Donc, à plus forte raison, la quantité $fb-fa$ sera positive, si $f'z$ est toujours une quantité positive, en donnant à z toutes les valeurs possibles depuis $z=a$, jusqu'à $z=b$, puisque parmi ces valeurs se trouveront nécessairement les valeurs a, $a+\frac{b-a}{n+1}$, $a+\frac{2(b-a)}{n+1}$, &c. $a+\frac{n(b-a)}{n+1}$, en prenant n aussi grand qu'on voudra.

49. A l'aide de ce lemme, l'on peut trouver des limites en plus et en moins de toute fonction primitive dont on connaît la fonction prime.

Soit la fonction primitive Fz dont la fonction prime $F'z$ soit exprimée par $z^m Z$, Z étant une fonction donnée de z. Soit M la plus grande, et N la plus petite valeur de Z pour toutes les valeurs de z comprises entre les quantités a et b, en regardant comme plus grandes les négatives moindres, et comme moindres les négatives plus grandes, ce qui est conforme à la marche du calcul, puisque, par exemple, $-1>-2$, $-5>-7$, et de même $-2<-1$, et ainsi des autres. Donc les quantités $M-Z$ et $Z-N$ seront toujours positives depuis $z=a$ jusqu'à $z=b$, et il en sera de même des quantités $z^m(M-Z)$ et $z^m(Z-N)$.

Donc, 1.°, si on fait $f'z=z^m(M-Z)$, on aura par le lemme précédent $fb-fa>0$; or, $z^m Z$ étant $F'z$, sa fonction primitive sera Fz, et comme M est une quantité constante, la fonction primitive de Mz^m est $\frac{Mz^{m+1}}{m+1}$, puisque la fonction prime de celle-ci est, par la règle générale (n.° 18), $\frac{(m+1)Mz^m}{m+1} = Mz^m$. Donc on aura $fz = \frac{Mz^{m+1}}{m+1} - Fz$; et faisant successivement $z = a$ et $z = b$, l'équation $fb - fa > 0$ donnera

$$\frac{Mb^{m+1}}{m+1} - Fb - \frac{Ma^{m+1}}{m+1} + Fa > 0;$$

d'où l'on tire

$$Fb < Fa + \frac{M(b^{m+1} - a^{m+1})}{m+1}.$$

2.° Si on fait, $f'z = z^m(Z - N)$, on aura aussi $fb - fa > 0$, et l'on trouvera, comme ci-dessus, $fz = Fz - \frac{Nz^{m+1}}{m+1}$; donc, faisant successivement $z = a$ et $= b$, l'équation $fb - fa > 0$, donnera $Fb - \frac{Nb^{m+1}}{m+1} - Fa + \frac{Na^{m+1}}{m+1} > 0$; d'où l'on tire

$$Fb > Fa + \frac{N(b^{m+1} - a^{m+1})}{m+1}.$$

50. Appliquons ces résultats aux quantités P, Q, R, &c. du n.° 47. Comme ces quantités sont regardées comme des fonctions de z, nous supposerons d'abord $P = Fz$, et par conséquent $P' = F'z = f'(x - xz)$; donc, puisqu'on a supposé $F'z = z^m Z$, prenant $m = 0$, on aura $Z = f'(x - xz)$. Supposons maintenant $a = 0$, et $b = 1$, la condition de la fonction P, qui doit être nulle lorsque $z = 0$, donnera $Fa = 0$, et alors Fb sera la valeur de P, répondant à $z = 1$.

Donc, si M et N sont la plus grande et la plus petite valeur de $f'(x - xz)$, relativement à toutes les valeurs de z depuis $z = 0$ jusqu'à $z = 1$, on aura $Fb < M$ et $> N$. Par conséquent M et N seront les deux limites de la quantité P, en y faisant $z = 1$.

Supposons, en second lieu, $Q = Fz$, on aura $Q' = F'z = zf''(x - xz)$; donc, faisant $m = 1$, on aura $Z = f''(x - xz)$. Soit pareillement $a = 0$, et $b = 1$, on aura aussi par la condition de la fonction Q, qui doit être nulle lorsque z est nul, $Fa = 0$, et alors Fb sera égale à la valeur de Q, répondant à $z = 1$.

Donc, si $M1$ et $N1$ sont la plus grande et la plus petite valeur de $f''(x - xz)$ pour toutes les valeurs de z depuis $z = 0$ jusqu'à $z = 1$; on aura $Fb < \frac{M1}{2}$ et $> \frac{N1}{2}$. De sorte que $\frac{M1}{2}$ et $\frac{N1}{2}$ seront les limites de la valeur de Q, lorsque z y est $= 1$.

Supposons, en troisième lieu, $R = Fz$, on aura $R' = F'z = \frac{z^2}{2} f'''(x - xz)$; donc, faisant $m = 2$, $a = 0$, $b = 1$, on trouvera de la même manière que si $M2$ et $N2$ sont la plus grande et la plus petite valeur de $\frac{1}{2} f'''(x - xz)$, en donnant à z toutes les valeurs depuis zéro jusqu'à l'unité, on aura $\frac{M2}{3}$ et $\frac{N2}{3}$ pour les limites de la valeur de la quantité R, lorsqu'on y fait $z = 1$.

Et ainsi de suite.

51. Maintenant il est clair qu'en donnant à z, dans une fonction de $x(1 - z)$, toutes les valeurs depuis $z = 0$ jusqu'à $z = 1$, les valeurs que recevra cette fonction seront les mêmes que celles que recevrait une pareille fonction de u, en donnant successivement à u toutes les valeurs depuis $u = 0$ jusqu'à $u = x$; car faisant $x(1 - z) = u$, $z = 0$ donne $u = x$, $z = 1$ donne $u = 0$, et les valeurs intermédiaires de z donneront des valeurs de u intermédiaires entre celles-ci. D'où il est aisé de conclure que les quantités M et N seront la plus grande et la plus petite valeur de $f'u$, relativement à toutes les valeurs de u depuis $u = 0$ jusqu'à $u = x$; et que, par conséquent toute valeur intermédiaire entre M et N pourra être exprimée par $f'u$, en donnant à u une valeur intermédiaire entre 0 et x. Donc la valeur de la quantité P relative à $z = 1$ pourra être exprimée par $f'u$, u étant une quantité entre 0 et x. On en conclura de même que la valeur de Q répondant à $z = 1$, pourra être exprimée par $\frac{1}{2} f''u$, en donnant à u une valeur intermédiaire entre 0 et x;

Et pareillement que la valeur de R relative à $z = 1$ pourra être exprimée par $\frac{1}{2 \cdot 3} f'''u$, en prenant pour u une quantité entre 0 et x.

Et ainsi de suite.

52.

52. D'où résulte enfin ce théorème nouveau et remarquable par sa simplicité et sa généralité, qu'en désignant par u une quantité inconnue, mais renfermée entre les limites o et x, on peut développer successivement toute fonction de x et d'autres quantités quelconques suivant les puissances de x, de cette manière

$$\begin{aligned} fx &= f. + xf'u, \\ &= f. + xf'. + \frac{x^2}{2}f''u, \\ &= f. + xf'. + \frac{x^2}{2}f''. + \frac{x^3}{2.3}f'''u, \\ &\text{\&c.} \end{aligned}$$

les quantités $f.$, $f'.$, $f''.$, &c., étant les valeurs de la fonction fx et de ses dérivées $f'x$, $f''x$, &c., lorsqu'on y fait $x = o$.

53. Ainsi, pour le développement de $f(z + x)$ suivant les puissances de x, on aura $f. = fz$, $f'. = f'z$, $f''. = f''z$, &c. où l'on remarquera que les quantités $f'z$, $f''z$, &c. sont également les fonctions primes, secondes, &c. de fz, ce qui est évident, car il est visible que $f'(z + x)$, $f''(z + x)$, &c. sont également les fonctions primes, secondes, &c. de $f(z + x)$, soit qu'on les prenne relativement à x ou relativement à z; puisque l'augmentation de $z + x$ est la même en changeant x en $x + i$ ou z en $z + i$.

Prenant donc $f'z$, $f''z$, &c. pour les fonctions dérivées de fz, on aura

$$\begin{aligned} f(z + x) &= fz + xf'(z + u), \\ &= fz + xf'z + \frac{x^2}{2}f''(z + u), \\ &= fz + xf'z + \frac{x^2}{2}f''z + \frac{x^3}{2.3}f'''(z + u), \\ &\text{\&c.} \end{aligned}$$

où u désigne une quantité indéterminée, mais renfermée entre les limites o et x.

En changeant z en x et x en i, on aura le développement de $f(x + i)$ suivant les puissances de i; et l'on voit que dans ce développement la série infinie, à commencer d'un terme quelconque, est toujours égale à la valeur de ce premier terme, en y mettant $x + j$ à la place de x; j étant une quantité entre o et i; que par conséquent la plus grande et la plus petite valeur de ce terme, relativement à toutes les valeurs de j depuis o jusqu'à i, seront les limites de la valeur du reste de la série continuée à l'infini.

Si on fait $fz = z^m$, on aura le développement du binome $(z + x)^m$, et on en conclura que la somme de tous les termes, à commencer d'un terme quelconque $\frac{m(m-1)\ldots\ldots(m-n+1)}{1.2\ldots.n} z^{m-n} x^n$, sera renfermée entre ces limites $\frac{m(m-1)\ldots\ldots(m-n+1)}{1.2\ldots.n} z^{m-n} x^n$ et $\frac{m(m-1)\ldots.(m-n+1)}{1.2\ldots.n} (z + x)^{m-n} x^n$; car il est évident que la plus grande et la plus petite valeur de $(z + x)^{m-n}$ seront $(z + x)^{m-n}$ et z^{m-n}.

La perfection des méthodes d'approximation dans lesquelles on emploie les séries, dépend non-seulement de la convergence des séries, mais encore de ce qu'on puisse estimer l'erreur qui résulte des termes qu'on néglige, et à cet égard on peut dire que presque toutes les méthodes d'approximation dont on fait usage dans la solution des problèmes géométriques et mécaniques, sont encore très-imparfaites. Le théorème précédent pourra servir dans beaucoup d'occasions à donner à ces méthodes la perfection qui leur manque, et sans laquelle il est souvent dangereux de les employer.

54. Jusqu'à présent nous n'avons considéré les fonctions dérivées, que comme pouvant servir à la formation des séries; mais ces fonctions, considérées en elles-mêmes, offrent un nouveau système d'opérations algébriques, et fournissent des transformations qui sont d'un usage immense dans toute l'analyse.

Nous avons déjà vu (n.° 33), que si on a une équation quelconque en x et y, ou simplement en x, laquelle doive avoir lieu, quelle que soit la valeur de x, les équations dérivées qu'on obtiendra, en prenant les fonctions dérivées de chaque terme de la proposée, auront lieu aussi. Chacune de ces équations, et même une combinaison quelconque de ces équations, pourra donc tenir lieu de l'équation primitive; et on obtiendra souvent par ce moyen des équations subsidiaires, plus simples ou plus faciles à résoudre que les équations principales.

Nous avons nommé *équations primes, secondes, &c.*, les équations dérivées qu'on obtient en prenant les fonctions primes, secondes, &c. de tous les termes de l'équation primitive donnée; mais nous nommerons en général *équations dérivées du premier ordre, du second ordre, &c.*, les équations qu'on pourra former par une combinaison quelconque de l'équation primitive et de son équation prime, ou de celle-ci et de l'équation seconde, et ainsi de suite.

Ainsi l'équation primitive contenant x et y, l'équation dérivée du premier ordre contiendra x, y et y', l'équation dérivée du second contiendra x, y, y' et y''; et ainsi du reste.

55. Nous allons montrer par quelques exemples l'usage des équations dérivées pour la transformation des fonctions. Et d'abord nous remarquerons que par la combinaison d'une fonction avec sa fonction prime, on peut faire disparaître un exposant quelconque. En effet, soit l'équation $y = X^m$, X étant une fonction quelconque de x, en prenant les fonctions primes on aura (n.° 32) $y' = mX^{m-1}X'$; donc, divisant cette équation par la précédente, on aura $\frac{y'}{y} = \frac{mX'}{X}$, savoir $Xy' - mX'y = 0$, équation dérivée du premier ordre où la puissance X^m ne se trouve plus, et qui dans cet état est bien plus commode pour développer la valeur y en série, par la méthode usitée des coëfficiens indéterminés.

En effet, si l'on a, par exemple,

$$X = a + bx + cx^2 + dx^3 + \&c.,$$

et qu'on suppose

$$y = A + Bx + Cx^2 + Dx^3 + \&c.;$$

on aura, en prenant les fonctions primes,

$$X' = b + 2cx + 3dx^2 + \&c.,$$
$$y' = B + 2Cx + 3Dx^2 + \&c.;$$

donc, substituant et réunissant les termes affectés de la même puissance de x, on aura

$$aB - mbA + [2aC + bB - m(2cA + bB)]x$$
$$+ [3aD + 2bc + cB - m(3dA + 2cB + bC)]x^2$$
$$+ \&c. = 0,$$

équation qui devant être identique, c'est-à-dire avoir lieu quel que soit x, pour que l'expression supposée de y soit vraie, donnera autant d'équations particulières qu'il y a de différentes puissances de x, et on tirera de ces équations

$$B = \frac{mbA}{a};$$

$$C = \frac{2mcA + (m-1)bB}{2a};$$

$$D = \frac{3mdA + (2m-1)cB + (m-2)bC}{3a},$$

&c.

On aura ainsi successivement tous les coëfficiens B, C, D, &c. par des formules dont la loi est visible, et qu'on pourra par conséquent continuer aussi loin qu'on voudra.

Mais le premier coëfficient A demeure indéterminé; il faut, pour le déterminer, recourir à l'équation primitive $y = X^m$; faisant $x = 0$, on a, d'un côté, $X = a$, et, de l'autre, $y = A$; donc $A = a^m$.

56. On peut de même, par les fonctions dérivées, faire disparaître les logarithmes, les exponentielles, et les sinus et co-sinus.

En effet, si $y = l.X$, on aura l'équation du premier ordre $y'X - X' = 0$; si $y = e^X$, on aura celle-ci, $y' - X'y = 0$; mais pour faire disparaître les sinus ou co-sinus, il faudra aller à une équation du second ordre.

Soit donc $y = \sin. X$, X étant toujours une fonction quelconque de x, en prenant les fonctions primes, on aura (n.° 32) $y' = X' \cos. X$, et, prenant de nouveau les fonctions primes, $y'' = X'' \cos. X - X'^2 \sin. X$; donc, éliminant de ces trois équations sin. X et cos. X, on aura cette équation dérivée du second ordre,

$$X'y'' - X''y' + X'^3 y = 0,$$

où il n'y a plus de transcendantes; on trouvera la même équation en faisant $y = \cos. X$.

Si donc on fait ici pour X et y les mêmes substitutions que ci-dessus (n.° 55), et qu'après avoir ordonné les termes suivant les puissances de x, on égale à zéro la somme de tous ceux qui se trouveront multipliés par la même puissance de x, on aura autant d'équations particulières qui serviront à déterminer les coëfficiens indéterminés de l'expression supposée de y par les deux qui précèdent. A l'égard des deux premiers, ils demeureront indéterminés; mais il faudra les déterminer de manière que l'équation primitive et l'équation prime aient lieu en faisant $x = 0$. Or, l'équation $y = \sin. X$ devient alors $A = \sin. a$, et l'équation $y' = X' \cos. X$ devient $B = b \cos. a$.

57. Non-seulement l'équation dérivée du second ordre que nous venons de trouver, peut servir à développer en série la valeur de $\sin. X$ ou $\cos. X$; elle peut servir aussi à trouver une autre transformation de cette valeur, au moyen des exponentielles.

Supposons, en effet, $y = e^V$, e étant le nombre dont le logarithme hyperbolique est l'unité *(n.° 20)*, et V une fonction indéterminée de x, en prenant les fonctions primes et secondes on aura $y' = V'e^V$, $y'' = (V'^2 + V''e^V)$, et ces valeurs étant substituées dans l'équation dont il s'agit, on aura, après la division par la quantité e^V qui en multiplie tous les termes,

$$X'(V'' + V'^2) - X''V' + X'^3 = 0.$$

J'observe qu'on peut satisfaire à cette équation en faisant $V' = mX'$, m étant un coëfficient constant, ce qui donne $V'' = mX''$; car substituant ces valeurs, l'équation se réduit à $(1 + m^2)X'^3 = 0$; donc $1 + m^2 = 0$ et $m = \sqrt{-1}$.

Ainsi on aura $V' = X'\sqrt{-1}$; et de-là, en remontant à l'équation primitive, $V = X\sqrt{-1} + a$, a étant une constante arbitraire; donc $e^V = e^{a + X\sqrt{-1}} = e^a \times e^{X\sqrt{-1}} = Ae^{X\sqrt{-1}}$, en faisant $e^a = A$ pour plus de simplicité.

On aura donc $y = Ae^{X\sqrt{-1}}$, et comme le radical $\sqrt{-1}$ peut être pris également en plus et en moins, on aura également $y = Be^{-X\sqrt{-1}}$, B étant une autre constante arbitraire; en effet, il est aisé de voir que chacune de ces deux valeurs satisfait à l'équation $X'y'' - X''y' + X'^3 = 0$; et on voit aussi facilement que leur somme y satisfait encore, parce que les quantités y, y', y'' n'y sont que sous la forme linéaire. De sorte qu'on aura en général

$$y = Ae^{X\sqrt{-1}} + Be^{-X\sqrt{-1}},$$

A et B étant de nouveau deux coëfficiens indéterminés comme ci-dessus.

Voilà donc l'expression de sin. x transformée en une expression exponentielle au moyen de l'équation dérivée du second ordre. Mais pour que ces deux expressions soient absolument identiques, il faut encore déterminer convenablement les constantes A et B, ce qui se fera par la comparaison des valeurs de y et de y' pour une valeur quelconque de X. Ainsi, puisque sin. X doit devenir nul lorsque $X = 0$ par la nature des sinus, il faudra que l'on ait $A + B = 0$; de plus, y' étant $= X'$ cos. X, et l'expression précédente de y donnant $y' = X'\sqrt{-1}\,(Ae^{X\sqrt{-1}} - Be^{-X\sqrt{-1}})$, on aura cos. $X = \sqrt{-1}\,(Ae^{X\sqrt{-1}} - Be^{-X\sqrt{-1}})$; faisant $X = 0$, on sait que cos. $X = 1$; donc $\sqrt{-1}\,(A - B) = 1$. Ces deux équations donnent

$$A = \frac{1}{2\sqrt{-1}} \text{ et } B = -\frac{1}{2\sqrt{-1}};$$

donc, enfin,

$$\text{sin. } X = \frac{e^{X\sqrt{-1}} - e^{-X\sqrt{-1}}}{2\sqrt{-1}},$$

$$\text{cos. } X = \frac{e^{X\sqrt{-1}} + e^{-X\sqrt{-1}}}{2},$$

expressions connues, et que nous avions déjà trouvées par une autre voie (*n.*° 27).

58. Dans les exemples précédens, nous avons cherché l'équation dérivée, et nous avons ensuite déterminé par cette équation la valeur de la fonction primitive y. Cette dernière opération est, comme l'on voit, l'inverse de celle par laquelle on descend de la fonction primitive aux fonctions dérivées; elle peut toujours s'exécuter par le moyen des séries, en employant, comme nous l'avons fait, une série avec des coëfficiens indéterminés, et faisant des équations séparées des termes affectés de chaque puissance de x. De cette manière, on détermine les coëfficiens les uns par les autres, et on a souvent l'avantage d'apercevoir la loi générale qui règne entre ces coëfficiens.

Mais on peut aussi trouver immédiatement chaque coëfficient par la méthode des n.os 45 et suiv.; car il n'y a qu'à chercher successivement les valeurs des fonctions dérivées, et si on désigne par (y), (y'), (y''), &c. les valeurs de y, y', y'', &c. lorsque $x = 0$, on a en général

$$y = (y) + x(y') + \frac{x^2}{2}(y'') + \&c.$$

Cette formule a l'avantage de faire voir la raison pourquoi il reste des coëfficiens indéterminés, comme nous l'avons trouvé ci-dessus. En effet, si on veut déterminer la valeur de y par une équation dérivée du premier ordre, cette équation donnera la valeur de y' en x et y, et de-là on trouvera une équation du second ordre en y'', y', y, x, une équation du troisième en y''', y'', y', y, x, et ainsi de suite; de sorte qu'en substituant successivement dans ces équations les valeurs de y', y'', &c. données par les équations précédentes, on aura en dernière analyse y', y'', y''', &c. exprimés en x et y. Donc, faisant $x = 0$, on aura (y'), (y''), (y'''), &c. exprimés en (y) qui demeurera indéterminé.

De même si on ne fait dépendre la détermination de y que d'une équation dérivée du second ordre en x, y, y' et y'', on en tirera successivement une équation tierce entre x, y, y', y'', y''', et ainsi de suite; et par des substitutions successives on aura en dernière analyse, y'', y''', &c., donnés en x, y, y'; de sorte qu'en faisant $x = 0$, on aura les valeurs de (y''), (y'''), (y^{v}), &c., exprimées en (y) et (y'), ces deux quantités demeurant indéterminées; et ainsi de suite.

Ainsi, lorsqu'on part d'une équation dérivée du premier ordre, il reste une indéterminée (y); lorsqu'on part d'une équation du second ordre, il reste deux indéterminées (y) et (y'), et ainsi de suite; et l'on voit que ces indéterminées sont constantes, puisque ce sont les valeurs de y, y', y'', &c., lorsque $x = 0$.

59. Quoique la conclusion précédente soit fondée sur la théorie des séries, il n'est pas difficile de se convaincre qu'elle doit avoir lieu généralement, quelle que soit l'expression de y, puisqu'on peut toujours regarder une expression en série comme le développement d'une expression finie. Mais comme c'est là une propriété caractéristique des équations dérivées

entre deux variables, il est important de l'établir sur la nature même de ces équations.

Considérons donc en général l'équation à deux variables $F(x, y) = 0$, et désignons simplement par $F(x,y)' = 0$ son équation prime, par $F(x,y)'' = 0$ l'équation seconde, et ainsi de suite, en regardant x et y comme variables à-la-fois. Soient a, b, c, &c. des constantes quelconques contenues dans la fonction $F(x, y)$, ces constantes seront les mêmes dans les fonctions dérivées; ainsi, puisque les deux équations $F(x, y) = 0$ et $F(x, y)' = 0$ ont lieu en même temps, on pourra en éliminer une constante a, et l'équation résultante sera une équation du premier ordre entre x, y et y', qui renfermera une constante de moins que l'équation primitive, et qui aura par conséquent lieu en même temps que celle-ci. De même les trois équations $F(x, y) = 0$, $F(x, y)' = 0$, $F(x,y)'' = 0$, ayant lieu à-la-fois, on pourra en éliminer deux constantes a, b; et l'équation résultante sera une équation du second ordre entre x, y, y' et y'', qui renfermera deux constantes de moins que l'équation primitive, et qui aura lieu en même temps qu'elle; et ainsi de suite.

Donc, puisque dans les équations à deux variables une équation du premier ordre peut renfermer une constante de moins que l'équation primitive, une équation du second ordre peut renfermer deux constantes de moins que l'équation primitive, et ainsi de suite, il s'ensuit réciproquement que l'équation primitive doit contenir une constante de plus que l'équation dérivée du premier ordre, deux constantes de plus que l'équation dérivée du second ordre, et ainsi de suite, constantes qui seront par conséquent arbitraires; et il est visible en même temps qu'elles ne sauraient en contenir davantage, puisqu'on ne pourrait pas les faire disparaître toutes par le moyen des équations dérivées.

Donc, si l'on n'a pour la détermination d'une fonction qu'une équation du premier ordre, ou du second, ou, &c. l'équation primitive prise dans toute sa généralité devra contenir une constante arbitraire, ou deux, &c, suivant l'ordre de l'équation donnée: et on déterminera ces constantes par des valeurs particulières données de la fonction ou de ses dérivées.

Si donc on trouve d'une manière quelconque une équation en x et y qui satisfasse à une équation donnée d'un ordre quelconque, et qui renferme

autant

autant de constantes arbitraires qu'il y a d'unités dans l'indice de cet ordre, on en conclura que cette équation sera l'équation primitive de l'équation donnée, et pourra, dans tous les cas, être employée à la place de celle-ci.

60. Au lieu d'éliminer à la fois les deux constantes a et b des trois équations $F(x, y) = 0$, $F(x, y)' = 0$, $F(x, y)'' = 0$, on peut n'éliminer d'abord que la constante b ou a des deux premières; on aura ainsi deux équations du premier ordre, dont l'une ne renfermera que la constante a, et l'autre la constante b. Si maintenant on élimine de chacune de ces équations la constante a ou b par le moyen de son équation prime, on aura deux équations du second ordre sans a ni b, qui devront coïncider avec l'équation résultant de l'élimination simultanée de ces constantes, par le moyen des trois équations $F(x, y) = 0$, $F'(x, y)' = 0$, $F(x, y)'' = 0$, parce que la valeur de y'' que ces équations du second ordre donneront, et qui sera exprimée en x, y, et y' sans a ni b, ne peut qu'être la même, de quelque manière qu'elle soit déduite de l'équation primitive.

D'où l'on peut conclure qu'une équation du second ordre peut être dérivée de deux équations différentes du premier ordre, renfermant chacune une constante arbitraire de plus.

Et l'on prouvera de la même manière qu'une équation du troisième ordre pourra être dérivée de trois équations différentes du second ordre, renfermant chacune une constante arbitraire; et ainsi de suite.

En même temps on voit que si pour une équation donnée du second ordre, on en trouve deux du premier ordre qui satisfassent chacune à cette équation, et qui renferment chacune une constante arbitraire a ou b, on en pourra déduire immédiatement l'équation primitive; car il suffira de chasser de ces équations la quantité y', et l'on aura une équation en x et y, avec deux constantes arbitraires a et b.

Il en sera de même pour les équations du troisième ordre; car, si on trouve trois équations du second ordre qui satisfassent chacune à une même équation du troisième ordre, et qui aient en même temps les constantes arbitraires a, b, c, on aura, en éliminant y' et y'', une équation en x, y et a, b, c, qui sera par conséquent l'équation primitive de l'équation donnée; et ainsi de suite.

61. Mais si pour une équation du second ordre on en trouve deux du premier ordre qui y satisfassent, et dont une seule renferme une constante arbitraire, alors en éliminant y' on aura une équation en x et y, qui ne renfermera qu'une constante arbitraire, et qui ne sera pas l'équation primitive complète de la proposée du second ordre; mais cette équation satisfera également aux deux du premier ordre, puisqu'elle satisfait à celle du second ordre, qui est également dérivée de ces deux-ci; donc elle pourra être regardée comme l'équation primitive complète de l'équation du premier ordre qui ne renferme point de constante arbitraire. D'où je conclus qu'étant proposée une équation du premier ordre en x, y et y', si on en déduit d'une manière quelconque une équation du second, soit en éliminant une constante ou non, et qu'ensuite on trouve une autre équation primitive du premier ordre avec une constante arbitraire a, on aura par l'élimination de y' entre celle-ci et la proposée, une équation en x et y qui contiendra la constante arbitraire a, et qui sera par conséquent l'équation primitive complète de la proposée.

On prouvera de la même manière que si de la proposée du premier ordre on déduit une équation du troisième ordre, et qu'ensuite on trouve pour celle-ci une équation primitive du second avec une constante arbitraire, dans laquelle la proposée ne soit pas renfermée, il n'y aura qu'à éliminer les y'' et y' au moyen de la proposée, et l'on aura une équation en x et y qui renfermera une constante arbitraire, et qui sera par conséquent l'équation primitive complète de la proposée; et ainsi de suite.

On peut appliquer le même raisonnement aux équations des ordres supérieurs au premier, et en tirer des conclusions semblables.

62. Ainsi, si une équation du premier ordre en x, y et y' étant donnée, on peut, par des opérations quelconques, la ramener à la forme $f(x, y)' = 0$, où $f(x, y)'$ désigne la fonction prime d'une fonction de x, y, marquée par $f(x, y)$, on aura sur-le-champ l'équation primitive $f(x, y) = a$, dans laquelle a sera la constante arbitraire.

Par exemple, l'équation $y' = 0$ donne sur-le-champ $y = a$; l'équation $xy' - y = 0$ étant divisée par x^2, se réduit à $\left(\frac{y}{x}\right)' = 0$: j'entends par $\left(\frac{y}{x}\right)'$ la fonction prime de la quantité $\frac{y}{x}$ renfermée entre les deux crochets ; d'où l'on tire $\frac{\ }{x} = a$, ou bien, en divisant la même équation par xy, elle devient $\frac{y'}{y} - \frac{1}{x} = 0$, dans laquelle les variables x, y ne sont plus mêlées ; prenant donc la fonction prime de chaque terme, on aura $ly - lx = la$, la caractéristique l indiquant les logarithmes hyperboliques ; d'où l'on tire $\frac{y}{x} = a$, comme plus haut.

En général, si on peut réduire l'équation à la forme $fx + y'Fy = 0$, où les variables sont séparées, il n'y aura qu'à prendre les fonctions primitives de fx et de $y'Fy$, et faire la somme égale à une constante arbitraire a; et la même chose aura lieu si on peut ramener la proposée à cette forme par une substitution quelconque.

Soit, par exemple, une équation de la forme $y' = f\left(\frac{y}{x}\right)$; je fais $\frac{y}{x} = u$; donc $y = xu$, $y' = xu' + u$; et l'équation devient par ces substitutions $xu' + u = f.u$, laquelle peut se mettre sous la forme $\frac{1}{x} + \frac{u'}{u - fu} = 0$, qui est comprise dans la précédente.

Si on avait l'équation $y = xf.y'$, au lieu de la réduire à la forme précédente, j'en prendrais les fonctions primes, ce qui me donnerait

$$y' = xy''f'y' + fy',$$

équation réductible à la forme $\frac{1}{x} + \frac{y''f'y'}{fy' - y'} = 0$, et qui, en faisant $y' = u$, rentre encore dans le cas précédent. Ayant trouvé ainsi une équation primitive entre x et u avec une constante arbitraire, c'est-à-dire entre x et y', on chassera y' par le moyen de la proposée, et l'on aura une équation entre x et y avec la constante arbitraire, laquelle sera par conséquent l'équation primitive complète de la proposée. Cette dernière méthode est, comme l'on voit, une application de la théorie du numéro précédent.

63. De cette manière on ramène, comme l'on voit, la recherche des fonctions primitives de deux variables, à celle des fonctions primitives d'une seule variable; mais comme on n'y parvient ordinairement qu'en employant pour x et y d'autres variables, comme t et u, c'est-à-dire en substituant pour x et y des fonctions données de t et u, il faut observer, à l'égard de ces substitutions, que u devenant fonction de t, x et y devront être aussi regardés comme fonctions de t. Donc, ayant supposé $y = fx$, on aura, en regardant maintenant x et y comme fonctions de t, $y' = x'f'x$ (*n.*° 31); mais lorsqu'on regarde y simplement comme fonction de x, on a $y' = f'x$, comme nous l'avons fait jusqu'ici: donc, pour passer de cette hypothèse à celle où x et y sont fonctions de t, il faut mettre à la place de y' la quantité $\frac{y'}{x'}$.

Ainsi, ayant l'équation $y' = F(x, y)$, on commencera par la transformer en $\frac{y'}{x'} = F(x, y)$, ou $y' = x' F(x, y)$, ensuite on substituera pour x, y, x', y' leurs valeurs en t, u et u', où u' sera la fonction prime de u regardé comme fonction de t.

De même, puisque y'' est la fonction prime de y', regardé comme fonction de x, il faudra substituer pour y'' la quantité $\frac{\left(\frac{y'}{x'}\right)'}{x'}$, c'est-à-dire $\frac{y''}{x'^2} - \frac{y' x''}{x'^3}$; et ainsi de suite.

Donc, si dans une équation, au lieu de regarder y comme fonction de x, on voulait réciproquement regarder x comme fonction de y, alors la fonction prime de y deviendrait l'unité, et l'on y substituerait simplement $\frac{1}{x'}$ pour y', $-\frac{x''}{x'^3}$ pour y''; et ainsi de suite. *Voyez* plus bas le n.° 200.

64. Quant à la manière de trouver les fonctions primitives des fonctions d'une seule variable, comme de Fx ou de $y' Fy$, on sait que si Fx est

une fonction rationnelle de x, on peut toujours la décomposer en différens termes de la forme x^m ou $\frac{1}{(a+bx)^m}$, m étant un nombre entier positif, et $a+bx$ un facteur du dénominateur de la fonction, s'il en a un. Ainsi la fonction primitive de Fx sera composée d'autant de termes de la forme $\frac{x^{m+1}}{m+1}$, et $\frac{(a+bx)^{1-m}}{b(1-m)}$, ou lx et $\frac{l(a+bx)}{b}$ si $m=1$; et il en sera de même de la fonction primitive de $y'Fy$ (*n.*° 32).

Si Fx contient des quantités irrationnelles, on les fera disparaître par des substitutions, ce qui n'est possible en général par les méthodes connues que pour les radicaux de la forme $\sqrt{(a+bx+cx^2)}$. Quand il y a dans Fx des radicaux plus compliqués, ou même quand il y a plus d'un radical de cette forme, la recherche de la fonction primitive devient impossible en général par les méthodes connues; et on ne peut l'obtenir que par le moyen des séries, soit en faisant disparaître les radicaux par leur résolution en série, soit en employant la méthode générale pour le développement en série de toute fonction de x (*n.*° 45). Pour cela, on supposera $f'x=Fx$; de-là on aura $f''x=F'x$, $f'''x=F''x$, &c. Donc la valeur de fx, fonction primitive de Fx, sera représentée ainsi,

$$fx=f.+xF.+\frac{x^2}{2}F'.+\frac{x^3}{2.3}F'', \text{\&c.},$$

les quantités $f.$, $F.$, $F'.$, &c. étant les valeurs de fx, Fx, $F'x$, &c. lorsque $x=0$, où l'on voit que $f.$ sera une constante indéterminée.

65. Si, pour une équation proposée d'un ordre quelconque, on parvient à trouver une équation d'un ordre inférieur qui ne renferme point de constantes arbitraires, ou qui n'en renferme pas autant qu'il peut y en avoir, alors cette équation ne pourra pas être regardée comme une équation primitive complète, mais elle ne sera qu'un cas particulier de cette équation, dans lequel on aurait donné aux constantes arbitraires des valeurs particulières.

Mais il y a un cas très-étendu, dans lequel il suffit d'avoir plusieurs valeurs particulières de y en x pour pouvoir en obtenir la valeur complète; c'est celui où l'équation d'un ordre quelconque ne renferme les y, y', y'', &c. que sous la forme linéaire.

Soit, en effet, proposée l'équation

$$Ay + By' + Cy'' + Dy''' + \&c. = 0;$$

dans laquelle A, B, C, &c. soient des fonctions données de x seul. Soient p, q, r, &c. des fonctions différentes de x, qui, étant substituées pour y, satisfassent chacune en particulier à cette équation, je dis que l'on aura en général

$$y = ap + bq + cr + \&c.,$$

a, b, c, &c, étant des constantes arbitraires; ce qui est évident; car cette expression de y étant substituée dans la même équation, y satisfera indépendamment de ces constantes. D'où il suit que si le nombre des valeurs particulières p, q, r, &c. est égal à celui de l'ordre de l'équation proposée, c'est-à-dire à l'indice de la fonction dérivée $y'''^{\&c.}$ la plus élevée, on aura l'expression complète de y. L'analyse du n.° 57, fournit un exemple de cette méthode.

Mais il y a plus; on peut alors trouver aussi la valeur complète de y, qui satisfera à l'équation

$$Ay + By' + Cy'' + \&c. = X,$$

X étant aussi une fonction quelconque de x.

Comme cette méthode est une des plus utiles dans ce genre d'analyse, je crois devoir l'exposer ici en peu de mots.

66. Supposons que l'équation proposée soit du troisième ordre, on verra aisément que la méthode est générale pour un ordre quelconque. Soit donc l'équation

$$Ay + By' + Cy'' + y''' = X,$$

et soient p, q, r trois valeurs différentes et particulières de y en x, qui satisfassent à l'équation $Ay + By' + Cy'' + y''' = 0$; en sorte que l'on ait $Ap + Bp' + Cp'' + p''' = 0$, $Aq + Bq' + Cq'' + q''' = 0$ et $Ar' + Br' + Cr'' + r''' = 0$.

Supposons $y = ap + bq + cr$, et regardons a, b, c comme trois fonctions inconnues de x qu'il s'agira de déterminer; en prenant les fonctions primes, secondes et tierces de y, on aura d'abord

$$y' = ap' + bq' + cr' + pa' + qb' + rc',$$

Je suppose $pa' + qb' + rc' = 0$, j'aurai simplement $y' = ap' + bq' + cr'$. De-là, en prenant de nouveau les fonctions primes, j'aurai

$$y'' = ap'' + bq'' + cr'' + a'p' + b'q' + c'r';$$

je suppose derechef $a'p' + b'q' + c'r' = 0$, j'aurai simplement $y'' = ap'' + bq'' + cr''$; d'où je tire, en prenant encore les fonctions primes,

$$y''' = ap''' + bq''' + cr''' + a'p'' + b'q'' + c'r''.$$

Je substitue maintenant ces valeurs de y, y', y'' et y''' dans l'équation proposée; il est visible que par la nature des quantités p, q, r, les termes qui contiendront a, b, c se détruiront, et il ne restera que l'équation

$$a'p'' + b'q'' + c'r'' = X,$$

qui étant combinée avec les deux équations supposées

$$a'p + b'q + c'r = 0,$$
$$a'p' + b'q' + c'r' = 0,$$

servira à déterminer les trois quantités a', b', c', les quantités p, q, r et leurs fonctions primes et secondes étant connues, ainsi que la quantité X.

Supposons donc qu'on ait trouvé $a' = P$, $b' = Q$, $c' = R$, ces quantités P, Q, R étant des fonctions connues de x, il n'y aura qu'à les regarder comme des fonctions primes et en chercher les fonctions primitives, qui contiendront chacune une constante arbitraire qui pourra lui être ajoutée. On aura ainsi les valeurs des inconnues a, b, c, qu'on substituera ensuite dans l'expression de y.

67. Lorsque l'équation n'est que du premier ordre, on n'a besoin que d'une valeur p, et on peut toujours la trouver; car on a alors l'équation $Ap + p' = 0$, à laquelle satisfait cette valeur $p = e^{-M}$, M étant la fonction primitive de A, de manière que $M' = A$, et e dénotant toujours le nombre dont le logarithme hyperbolique est l'unité; en effet, on aura, en prenant les fonctions primes,

$$p' = -M'e^{-M} = -Ap.$$

Pour les équations d'un ordre supérieur au premier, il n'y a pas de méthode générale pour trouver les valeurs de p, q, &c. à moins que les coëfficiens A, B, C &c. ne soient constans. Mais, dans ce cas, il est aisé de les trouver; car il n'y a qu'à supposer $p = e^{mx}$, m étant une constante indéterminée, on aura $p' = me^{mx}$, $p'' = m^2 e^{mx}$, &c.; donc l'équation

$$Ap + Bp' + Cp'' + Dp''' + \&c. = 0$$

deviendra

$$A + Bm + Cm^2 + Dm^3 + \&c. = 0,$$

laquelle sera, généralement parlant, d'un degré égal à l'ordre de l'équation proposée. Elle aura donc autant de racines qu'il y a d'unités dans ce degré; et si on désigne ces racines par m, n, &c. on aura $p = e^{mx}$, $q = e^{nx}$, &c.; de sorte que dans ce cas la difficulté est réduite à la résolution des équations.

68. On peut souvent rendre linéaires des équations qui ne le sont pas, par le moyen des substitutions; et comme cette transformation est toujours avantageuse, voici deux cas très-étendus où elle réussit :

Le premier est celui de l'équation $y = xfy' + Fy'$, qui est plus générale que celle que nous avons traitée ci-dessus *(n.° 62)*. J'en prends d'abord les fonctions primes, j'ai

$$y' = xy''f'y' + fy' + y''F'y';$$

je fais $y' = z$, et par conséquent $y'' = z'$, j'ai

$$z = xz'f'z + fz + z'F'z,$$

équation du premier ordre en x et z, où z est censé fonction de x.

Maintenant je regarde x comme une fonction de z; il faudra mettre $\frac{1}{x'}$ à la place de z' *(n.° 63)*, et il viendra l'équation

$$xf'z + (fz - z)x' + F'z = 0,$$

qui est, comme l'on voit, du premier ordre et linéaire en x. On pourra donc, par la méthode précédente, en trouver l'équation primitive en x et z; mais la proposée par la substitution de y', au lieu de z, devient $y = xfz + Fz$; éliminant donc z de ces deux équations, on aura une équation en x et y, qui sera l'équation primitive de l'équation proposée.

Le second cas est celui de l'équation $y' + My^2 + N = 0$, M et N étant des fonctions de x. Ici je fais $y = \frac{z'}{Mz}$, ce qui donne $y' = \frac{z''}{Mz} - \frac{z'^2}{Mz^2} - \frac{z'M'}{M^2z}$; substituant ces valeurs et multipliant par Mz, l'équation l'équation devient

$$z'' - \frac{M'z'}{M} + MNz = 0,$$

qui est, comme l'on voit, du second ordre, mais linéaire par rapport à z.

Supposons qu'on ait trouvé d'une manière quelconque deux valeurs particulières de y en x, c'est-à-dire sans constante arbitraire, que nous dénoterons par p et q. Pour la valeur p on aura $\frac{z'}{Mz} = p$, d'où l'on tire $z = e^P$, en dénotant par P la fonction primitive de pM; on aura de même pour la valeur q, $z = e^Q$, Q étant la fonction primitive de qM. Ayant ainsi deux valeurs particulières de z, on aura la valeur complète (n.° 65) $z = ae^P + be^Q$, a et b étant deux constantes arbitraires; donc, puisque $y = \frac{z'}{Mz}$ et que $P' = pM$, $Q' = qM$, on aura cette valeur complète de y, $y = \frac{ape^P + bqe^Q}{ae^P + be^Q}$, c'est-à-dire en faisant $\frac{b}{a} = c$, $y = \frac{p + cqe^{Q-P}}{1 + ce^{Q-P}}$, où c est la constante arbitraire.

Par exemple, si $N = -mM$, m étant une constante, il est aisé de voir que l'on satisfera à la proposée en y, en faisant $y = \sqrt{m}$; donc, à cause de l'ambiguité du radical, on aura $p = \sqrt{m}$, $q = -\sqrt{m}$; donc, nommant L la fonction primitive de M, on aura $P = L\sqrt{m}$, $Q = -L\sqrt{m}$, et la valeur complète de y sera

$$= \frac{(1 - ce^{-2L\sqrt{m}})\sqrt{m}}{1 + ce^{-2L\sqrt{m}}}.$$

Au reste, dans ce cas, l'équation proposée peut se mettre sous la forme $\frac{y'}{y^2 - m} + M = 0$, où les variables x et y sont séparées, et dont on peut trouver l'équation primitive, comme nous l'avons montré plus haut (n.ºs 62, 64).

69. Lorsque l'équation proposée n'est pas linéaire en y, y', y'', &c., ou qu'elle n'est pas comprise sous la forme précédente, je ne connais aucune méthode générale pour compléter les valeurs particulières de y qu'on aurait trouvées; mais on y peut toujours parvenir par le moyen des séries.

Supposons en effet que pour une équation du premier ordre en x, y et y', la valeur complète de y soit $f(x, a)$, a étant la constante arbitraire. En donnant à a une valeur particulière h, la quantité $f(x, a)$ deviendra une valeur particulière de y, que nous nommerons p, et que nous supposerons connue d'une manière quelconque. Faisons maintenant $a = h + i$, et développons la fonction $f(x, h + i)$ en série ascendante suivant les puissances de i, le premier terme sera $f(x, h) = p$, et les autres termes seront de la forme $qi + ri^2 +$ &c., q, r, &c. étant des fonctions de x. Si on substitue cette expression de y dans l'équation donnée du premier ordre, il faudra qu'elle se vérifie, indépendamment de la constante i qui doit demeurer arbitraire.

Soit donc $y' = F(x, y)$ l'équation du premier ordre, à laquelle satisfait la valeur particulière $y = p$, on aura, d'après cette condition, $p' = F(x, p)$.

Substituons pour y la série $p + iq + i^2r +$ &c., et développons aussi la fonction $F(x, y)$ en série suivant les puissances de i, si on dénote simplement par $F'(y)$, $F''(y)$, &c. les fonctions primes, secondes, &c. de $F(x, y)$ prises relativement à y seul, et qu'on fasse, pour abréger, $o = iq + i^2r +$ &c., on aura, par la théorie exposée plus haut, sur le développement des fonctions,

$$F(x, y) = F(x, p) + o\,F'(p) + \frac{o^2}{2} F''(p) + \text{\&c.}$$

D'un autre côté on aura, en prenant les fonctions primes, $y' = p' + q'i + r'i^2 +$ &c.; donc, substituant ces valeurs dans l'équation du premier ordre, et ordonnant les termes suivant les puissances de i, on aura, à cause de $p' = F(x, p)$, $iq' + i^2r' + \text{\&c.} = iqF'(p) + i^2 \left[rF'(p) + \frac{q^2}{2} F''(p)\right] +$ &c.; d'où l'on tire, par la comparaison des termes affectés des mêmes puissances de i, les équations suivantes

$$q' = qF'(p), \quad r' = rF'(p) + \frac{q^2}{2} F''(p), \text{ \&c.},$$

qui serviront à déterminer successivement toutes les inconnues q, r, &c.

Comme les quantités $F'(p)$, $F''(p)$ &c. sont des fonctions données de x, il est visible qu'on n'aura pour ces inconnues que des équations linéaires du premier ordre, susceptibles de la méthode du n.° 67; il ne sera pas même nécessaire d'avoir les valeurs complètes de q, r, &c., il suffira d'avoir des valeurs quelconques qui satisfassent à ces équations de condition.

Ayant ainsi déterminé les valeurs des quantités q, r, s, &c. on aura cette valeur complète de y, $y = p + iq + i^2r +$ &c., dans laquelle i sera la constante arbitraire qui manquait à la valeur particulière $y = p$. Cette valeur sera à la vérité exprimée par une série, mais la convergence de cette série ne dépendra que de la valeur de la constante i.

Cette méthode est aussi applicable, avec l'extension convenable, aux équations des ordres supérieurs au premier; mais les équations qu'on trouvera pour la détermination des fonctions inconnues, seront du même ordre, et par conséquent on ne pourra trouver en général les valeurs de ces fonctions que dans le cas où les coëfficiens seront constans.

Au reste, cette méthode est le fondement des solutions des principaux problèmes de la théorie des planètes. Comme les excentricités et les inclinaisons, qu'on doit regarder comme des constantes arbitraires, sont fort petites, et que l'effet des attractions est aussi très-petit, le cercle fournit d'abord des valeurs particulières, et on complète ensuite ces valeurs par des séries qui procèdent suivant les puissances de ces constantes très-petites. *Voyez sur-tout la Théorie de la Lune d'*Euler.

70. Nous avons supposé que la fonction $F(x, y)$ pouvait toujours, par la substitution de $p + qi + ri^2 +$ &c. à la place de y, se développer en une série ascendante suivant les puissances entières de i; mais comme cette série résulte du développement d'une fonction de $y + o$, en donnant à y une valeur particulière p, il s'ensuit de la théorie que nous avons donnée ci-dessus (*n.*° 40), que ce développement pourrait contenir des puissances fractionnaires ou négatives de o, auquel cas la série dont il s'agit, contiendrait nécessairement de pareilles puissances de i. Alors la série qui doit représenter la valeur de y pourra ne plus avoir la même forme; mais comme $y = f(x, a)$, et qu'on suppose $a = h + i$, et $p = f(x, h)$, le premier terme sera toujours p, et le second pourra encore être supposé de la forme qi; car s'il était de la forme qi^n, n étant un exposant quelconque, il n'y aurait qu'à substituer $i^{\frac{1}{n}}$ à la place de i, et supposer que a

devienne $h + l^{\frac{1}{n}}$, ce qui est indifférent, puisqu'on regarde l comme une constante arbitraire; mais les termes suivans pourront être de la forme $ri^m + si^n + \&c.$, où m devra être > 1, $n > m$, &c. par l'hypothèse.

Substituant donc dans $F(x, y)$ pour y la série $p + qi + ri^m + si^n + \&c.$, et développant suivant les puissances ascendantes de i, on aura une série de cette forme $F(x, p) + Pi^\mu + Qi^\nu + \&c.$, μ étant différent de l'unité, $\nu > \mu$, &c., et P, Q étant des fonctions données de x. Donc l'équation $y' = f(x, y)$ deviendra, par ces substitutions,

$$iq' + i^m r' + i^n s' + \&c. = Pi^\mu + Qi^\nu + \&c.;$$

laquelle devra se vérifier indépendamment de la valeur de i.

Donc, si $\mu > 1$, on pourra faire $q' = 0$, $m = \mu$ et $r' = P$, ensuite $n = \nu$, $s' = Q$, &c. Ainsi on aura d'abord $q =$ à une constante, ou plus simplement $q = 1$; ensuite, comme P ne dépend que de q et de x, on trouvera la valeur de r en prenant la fonction prime de P: et ainsi de suite.

71. Mais si $\mu < 1$, alors il sera impossible de satisfaire à l'équation, de manière que i demeure une constante arbitraire; et l'on devra en conclure que la valeur particulière p ne pouvant pas être complétée ainsi, ne saurait être contenue dans l'expression générale $f(x, a)$ qui représente la valeur complète de y.

Maintenant il est visible que, quel que puisse être le premier terme Pi^μ du développement de $F(x, y)$, par la substitution de $p + qi + ri^m + \&c.$ à la place de y, il ne peut venir que des termes $p + qi$, de sorte qu'il sera le même que si on substituait simplement $p + qi$ à la place de y. Donc aussi le développement de $F(x, y)$ par la substitution de $p + o$ à la place de y, sera $F(x, p) + \frac{Po^\mu}{q^\mu} + \&c.$; donc, puisque la série résultant de ce développement contient un terme affecté de o^μ, où μ est > 0 et < 1, il s'ensuit de la théorie donnée (n.° 41), que la fonction prime $F'(y)$ devra devenir infinie lorsque $y = p$.

De-là on tire cette conclusion, que la valeur particulière p ne pourra pas être contenue dans l'expression complète de y, si cette valeur rend la fonction $F'(y)$ infinie, c'est-à-dire la fonction $\frac{1}{F'(y)}$ nulle.

Réciproquement donc l'équation $\frac{1}{F'(y)} = 0$ donnera toutes les valeurs de y, qui, pouvant satisfaire à l'équation $y' = F(x, y)$, comme valeurs particulières, ne seront pas renfermées dans la valeur complète. On pourra appeler ces valeurs, *valeurs singulières*, pour les distinguer des autres; et, en général, on pourra appeler *équation primitive singulière*, toute équation en x et y qui satisfera à une équation du premier ordre entre x, y, et y', ou à une équation d'un ordre supérieur, et qui ne sera pas comprise dans l'équation primitive complète, c'est-à-dire, qui ne sera pas un cas particulier de cette équation.

72. Nous venons de voir qu'il y a une espèce d'équations qui peuvent satisfaire à des équations d'un ordre supérieur, et qui ne satisfont pas aux équations d'où celles-ci peuvent être dérivées, parce qu'elles ne sont pas renfermées dans les équations complètes d'un ordre inférieur à celles-ci. Ces équations ne forment pas une exception à la théorie générale exposée plus haut (*n.° 59*); mais elles résultent d'une considération particulière dans la manière dont les équations d'un ordre supérieur sont dérivées par l'élimination des constantes. En effet, on y a vu que les deux équations $F(x, y) = 0$ et $F(x, y)' = 0$, donnent, par l'élimination d'une constante a, une équation dérivée du premier ordre entre x, y, et y', dont $F(x, y) = 0$ sera l'équation primitive.

Or, il est évident que le résultat de cette élimination serait le même, si la quantité a, au lieu d'être constante, était une fonction quelconque de x; mais dans ce cas la fonction prime de $F(x, y)$ ne serait plus simplement $F(x, y)'$, elle contiendrait de plus une partie provenant de la variation de a; et si on désigne par $F'(a)$ la fonction prime de $F(x, y)$, prise relativement à la variable a, on aura $a'F'(a)$ pour la partie dont il s'agit, a' étant la fonction prime de a regardé comme fonction de x (*n.° 31*).

Ainsi, dans le cas où a serait fonction de x, l'équation prime de $F(x, y) = 0$ serait $F(x, y)' + a'F'(a) = 0$; donc, pour qu'elle se réduise à $F(x, y)' = 0$, comme dans le cas de a constante, il faudra que l'on ait $F'(a) = 0$, équation qui servira à déterminer la valeur de a, et qui n'est autre chose, comme l'on voit, que l'équation prime de l'équation primitive prise relativement à a. D'où il s'ensuit que si on substitue cette valeur de a dans l'équation primitive $F(x, y) = 0$, on aura une équation en x et y, qui satisfera également à l'équation du premier ordre, et qui ne sera pas renfermée dans l'équation primitive où a est la constante arbitraire.

On pourra appliquer la même théorie aux équations des ordres supérieurs, et en déduire des conclusions semblables.

73. Pour voir maintenant si l'équation qui résulte de cette considération est la même chose que l'équation primitive singulière, déduite de l'analyse du numéro 71; supposons, comme plus haut (n.° 69), que l'équation du premier ordre soit réduite à la forme $y' = F(x, y)$, et que son équation primitive complète soit $y = f(x, a)$, a étant la constante arbitraire. Pour en déduire l'équation primitive, où a est variable, on prendra l'équation prime, relativement à a seul; et si on désigne par $\varphi(x, a)$ la fonction prime de $f(x, a)$ prise relativement à a, on aura $\varphi(x, a) = 0$; d'où l'on tirera a, qu'on substituera dans $f(x, a)$, et l'on aura une valeur particulière de y, qui satisfera aussi à la proposée du premier ordre. Nous appellerons p cette valeur particulière, comme dans le numéro cité.

Maintenant, puisque la valeur complète $f(x, a)$ de y doit satisfaire à l'équation $y' = F(x, y)$, quelle que soit la constante a, il s'ensuit qu'en faisant cette substitution, l'équation résultante $f'(x, a) = F[x, f(x, a)]$ devra avoir lieu, quelle que soit la valeur de a. Par conséquent son équation prime, prise relativement à a, regardée comme seule variable, devra avoir lieu aussi, quelle que soit la valeur de a (n.° 33).

Puisque $f'(x, a)$ est la fonction prime de $f(x, a)$ prise relativement à x, la fonction prime de celle-ci, prise relativement à a, sera donc la fonction seconde de $f(x, a)$, prise d'abord relativement à x, et ensuite relativement à a, laquelle est la même chose, comme nous le démontrerons plus bas (n.° 86), que la fonction seconde de $f(x, a)$, prise d'abord relativement à a, et ensuite relativement à x. Ainsi ayant désigné par $\varphi(x, a)$ la fonction prime de $f(x, a)$ par rapport à a, on aura $\varphi'(x, a)$ pour la fonction prime de $f'(x, a)$, prise également par rapport à a, les traits appliqués aux caractéristes f et φ ne se rapportant qu'à la variable x,

A l'égard de la fonction $F[x, f(x, a)]$, comme elle résulte de la substitution de $f(x, a)$ à la place de y dans $F(x, y)$, sa fonction prime, relativement à a, sera exprimée par $F'(y) \times \varphi(x, a)$, (n.° 31), puisque nous avons déjà désigné par $F'(y)$ la fonction prime de $F(x, y)$ relativement à y, et par $\varphi(x, a)$ la fonction prime de $f(x, a)$ ou y, relativement à a.

Donc l'équation prime de l'équation $f'(x, a) = F(x, y)$, prise relativement à a, sera $\varphi'(x, a) = F'(y) \times \varphi(x, a)$; d'où l'on tire $F'(y) = \frac{\varphi'(x, a)}{\varphi(x, a)}$.

Or, nous venons de voir que pour avoir la valeur particulière p, il faut substituer dans $f(x, a)$ la valeur de a, tirée de l'équation $\varphi(x, a) = 0$. Dénotons par X cette valeur de a, qui sera une fonction de x, on aura $\varphi(x, a) = V(X - a)^m$, m étant > 0, et V étant une fonction de x, qui ne deviendra ni nulle ni infinie lorsque $a = X$; on tirera de là $\varphi'(x, a) = V'(X - a)^m + mVX'(X - a)^{m-1}$. Donc on aura $F'(y) = V' + \frac{mX'}{X - a}$.

Mais y devient p lorsque $a = X$; donc $F'(y)$ deviendra infini lorsque $y = p$, comme dans le cas du n.° 71. Ainsi les deux méthodes des n.os 71 et 72 conduisent aux mêmes résultats et donnent les mêmes valeurs singulières; mais la seconde a l'avantage d'être plus directe et de donner la vraie métaphysique de cette espèce de paradoxe.

74. Supposons, pour donner un exemple, que l'équation primitive soit $x^2 - 2ay - a^2 - b^2 = 0$, en prenant les fonctions primes, on aura l'équation prime $x - ay' = 0$; éliminant a par le moyen de l'équation primitive, on aura l'équation du premier ordre

$$x - [-y + \sqrt{(x^2 + y^2 - b^2)}]y' = 0,$$

dont celle-là sera l'équation primitive complète, a étant la constante arbitraire.

Maintenant si on prend la fonction prime de la même équation $x^2 - 2ay - a^2 - b^2 = 0$, relativement à la quantité a regardée comme une fonction de x, on aura $-2(y + a)a' = 0$, ce qui donne $y + a = 0$, $a = -y$; et substituant cette valeur dans l'équation dont il s'agit, on aura $x^2 + y^2 - b^2 = 0$.

Cette équation satisfera par conséquent aussi à la même équation du premier ordre, ce qui est aisé à vérifier; car elle donne $y^2 = b^2 - x^2$ et $yy' = -x$, valeurs qui étant substituées dans la quantité

$$x + yy' - y'\sqrt{(x^2 + y^2 - b^2)},$$

la rendent identiquement nulle. Ce sera donc l'équation primitive singulière.

En effet, suivant la théorie du n.° 71, on aura dans le cas présent,

$$F(x, y) = \frac{x}{-y + \sqrt{(x^2 + y^2 - b^2)}},$$

et $p = \sqrt{(b^2 - x^2)}$; donc en prenant les fonctions primes relativement à y seul, on trouvera

$$F'(y) = \frac{x}{[-y + \sqrt{(x^2 + y^2 - b^2)}]\sqrt{(x^2 + y^2 - b^2)}},$$

quantité qui devient infinie, comme l'on voit, par la supposition de $y = p = \sqrt{(b^2 - x^2)}$.

75. Supposons maintenant que l'on ait l'équation du premier ordre $y' = Fy$, et que la fonction Fy de y soit telle qu'elle devienne nulle lorsque y est égal à une constante donnée b; il est visible que cette valeur de y satisfera à l'équation; car $y = b$ donne aussi $y' = 0$. On demande si cette valeur de y est une valeur particulière comprise dans la valeur complète, ou bien si ce n'est qu'une valeur singulière. On prendra la fonction prime de Fy, et si $F'y$ devient infini lorsque $y = b$, la valeur b ne sera qu'une valeur singulière, sinon elle sera une valeur particulière.

Soit $Fy = K(y - b)^m$, m étant > 0 et K une constante, on aura $F'y = mK(y - b)^{m-1}$, quantité qui devient infinie lorsque $m < 1$; donc la valeur $y = b$ sera une valeur singulière si $m > 0$ et < 1, et une simple valeur particulière si $m =$ ou > 1. En effet, l'équation $y' = K(y - b)^m$ étant divisée par $(y - b)^m$ et mise sous la forme $(y - b)^{-m}y' - K = 0$, a pour équation primitive

$$\frac{(y - b)^{1-m}}{1 - m} - Kx = a,$$

a étant la constante arbitraire; d'où l'on tire $y = b + [(m - 1)(a + Kx)]^{\frac{1}{1-m}}$. Donc pour que l'on ait $y = b$, il faudra que la

quantité

quantité $(a + kx)^{\frac{1}{1-m}}$ devienne nulle. Or, si $m > 0$ et < 1, l'exposant $\frac{1}{1-m}$ sera positif, par conséquent il sera impossible de donner à a une valeur qui fasse évanouir la quantité dont il s'agit. Mais si $m > 1$, alors l'exposant $\frac{1}{1-m}$ devenant négatif, la quantité $(a + kx)^{\frac{1}{1-m}}$ deviendra nulle lorsque a sera infinie; car faisant $a = \frac{1}{c}$, cette quantité deviendra $\frac{c^{\frac{1}{m-1}}}{(1 + kcx)^{\frac{1}{m-1}}}$, laquelle devient zéro lorsque $c = 0$.

La même chose a lieu lorsque $m = 1$; alors l'équation primitive contient des logarithmes ou des exponentielles; car on a $y' = K(y - b)$, et divisant par $y - b$, $\frac{y'}{y-b} - K = 0$, dont l'équation primitive est $l(y - b) - Kx = la$, d'où l'on tire $y = b + ae^{Kx}$, e étant le nombre dont le logarithme hyperbolique est l'unité, et a la constante arbitraire. Ici il est évident qu'en faisant a égal à zéro, on aura $y = b$. Supposons encore $Fy = \sqrt{Y}$, Y étant une fonction de y qui devienne nulle lorsque $y = b$, on aura $F'y = \frac{Y'}{2\sqrt{Y}}$; donc, puisque Y devient nul lorsque $y = b$, si Y' ne devient pas nul en même temps, $F'y$ deviendra alors infini, et la valeur $y = b$ ne sera qu'une valeur singulière. Donc, pour que cette valeur soit une simple valeur particulière, il faudra que Y' devienne nul en même temps que Y, en faisant $Y = b$.

76. Par les principes que nous venons d'établir à l'égard des constantes arbitraires, on voit que ces constantes forment la liaison entre les équations primitives et les équations dérivées : celles-ci sont par elles-mêmes plus générales que les équations d'où elles dérivent, à raison des constantes qui ont disparu ou qui peuvent avoir disparu; elles équivalent proprement à toutes les équations primitives qui ne différeraient entre elles que par les valeurs de ces constantes.

On peut donc toujours passer d'une équation regardée comme primitive, à une de ses dérivées d'un ordre quelconque, et réciproquement revenir de celle-ci à celle-là, pourvu que cette dernière opération introduise toujours des constantes arbitraires, et qu'on ait soin de déterminer ces constantes, d'une manière conforme à l'équation primitive, comme nous en avons déjà donné des exemples *(n.° 55 et suiv.)*. Avec cette attention, on pourra employer dans l'analyse les opérations relatives aux fonctions, comme on y emploie les opérations ordinaires d'algèbre.

Ainsi, ayant une équation en x et y, on pourra immédiatement en déduire des équations dérivées d'un ordre quelconque; mais pour revenir de celles-ci à une équation en x et y, il faudra tenir compte des constantes arbitraires, et les déterminer de manière que les valeurs de y et de ses dérivées y', y'', &c. soient les mêmes pour une valeur donnée de x, comme $x = 0$, que celles qui résultent de l'équation donnée.

Si l'équation proposée n'était que du premier ordre en x, y, y', alors cette équation ne pouvant fournir que les valeurs de y', y'', &c. en x et y, ces valeurs, pour $x = 0$, contiendraient la valeur indéterminée de y; par conséquent les constantes arbitraires dépendraient alors de cette valeur, qui serait elle-même une constante arbitraire; de sorte que dans ce cas toutes les constantes arbitraires se réduiraient à une seule. Elles se réduiraient à deux, par la même raison, si l'équation proposée était du second ordre en x, y, y', et y''; et ainsi de suite.

77. Pour faire mieux sentir l'esprit et l'usage de ces opérations, nous allons les appliquer encore à quelques exemples qui serviront en même temps d'exercices de calcul.

Soit proposée la série

$$1 + \frac{m}{n}x + \frac{m(m+1)}{n(n+1)}x^2 + \frac{m(m+1)(m+2)}{n(n+1)(n+2)}x^3 + \&c.,$$

dont on demande la somme.

Supposons-la égale à y, en sorte qu'on ait une équation en x et y; je multiplie cette équation par x^{n-1}, ce qui donne

$$yx^{n-1} = x^{n-1} + \frac{m}{n}x^n + \frac{m(m+1)}{n(n+1)}x^{n+1} + \&c.$$

Je prends les fonctions primes de tous les termes, j'ai

$$y'x^{n-1} + (n-1)yx^{n-2} = (n-1)x^{n-2} + mx^{n-1} + \frac{m(m+1)}{n}x^n + \frac{m(m+1)(m+2)}{n(n+1)}x^{n+1} + \&c.,$$

où l'on voit qu'il a disparu un facteur du dénominateur de chaque terme.

Je multiplie maintenant l'équation précédente par $m-n$, j'ai celle-ci :

$$y'x^{m-1} + (n-1)yx^{m-2} = (n-1)x^{m-2} + mx^{m-1} + \frac{m(m+1)}{n}x^m + \frac{m(m+1)(m+2)}{n(n+1)}x^{m+1} + \&c.$$

Je fais le premier membre $= p'$ (p' étant la fonction prime de p), et je prends l'équation primitive, j'ai

$$p = \frac{n-1}{m-1}x^{m-1} + x^m + \frac{m}{n}x^{m+1} + \frac{m(m+1)}{n(n+1)}x^{m+2} + \&c.$$

Je n'ajoute point de constante arbitraire ici, parce qu'elle peut être censée renfermée dans p.

Maintenant, en comparant cette nouvelle série avec la proposée qu'on a supposée égale à y, il est visible qu'on aura l'équation $p = \frac{n-1}{m-1}x^{m-1} + x^m y$; prenant les fonctions primes, et substituant pour p' sa valeur $y'x^{m-1} + (n-1)yx^{m-2}$, on aura cette équation du premier ordre linéaire en y,

$$(n-1)x^{m-2} + y'x^m + mx^{m-1}y = y'x^{m-1} + (n-1)yx^{m-2},$$

laquelle se réduit à cette forme,

$$y' + \frac{n-1-mx}{x(1-x)}y = \frac{n-1}{x(1-x)}.$$

Cette équation étant susceptible de la méthode du n.° 67, on pourra donc trouver la valeur de y en x, qui sera par conséquent la somme de la série proposée. Mais cette valeur devra contenir une constante arbitraire, qu'on déterminera de manière que y soit $= 1$, lorsque $x = 0$, comme il résulte de la série donnée.

Si la série n'avait contenu que des facteurs simples, comme

$$1 + \frac{m}{n}x + \frac{m+1}{n+1}x^2 + \frac{m+2}{n+2}x^3 + \&c.,$$

on eût trouvé, par les mêmes opérations,

$$p = \frac{n-1}{m-1} x^{m-1} + x^m + x^{m+1} + x^{m+2} + \&c.$$

Or, on sait que $1 + x + x^2 + \&c. = \frac{1}{1-x}$; donc on aurait, dans ce cas,

$$p = \frac{n-1}{m-1} x^{m-1} + \frac{x^m}{1-x};$$

prenant les fonctions primes, et substituant la valeur de p', on aurait

$$y'x^{m-1} + (n-1)yx^{m-2} = (n-1)x^{m-2} + \frac{mx^{m-1}}{1-x} + \frac{x^m}{(1-x)^2},$$

savoir,

$$y' + \frac{(n-1)y}{x} = \frac{n-1}{x} + \frac{m}{1-x} + \frac{x}{(1-x)^2},$$

équation également linéaire du premier ordre.

Cette méthode s'applique à des séries plus compliquées, et peut conduire à des équations linéaires d'un ordre supérieur au premier. J'ai cru devoir au moins l'indiquer, étant presque la seule méthode générale pour la sommation des suites.

78. Soit maintenant proposée l'équation

$$y = Ax + Bx^2 + x^3,$$

dans laquelle on demande l'expression de x en y. Cette expression peut s'obtenir par la formule connue pour la résolution des équations du troisième degré; voici comment on y peut parvenir par la théorie des fonctions.

En prenant les fonctions primes et secondes, on aura

$$y' = A + 2Bx + 3x^2, \quad y'' = 2B + 6x;$$

si donc je forme la quantité $y + (m + nx)y' + (p + qx + rx^2)y''$, où m, n, p, q, r, sont des coëfficiens arbitraires, j'aurai un quatrinome qui contiendra les puissances x, x^2 et x^3, et je pourrai faire évanouir les termes multipliés par chacune de ces puissances; j'aurai ainsi une équation du second ordre de la forme $y + (m + nx)y' + (p + qx + rx^2)y'' = C$, où C sera une quantité constante; et cette équation renfermera encore deux coëfficiens indéterminés.

Je pourrai donc encore faire en sorte qu'étant multipliée par $2y'$, elle ait une équation primitive ; car, pour cela, il suffira de faire $q = 2m$, $r = n$, et l'équation primitive sera

$$y^2 + (p + 2mx + nx^2)y'^2 = 2Cy + a,$$

a étant une constante arbitraire, qu'on déterminera, comme nous l'avons dit, en supposant $x = 0$, et mettant pour y et y', leurs valeurs tirées de l'équation proposée. Or, elle donne, dans ce cas, $y = 0$, $y' = A$; donc, faisant ces substitutions dans l'équation précédente, elle donnera $2pA^2 = a$.

Ainsi on aura cette équation en y, du premier ordre,

$$y^2 + (p + 2mx + nx^2)y'^2 = 2Cy + pA^2,$$

où x ne monte qu'au second degré ; circonstance sans laquelle on n'aurait rien gagné pour la détermination de x en y.

Mais avant d'aller plus loin, il faut satisfaire aux conditions nécessaires pour que la quantité $y + (m + nx)y' + (p + 2mx + nx^2)y''$, après la substitution des valeurs de y, y', y'', devienne égale à une constante C. Cette substitution donne la quantité $Ax + Bx^2 + x^3 + (m + nx)(A + 2Bx + 3x^2) + (p + 2mx + nx^2)(2B + bx)$; développant, ordonnant les termes suivant les puissances de x, et égalant à C le terme sans x, et les autres à zéro, on aura

$$mA + 2pB = C, (1 + n)A + 6mB + 6p = 0,$$
$$(1 + 4n)B + 15m = 0, \quad 1 + 9n = 0,$$

d'où l'on tire $n = -\frac{1}{9}$, $m = -\frac{B}{27}$, $p = \frac{B^2 - 4A}{27}$ et $C = \frac{2B^3 - 9AB}{27}$.

Retenons, pour plus de simplicité, les quantités p et C, et substituons celles de m et n dans l'équation ci-dessus, elle deviendra, en tirant la valeur de y',

$$y' = \frac{3\sqrt{(pA^2 + 2Cy - y^2)}}{\sqrt{(9p - \frac{2B}{3}x - x^2)}}.$$

Il faut maintenant en déduire l'équation primitive en x et y ; mais pour éviter les imaginaires, on doit distinguer deux cas, l'un où les radicaux sont réels, l'autre où ils sont imaginaires ; car puisque toute valeur réelle de x donne pour y et y' des valeurs réelles, il est visible que les deux radicaux de l'équation précédente seront réels ou imaginaires ensemble.

Supposons donc en premier lieu que $\sqrt{(pA^2 + 2Cy - y^2)}$ soit une quantité réelle, il faudra donc que $pA^2 + C^2 > (y - C)^2$; par conséquent on pourra supposer $y - C = \sqrt{(pA^2 + C^2)}\ \text{sin.}\, z$, ce qui donnera $\sqrt{(pA^2 + 2Cy - y^2)} = \sqrt{(pA^2 + C^2)}\ \text{cos.}\, z$, et prenant les fonctions primes $y' = \sqrt{(pA^2 + C^2)}\, z' \text{cos.}\, z$ (n.° 32); substituant ces valeurs dans l'équation précédente, elle deviendra, en divisant par 3,

$$\left(9p - \frac{2B}{3}x - x^2\right)^{-\frac{1}{2}} = \frac{z'}{3},$$

et l'on trouvera de la même manière que cette équation donne celle-ci, qu'on peut vérifier aisément,

$$x + \frac{B}{3} = \sqrt{\left(9p + \frac{B^2}{9}\right)}\ \text{sin.}\left(\frac{z}{3} + \alpha\right),$$

α étant une constante arbitraire, qu'il faudra déterminer en sorte que $x = 0$ donne $y = 0$, conformément à la proposée. Soit a la valeur de z lorsque $y = 0$, on aura donc les deux équations

$$-C = \sqrt{(pA^2 + C^2)}\ \text{sin.}\, a, \text{ et } \frac{B}{3} = \sqrt{\left(9p + \frac{B^2}{9}\right)}\ \text{sin.}\left(\frac{a}{3} + \alpha\right),$$

par lesquelles on déterminera d'abord a, ensuite α. Après quoi on déterminera z par l'équation

$$\text{sin.}\, z = \frac{y - C}{\sqrt{(pA^2 + C^2)}},$$

et l'on aura

$$x = -\frac{B}{3} + \sqrt{\left(9p + \frac{B^2}{9}\right)}\ \text{sin.}\left(\frac{z}{3} + \alpha\right).$$

Et comme au même sinus de z répond aussi l'angle z, augmenté d'une ou de deux circonférences, on aura les trois valeurs de x, en prenant pour z ces trois valeurs z, $z + c$, $z + 2c$, c dénotant la circonférence du cercle.

C'est le cas qu'on appelle *irréductible*, et où les trois racines sont réelles.

Supposons en second lieu que le radical $\sqrt{(pA^2 + 2Cy - y^2)}$ soit imaginaire, il n'y aura qu'à multiplier le numérateur et le dénominateur de l'expression de y' par $\sqrt{(-1)}$, et l'on aura

$$y' = \frac{3\sqrt{(-pA^2 - 2Cy + y^2)}}{\sqrt{\left(-9p + \frac{2B}{3}x + x^2\right)}};$$

quantité toute réelle.

Ici j'observe que si on fait

$$X = \frac{B}{3} + x + \sqrt{(-9p + \frac{2B}{3}x + x^2)},$$

$$Y = -C + y + \sqrt{(-pA^2 - 2Cy + y^2)},$$

et qu'on prenne les fonctions primes, en regardant toujours y comme fonctions de x, on aura

$$X' = X(-9p + \frac{2B}{3}x + x^2)^{-\frac{1}{2}},$$

$$Y' = y'Y(-pA^2 - 2Cy + y^2)^{-\frac{1}{2}};$$

de sorte qu'on pourra réduire l'équation précédente à cette forme $\frac{X'}{X} = \frac{Y'}{3Y}$, dont les deux membres ont pour fonctions primitives lX et $\frac{1}{3}lY$ (n.° 32). On aura donc cette équation primitive $lX = \frac{1}{3}lY + lb$, b étant une constante arbitraire; et passant des logarithmes aux nombres, on aura $X = b\sqrt[3]{(Y)}$. Pour déterminer b, on fera de nouveau $x = 0$ et $y = 0$. Or, X devient $\frac{B}{3} + \sqrt{-9p}$, et Y devient $-C + \sqrt{-pA^2}$; donc on aura

$$b = \frac{\frac{1}{3}B + \sqrt{-9p}}{-C + \sqrt{-pA^2}}.$$

Maintenant, ayant la valeur de X en x, il est aisé d'en tirer x; car en carrant l'équation $\sqrt{(-9p + \frac{2B}{3}x + x^2)} = X - \frac{B}{3} + x$, on en déduira sur-le-champ $x = \frac{(X - \frac{1}{3}B)^2 + 9p}{2X}$, par conséquent, en mettant pour X la valeur trouvée en y, savoir $b\sqrt[3]{(Y)}$, on aura

$$x = \frac{(b\sqrt[3]{Y} - \frac{1}{3}B)^2 + 9p}{2b\sqrt[3]{(Y)}}.$$

Cette expression ne peut donner, comme l'on voit, qu'une seule valeur réelle de x; c'est le cas où l'équation a deux racines imaginaires.

Si on fait $B = 0$, les formules qu'on vient de trouver dans les deux cas, se simplifient beaucoup, et se réduisent aux formules connues pour la résolution des équations du troisième degré, privées du second terme;

mais nous ne nous arrêterons pas davantage sur ce problème, qui appartient proprement à l'algèbre, et que nous n'avons traité ici qu'en passant, et pour montrer, par différentes applications, la manière d'employer l'algorithme des fonctions.

79. Prenons pour dernier exemple l'équation du premier ordre;

$$y' = \frac{\sqrt{(A + By + Cy^2 + Dy^3 + Ey^4)}}{\sqrt{(A + Bx + Cx^2 + Dx^3 + Ex^4)}},$$

en la divisant par le radical en y, on aurait une équation où les variables x et y seraient séparées; mais il serait impossible d'obtenir ainsi l'équation primitive, parce que les deux membres ne sont point réductibles en particulier à des fonctions primes.

Voici néanmoins comment on y peut parvenir par le moyen des fonctions dérivées.

Je suppose d'abord que x et y soient fonctions d'une autre variable t, il faudra pour cela substituer $\frac{y'}{x'}$ à la place de y' (n.° 63); x' et y' seront alors les fonctions primes de x et y, regardées comme fonctions de t. Or, je puis supposer que x soit une fonction quelconque de t, et l'équation me donnera pour y une fonction déterminée de t; ainsi je puis supposer que x soit une telle fonction de t, que l'on ait l'équation

$$x' = \sqrt{(A + Bx + Cx^2 + Dx^3 + Ex^4)},$$

l'équation précédente, où l'on a mis $\frac{y'}{x'}$ pour y', donnera pareillement

$$y' = \sqrt{(A + By + Cy^2 + Dy^3 + Ey^4)}.$$

Qu'on fasse disparaître les radicaux dans ces deux équations, qu'ensuite on prenne les fonctions primes, on aura, après avoir divisé l'une par x', l'autre par y',

$$2x'' = B + 2Cx + 3Dx^2 + 4Ex^3,$$
$$2y'' = B + 2Cy + 3Dy^2 + 4Ey^3.$$

Faisons $x + y = p$, $x - y = q$, ce qui donne $x = \frac{p+q}{2}$, $y = \frac{p-q}{2}$, les deux équations précédentes ajoutées et retranchées, donneront

donneront

$$p'' = B + Cp + \frac{3D}{4}(p^2 + q^2) + \frac{E}{2}(p^3 + 3pq^2),$$

$$q'' = Cq + \frac{3D}{2}pq + \frac{E}{2}(3p^2q + q^3).$$

De plus, comme $p'q' = x'^2 - y'^2$, si on substitue les valeurs de x' et de y', tirées des premières équations, on aura

$$p'q' = Bq + Cpq + \frac{D}{4}(3p^2q + q^3) + \frac{E}{2}(p^3q + pq^3).$$

Maintenant je fais cette combinaison

$$qp'' - p'q' = \frac{D}{2}q^3 + Epq^3,$$

multipliant les deux membres par $\frac{2p'}{q^3}$, ils deviennent les fonctions primes de $\frac{p'^2}{q^2}$ et de $Dp + Ep^2$; de sorte que j'aurai d'abord cette équation primitive du premier ordre,

$$\frac{p'^2}{q^2} = Dp + Ep^2 + a,$$

où a est une constante arbitraire.

Pour la déterminer, soit m la valeur de y lorsque $x = 0$, on aura dans ce cas, par les équations ci-dessus,

$$x' = \sqrt{A}, y' = \sqrt{(A + Bm + Cm^2 + Dm^3 + Em^4)};$$

quantité que nous supposerons $= n$, pour abréger.

Ainsi puisque $p = x + y$, $q = x - y$, $p' = x' + y'$, $q' = x' - y'$, on aura, lorsque $x = 0$, $p = m$, $q = -m$, $p' = \sqrt{A} + n$, $q' = \sqrt{A} - n$. Faisant ces substitutions dans l'équation qu'on vient de trouver, on aura $a = \frac{(\sqrt{A} + n)^2}{m^2} - Dm - Em^2$, où l'on voit que puisque m est une quantité indéterminée, la constante a demeure aussi indéterminée; mais les déterminations précédentes seraient utiles, si par d'autres combinaisons on trouvait de nouvelles équations primitives avec des constantes arbitraires.

Nous avons donc l'équation

$$p' = q\sqrt{(a + Dp + Ep^2)},$$

qui, quoique du premier ordre, peut néanmoins donner tout de suite l'équation primitive en x et y de la proposée, puisque la valeur de p', qui est $x' + y'$, est déjà connue en x et y. En effet, substituant les valeurs de p, q et p', on aura

$$\sqrt{(A + Bx + Cx^2 + Dx^3 + Ex^4)} + \sqrt{(A + By + Cy^2 + Dy^3 + Ey^4)} = (x - y)\sqrt{[a + D(x + y) + E(x + y)^2]},$$

où a est la constante arbitraire.

Cette équation en x et y est, comme l'on voit, sous une forme assez simple, et la méthode par laquelle nous y sommes parvenus est fort remarquable; mais cette équation n'est pas la seule qu'on puisse obtenir par les formules que nous venons de trouver.

Et effet, si on substitue la valeur précédente de p' dans l'équation trouvée plus haut, pour la valeur de $p'q'$, on en tirera

$$q' = \frac{B + Cp + \frac{1}{4}(3p^2 + q^2) + \frac{1}{2}E(p^3 + pq^2)}{\sqrt{(a + Dp + Ep^2)}}.$$

Ici remettant pour p et q leurs valeurs $x + y$ et $x - y$, et pour q' sa valeur $x' - y' = \sqrt{(A + Bx + Cx^2 + Dx^3 + Ex^4)} - \sqrt{(A + By + Cy^2 + Dy^3 + Ey^4)}$, on aura une nouvelle équation en x et y avec la constante arbitraire a, qui sera également l'équation primitive de la proposée; ensuite, ajoutant ou retranchant, on en aura deux autres qui seront, à quelques égards, plus simples, et qui seront toutes équivalentes.

80. L'équation du premier ordre, dont nous venons de trouver l'équation primitive, peut toujours, par des transformations convenables, se réduire à la forme

$$z' = \frac{\sqrt{(A + B\cos.z)}}{\sqrt{(A + B\cos.u)}},$$

z étant ici une fonction de u. Comme cette équation, traitée directement de la même manière, est susceptible d'une analyse beaucoup plus simple et plus élégante, j'ai cru qu'on ne serait pas fâché de la trouver ici.

On regardera u et z comme fonctions d'une autre variable t; et après avoir substitué en conséquence $\frac{z'}{u'}$ à la place de z' (n.° 63), on fera ces deux équations séparées, $u' = \sqrt{(A + B\cos.u)}$, $z' = \sqrt{(A + B\cos.z)}$;

après les avoir carrées, on en prendra les fonctions primes, on aura, en divisant l'une par u' et l'autre par z', ces deux-ci du second ordre,

$$u'' = -B \sin. u, \quad z'' = -B \sin. z.$$

Soit maintenant $z + u = 2p$, $z - u = 2q$, les deux équations précédentes, ajoutées et retranchées, deviendront par les théorèmes connus,

$$2p'' = -B \sin. p \cos. q, \quad 2q'' = -B \cos. p \sin. q.$$

Il est d'abord visible que si on ajoute ces deux équations après avoir multiplié la première par q', et la seconde par p', le premier membre deviendra la fonction prime de $2p'q'$, et le second la fonction prime de $-B \sin. p \sin. q$; de sorte qu'on aura d'abord cette équation primitive du premier ordre,

$$2p'q' = -B \sin. p \sin. q + a,$$

a étant la constante arbitraire.

Pour la déterminer, supposons que $u = 0$ donne $z = m$, on aura donc dans ce cas $u' = \sqrt{(A + B)}$, $z' = \sqrt{(A + B \cos. m)}$, $p = q = \frac{m}{2}$, $p' = \frac{z' + u'}{2}$, $q' = \frac{z' - u'}{2}$; donc $2p'q' = \frac{z'^2 - u'^2}{2} = \frac{B(\cos. m - 1)}{2}$, $\sin. p \sin. q = (\sin. \frac{m}{2})^2 = \frac{1 - \cos. m}{2}$; de sorte que l'on aura

$$a = 2p'q' + B \sin. p \sin. q = 0.$$

On aura donc simplement l'équation

$$2p'q' = -B \sin. p \sin. q;$$

d'où l'on peut conclure que cette équation primitive ne renfermant point de constante arbitraire, doit être comprise dans les équations primitives d'où nous sommes partis. En effet, on a

$$2p'q' = \frac{z'^2 - u'^2}{2} = \frac{B}{2}(\cos. z - \cos. u),$$

ce qui se réduit par la substitution des quantités p et q à $-B \sin. p \sin. q$; équation identique avec celle que nous venons de trouver.

Divisons maintenant, par cette équation du premier ordre, les deux équations ci-dessus du second, on aura ces deux-ci;

$$\frac{p''}{p'q'} = \frac{\cos. q}{\sin. q}, \quad \frac{q''}{p'q'} = \frac{\cos. p}{\sin. p},$$

dont la première étant multipliée par q', et la seconde par p', donneront ces équations primitives,

$$lp' = l\sin.q + la, \quad lq' = l\sin.p + lb,$$

ou bien, en passant des logarithmes aux nombres,

$$p' = a\sin.q, \quad q' = b\sin.p,$$

a et b étant des constantes arbitraires, qu'on déterminera par les mêmes suppositions que ci-dessus; d'où l'on aura

$$a = \frac{\sqrt{(A + B\cos.m)} + \sqrt{(A + B)}}{2\sin.\frac{m}{2}},$$

$$b = \frac{\sqrt{(A + B\cos.m)} - \sqrt{(A + B)}}{2\sin.\frac{m}{2}}.$$

Ces deux équations pourraient donner chacune une équation primitive en u et z par la substitution des valeurs de p, q, p', q'; on aurait ainsi

$$\sqrt{(A + B\cos.z)} + \sqrt{(A + B\cos.u)} = 2a\sin.\frac{z-u}{2},$$

$$\sqrt{(A + B\cos.z)} - \sqrt{(A + B\cos.u)} = 2b\sin.\frac{z+u}{2}.$$

Comme les valeurs de a et b renferment l'indéterminée m, chacune de ces valeurs pourra être regardée aussi comme indéterminée en particulier; ainsi dans chacune de ces équations à part, on pourra regarder a ou b comme constante arbitraire; mais si on voulait faire une combinaison quelconque de ces équations, il faudrait employer les valeurs de a et b trouvées ci-dessus, et alors la quantité m serait la seule constante arbitraire.

Mais comme ces équations sont compliquées de radicaux, il sera à propos de chercher encore une autre équation primitive d'après les deux équations du premier ordre qu'on vient de trouver, savoir $p' = a\sin.q$, $q' = b\sin.p$; or en divisant l'une par l'autre, on a $\frac{p'}{q'} = \frac{a\sin.q}{b\sin.p}$; et multipliant en croix $bp'\sin.p = aq'\sin.q$, d'où l'on tire tout de suite l'équation primitive

$$b\cos.p = a\cos.q + c,$$

c étant une nouvelle constante arbitraire qu'il faudra déterminer comme ci-dessus. Or, en faisant $u = 0$ et $z = m$, on a $p = q = \frac{m}{2}$; donc l'équation précédente donnera

$$c = (b - a) \cos. \frac{m}{2} = -\frac{\sqrt{(A + B)} \cos. \frac{m}{2}}{\sin. \frac{m}{2}}.$$

Substituant les valeurs de a, b, c, ainsi que celles de $p = \frac{z + u}{2}$, et $q = \frac{z - u}{2}$ dans l'équation précédente, et faisant les réductions des sinus et co-sinus, elle prendra cette forme très-simple,

$$\cos. \frac{z}{2} \times \cos. \frac{u}{2} + \sin. \frac{z}{2} \times \sin. \frac{u}{2} \times \frac{\sqrt{(A + B \cos. m)}}{\sqrt{(A + B)}} = \cos. \frac{m}{2};$$

c'est l'équation primitive de la proposée du premier ordre en u, z et z', et l'angle m en est la constante arbitraire.

81. On peut regarder les angles $\frac{z}{2}$, $\frac{u}{2}$ et $\frac{m}{2}$ comme les trois côtés d'un triangle sphérique ; il est visible qu'alors, dans l'équation précédente, la quantité $\frac{\sqrt{(A + B \cos. m)}}{\sqrt{(A + B)}}$ sera le co-sinus de l'angle compris entre les côtés $\frac{z}{2}$ et $\frac{u}{2}$, et par conséquent opposé au côté $\frac{m}{2}$ par les formules connues de la trigonométrie sphérique; c'est la valeur de z' lorsque $u = 0$ et $z = m$. Ainsi cet angle sera constant en même temps que le côté $\frac{m}{2}$, tandis que les deux autres côtés varient.

Soit M cet angle constant, on aura donc $\frac{\sqrt{(A + B \cos. m)}}{\sqrt{(A + B)}} = \cos. M$, d'où l'on tire $\frac{A}{B} = \frac{\cos. M^2 - \cos. m}{\sin. M^2} = 2 \left(\frac{\sin. \frac{m}{2}}{\sin. M}\right)^2 - 1$. Si on fait cette substitution dans l'équation proposée en u, z et z', et qu'on suppose, pour abréger, $\frac{\sin. M}{\sin. \frac{m}{2}} = \mu$, elle se réduira à cette forme $z' = \frac{\sqrt{[1 - \mu^2 (\sin. \frac{z}{2})^2]}}{\sqrt{[1 - \mu^2 (\sin. \frac{u}{2})^2]}}$, dont l'équation primitive sera la relation entre les côtés $\frac{z}{2}$ et $\frac{u}{2}$ d'un triangle sphérique, dans lequel μ sera le rapport des sinus des angles aux côtés opposés, rapport qu'on sait être le même pour tous les angles et les côtés opposés ; de sorte que ce rapport seul étant donné, il restera l'angle ou le côté pour arbitraire.

La considération du triangle sphérique peut servir à faire voir plus facilement comment cette équation primitive satisfait à celle du premier ordre. Cette équation étant $\cos.\frac{z}{2}\cos.\frac{u}{2}+\cos.M\sin.\frac{z}{2}\sin.\frac{u}{2}=\cos.\frac{m}{2}$, si on prend les fonctions primes, en regardant z comme fonction de u, et m, M comme constantes, on aura

$$(\cos.M\cos.\frac{z}{2}\sin.\frac{u}{2}-\sin.\frac{z}{2}\cos.\frac{u}{2})z'+\cos.M\sin.\frac{z}{2}\cos.\frac{u}{2}-\cos.\frac{z}{2}\cos.\frac{u}{2}=0\,;$$

substituons à la place de $\cos.M$, sa valeur tirée de la même équation, il viendra celle-ci,

$$\frac{\cos.\frac{z}{2}\cos.\frac{m}{2}-\cos.\frac{u}{2}}{\sin.\frac{z}{2}}z'+\frac{\cos.\frac{u}{2}\cos.\frac{m}{2}-\cos.\frac{z}{2}}{\sin.\frac{u}{2}}=0.$$

Maintenant, si dans le même triangle sphérique, dont $\frac{u}{2}$, $\frac{z}{2}$, $\frac{m}{2}$ sont les trois côtés, et M l'angle opposé au côté $\frac{m}{2}$, on désigne par V et Z les angles opposés aux côtés $\frac{u}{2}$ et $\frac{z}{2}$, on aura également $\cos.\frac{u}{2}=\cos.\frac{z}{2}\cos.\frac{m}{2}+\cos.V\sin.\frac{z}{2}\sin.\frac{m}{2}$, et $\cos.\frac{z}{2}=\cos.\frac{u}{2}\cos.\frac{m}{2}-\cos.Z\sin.\frac{u}{2}\sin.\frac{m}{2}$; je donne à cos. Z le signe $-$, parce que je suppose l'angle Z obtus. Donc, faisant ces substitutions, et divisant toute l'équation par $\sin.\frac{m}{2}$, elle deviendra $z'\cos.V-\cos.Z=0$, d'où $z'=\frac{\cos.Z}{\cos.V}$. Mais, par la propriété générale des triangles sphériques, on a

$$\frac{\sin. V}{\sin. \frac{u}{2}} = \frac{\sin. Z}{\sin. \frac{z}{2}} = \frac{\sin. M}{\sin. \frac{m}{2}} = \mu;$$

donc $\sin. V = \mu \sin. \frac{u}{2}$, $\sin. Z = n \sin. \frac{z}{2}$, et de-là,

$\cos. V = \sqrt{[1 - \mu^2 (\sin. \frac{z}{2})^2]}$, $\cos. Z = \sqrt{[1 - \mu^2 (\sin. \frac{u}{2})^2]}$; subsituant ces valeurs, on aura l'équation du premier ordre qu'il s'agissait de retrouver.

Si l'angle Z, que nous avons supposé obtus, était aigu, ainsi que l'angle V, alors, au lieu de l'équation $z' = \frac{\cos. Z}{\cos. V}$ on aurait celle-ci $z' + \frac{\cos. Z}{\cos. V} = 0$, qui ne diffère que par le signe de z', et dont l'équation primitive sera la même.

82. Voici encore une considération essentielle sur ces sortes d'équations : l'équation du n.° 80 étant mise sous cette forme $\frac{z'}{\sqrt{(A + B\cos. z)}} = \frac{1}{\sqrt{(A + B\cos. u)}}$, supposons que fu soit la fonction primitive de $\frac{1}{\sqrt{(A + B\cos. u)}}$, fz sera pareillement la fonction primitive de $\frac{z'}{\sqrt{(A + B\cos. z)}}$, z étant regardé comme une fonction de u, dont z' est la fonction prime. Ainsi, en repassant aux fonctions primitives, on aura sur-le-champ cette équation primitive

$$fz = fu + a,$$

a étant la constante arbitraire.

Cette équation devra donc coïncider avec celle que nous avons trouvée dans le numéro cité, et où la constante arbitraire est m; par conséquent sa constante arbitraire ne pourra être qu'une fonction de la constante arbitraire m. Soit donc $a = Fm$, on aura $fz = fu + Fm$; mais m est la valeur de z, lorsque $u = 0$; supposant donc, pour plus de simplicité, que la fonction fu soit prise de manière qu'elle soit nulle, lorsque $u = 0$, il faudra qu'en faisant $u = 0$, on ait aussi $z = m$, par conséquent on aura $fm = Fm$; donc l'équation primitive qu'on vient de trouver deviendra $fz = fu + fm$, à laquelle satisfera cette relation algébrique

$$\cos.\frac{z}{2}\cos.\frac{u}{2} + \sin.\frac{z}{2}\sin.\frac{u}{2}\sqrt{\left(\frac{A+B\cos.m}{A+B}\right)} = \cos.\frac{m}{2};$$

Ainsi, quoiqu'on ne puisse pas trouver la forme algébrique des fonctions fu, fz, fm, on peut néanmoins trouver une relation algébrique entre trois quantités z, u, m, telle que l'on ait $fz = fu + fm$. Donc aussi, si dans l'équation précédente on change z en y, et u en z, on aura $\cos.\frac{y}{2}\cos.\frac{z}{2} + \sin.\frac{y}{2}\sin.\frac{z}{2}\sqrt{\left(\frac{A+B.\cos.m}{A+B}\right)} = \cos.\frac{m}{2}$, et $fy = fz + fm$.

Et changeant encore y en x, z en y, ce qui donnera $\cos.\frac{x}{2}\cos.\frac{y}{2} + \sin.\frac{x}{2}\sin.\frac{y}{2}\sqrt{\left(\frac{A+B\cos.m}{A+B}\right)} = \cos.\frac{m}{2}$, on aura de même $fx = fy + fm$; et ainsi de suite.

On aura donc successivement $fz = fu + fm$, $fy = fu + 2fm$, $fx = fu + 3fm$, &c.; et les relations entre y, u et m, entre x, u et m, &c. se tireront des relations précédentes, en éliminant d'abord z, ensuite y, &c.

On peut appliquer cette théorie à la forme générale de l'équation que nous avons considérée dans le n.° 79, et en tirer des conclusions semblables; mais si on rapporte, comme dans le n.° 81, les formules précédentes aux triangles sphériques, il en résulte une construction élégante que voici :

Soit formé un triangle sphérique, dont les trois côtés soient z, u, m (pour éviter les fractions, je substitue les quantités $2z$, $2x$, $2m$, à la place de z, u, m dans les formules du numéro cité), et où l'angle entre u et m soit obtus, l'angle compris entre les deux côtés u et z demeurant constant; qu'on transporte successivement le côté m le long de ces mêmes côtés prolongés, de manière qu'il en résulte une suite de triangles, dont chacun ait toujours un côté commun avec le triangle précédent, et qui aient tous le même côté m, et l'angle commun M opposé à ce côté, alors,

si

si les côtés qui comprennent cet angle sont successivement pour ces différens triangles u et z, z et y, y et x, &c. on aura

$$fz = fu + fm,\ fy = fu + 2fm,\ fx = fu + 3fm,\ \&c.,$$

fu étant la fonction primitive de la fonction $\frac{1}{\sqrt{(1 - \mu^2 \sin. u^2)}}$, et ainsi des autres fonctions semblables; où $\mu = \frac{\sin. M}{\sin. m}$.

De-là on peut trouver facilement les valeurs des côtés y, x, &c. des nouveaux triangles; car, en considérant les triangles isocèles formés par le même côté m transporté alternativement, les perpendiculaires abaissées de leurs sommets couperont les bases en deux parties égales, et les triangles rectangles formés par ces perpendiculaires et par les côtés qui comprennent l'angle commun M, donneront tout de suite, par l'analogie connue pour les triangles rectangles, ces équations

$$\text{tang.} \frac{u + y}{2} = \cos. M \text{ tang. } z,$$

$$\text{tang.} \frac{x + z}{2} = \cos. M \text{ tang. } y,$$

&c.

Et si on fait $u = m$, en sorte que le premier triangle soit isocèle, on aura de plus l'équation

$$\text{tang.} \frac{z}{2} = \cos. M \text{ tang. } m,$$

et l'on aura alors

$$fz = 2fm,\ fy = 3fm,\ fx = 4fm,\ \&c.$$

Nous remarquerons ici que cette construction est pour les triangles sphériques, ce que la construction du problème 29 des questions géométriques de l'arithmétique de *Newton*, est pour les triangles rectilignes.

En effet, si on rend rectilignes les triangles sphériques dont les côtés sont m, u, z, y, &c. les équations ci-dessus deviennent $z = 2m \cos. M$, $u + y = 2z \cos. M$, $x + z = 2y \cos. M$, &c.; et il est facile de prouver qu'alors la fonction fu devient proportionnelle à l'angle dont le sinus est $\frac{u \sin. M}{m}$; de sorte qu'en prenant le côté m pour le sinus de l'angle opposé M, on aura

$$z = \sin. 2M,\ y = \sin. 3M,\ \&c.$$

83. Nous nous sommes un peu étendus sur les propriétés des fonctions de la forme fu, parce que les géomètres s'en sont beaucoup occupés, et que ces fonctions se présentent dans la solution de plusieurs problèmes.

Si on demande, par exemple, le mouvement d'un pendule qui oscille d'une manière quelconque, nommant r la longueur du pendule, ψ l'angle dont il est éloigné de la verticale dans un instant quelconque, α la plus grande valeur de ψ, β la plus petite, supposant la gravité égale à l'unité, et faisant

$$\sin. u = \sqrt{\left(\frac{\cos.\beta - \cos.\psi}{\cos.\beta - \cos.\alpha}\right)},$$

$$\mu = \sqrt{\left(\frac{\cos.\beta^2 - \cos.\alpha^2}{(\cos.\beta + \cos.\alpha)^2 + \sin.\alpha^2}\right)},$$

$$\lambda = \sqrt{\left(\frac{2(\cos.\beta + \cos.\alpha)}{(\cos.\beta + \cos.\alpha)^2 + \sin.\alpha^2}\right)},$$

on aura $\lambda\sqrt{r}fu$ pour l'expression du temps, depuis le point le plus bas, en supposant, comme ci-dessus,

$$f'u = \frac{1}{\sqrt{(1 - \mu^2 \sin.u^2)}}.$$

La vîtesse angulaire de rotation autour de la verticale, sera exprimée par

$$\frac{\sqrt{2}\,.\sin.\alpha\sin.\beta}{\sqrt{r}\times\sin.\psi^2\times\sqrt{(\cos.\alpha + \cos.\beta)}},$$

et sera par conséquent nulle lorsque le pendule passera par la verticale, dans lequel cas on a $\beta = 0$; c'est le cas des oscillations ordinaires.

84. On peut appeler *analyse directe* des fonctions, la manière de trouver les fonctions et les équations dérivées, parce qu'elle n'est fondée en effet que sur des méthodes directes, et qu'elle n'emploie que des opérations qu'on peut toujours exécuter par les règles que nous avons exposées. Mais la manière de revenir de ces fonctions et de ces équations à celles d'où elles peuvent être dérivées, et qu'on peut regarder comme leurs primitives, forme une autre partie de l'analyse des fonctions, qu'on peut appeler *analyse inverse*, parce qu'elle dépend des mêmes méthodes et des mêmes règles, mais prises inversement, et qui, par cette raison, ne s'appliquent pas toujours avec la même facilité ni le même succès. Il en

est de ces deux parties de l'analyse des fonctions, comme de celles de l'arithmétique et de l'algèbre qui ont pour objet les opérations directes de la multiplication et de l'élévation aux puissances, et les opérations inverses de la division et de l'extraction des racines. Les opérations de la première espèce sont toujours possibles par les règles connues, et donnent toujours des résultats exacts; celles de la seconde espèce, au contraire, ne le sont que dans certains cas, au moins rigoureusement, et dans tous les autres elles ne peuvent donner que des résultats approchés.

L'analyse directe des fonctions est donc renfermée dans les règles que nous avons données pour trouver les fonctions dérivées, du moins pour ce qui regarde les fonctions d'une seule variable. Quant à l'analyse inverse, elle dépend aussi des mêmes règles; mais la difficulté consiste dans leur application aux différens cas.

Nous avons indiqué les méthodes connues pour les principales formes de fonctions ou d'équations, et nous nous sommes sur-tout appliqués à bien établir les principes généraux de cette analyse inverse.

Comme notre dessein n'est pas d'en donner un traité complet, nous n'ajouterons point ici d'autres détails; mais ceux qui savent le calcul différentiel, ne peuvent manquer d'apercevoir déjà la conformité de l'analyse des fonctions avec ce calcul, et la correspondance des analyses directe et inverse avec les deux parties de ce calcul qu'on appelle *calculs différentiel et intégral.* Ainsi, il leur sera aisé, s'ils le jugent à propos, de transporter aux fonctions les différentes méthodes d'intégration trouvées jusqu'à présent. Nous démontrerons plus bas cette conformité, d'une manière directe et rigoureuse. Nous aurions même pu commencer par là, et rappeler ainsi tout de suite notre analyse des fonctions au calcul différentiel; mais la marche que nous avons suivie, nous a paru plus propre à remplir l'objet que nous nous sommes proposé, et qui consiste uniquement à lier cette branche de l'analyse avec l'analyse élémentaire, sans la faire dépendre ni même rien emprunter d'aucune considération étrangère.

85. Nous n'avons encore traité que des fonctions d'une seule variable; il n'est pas difficile d'étendre la théorie de ces fonctions aux fonctions de deux ou de plusieurs variables.

Soit $f(x, y)$ une fonction quelconque de deux variables x et y, qu'on regarde comme indépendantes l'une de l'autre. Si, dans cette fonction, on met à-la-fois $x+i$ à la place de x, et $y+o$ à la place de y, i et o étant deux quantités indéterminées, qu'ensuite on développe la nouvelle fonction $f(x+i, y+o)$, suivant les puissances ascendantes de i et o, il est clair que le premier terme, sans i ni o, sera $f(x, y)$, et que les autres seront de nouvelles fonctions de x et de y, multipliées successivement par i, o, i^2, io, o^2, i^3, &c.; ces fonctions dérivent de la fonction primitive $f(x, y)$, et c'est la loi de cette dérivation qu'il s'agit de déterminer.

Pour y parvenir de la manière la plus simple, on commencera par supposer qu'il n'y ait que la variable x qui devienne $x+i$, la variable y demeurant la même. Dans ce cas, désignant, comme on l'a fait jusqu'ici, par f', f'', f''', &c. les fonctions primes, secondes, tierces, &c. relativement à x seul, on aura

$$f(x+i, y)=f(x, y)+if'(x, y)+\frac{i^2}{2}f''(x, y)+\frac{i^3}{2.3}f'''(x, y)+\&c.$$

Substituons maintenant par tout $y+o$ à la place de y, on aura

$$f(x+i, y+o)=f(x, y+o)+if'(x, y+o)+\frac{i^2}{2}f''(x, y+o)+\frac{i^3}{2.3}f'''(x, y+o)+\&c.$$

Or, si on désigne maintenant par $f_{\prime}$, $f_{\prime\prime}$, $f_{\prime\prime\prime}$, &c. les fonctions primes, secondes, tierces, &c. relativement à y, il est clair que la fonction $f(x, y+o)$, considérée comme fonction de $y+o$, et indépendamment de x, deviendra

$$f(x, y)+of_{\prime}(x, y)+\frac{o^2}{2}f_{\prime\prime}(x, y)+\frac{o^3}{2.3}f_{\prime\prime\prime}(x, y)+\&c.$$

De même, en supposant toujours que les traits appliqués au bas de la lettre f, indiquent des fonctions primes, secondes, &c. relativement à y, des fonctions déjà désignées par f', f'', &c. on aura

$$f'(x, y+o)=f'(x, y)+of'_{\prime}(x, y)+\frac{o^2}{2}f'_{\prime\prime}(x, y)+\&c.,$$

$$f''(x, y+o)=f''(x, y)+of''_{\prime}(x, y)+\frac{o^2}{2}f''_{\prime\prime}(x, y)+\&c.,$$

et ainsi de suite.

Faisant donc ces substitutions, et ordonnant les termes par rapport aux puissances et aux produits de i et o, on aura

$$f(x+i, y+o) = f(x, y) + if'(x, y) + of_{,}(x, y) + \frac{i^2}{2}f''(x, y) + iof'_{,}(x, y) + \frac{o^2}{2}f_{,,}(x, y) + \frac{i^3}{2 \cdot 3}f'''(x, y) + \frac{i^2 o}{2}f''_{,}(x, y) + \frac{io^2}{2}f'_{,,}(x, y) + \frac{o^3}{2 \cdot 3}f_{,,,}(x, y) + \&c.,$$

où la forme générale des termes est

$$\frac{i^m o^n}{(1 \cdot 2 \cdot 3 \ldots m)(1 \cdot 2 \cdot 3 \ldots n)} f^{m}_{n}(x, y).$$

86. Dans le procédé que nous venons de suivre pour avoir le développement de $f(x+i, y+o)$ nous avons commencé par substituer dans $f(x, y)$, $x+i$ pour x, et nous avons développé suivant i, nous avons ensuite substitué dans tous les termes de ce développement $y+o$ pour y, et nous avons ensuite développé suivant o. Or, il est visible qu'on aurait identiquement le même résultat, si on commençait par la substitution de $y+o$ pour y, et par le développement suivant o, et qu'on fît ensuite la substitution de $x+i$ pour x, et le développement suivant i. De cette manière, on aurait d'abord les fonctions primes, secondes, &c. relativement à y, savoir, $f_{,}(x, y)$, $f_{,,}(x, y)$, &c.; ensuite on aurait les fonctions primes, secondes, &c. de celles-ci, qui suivant la notation que nous venons d'établir, seraient représentées par $f'_{,}(x, y)$; $f''_{,}(x, y)$, &c., $f'_{,,}(x, y)$, $f''_{,,}(x, y)$, &c.; et on obtiendrait ainsi la même formule que ci-dessus, comme cela doit être. Or, dans le premier procédé, la fonction $f'_{,}(x, y)$ s'obtient en prenant d'abord la fonction prime de $f(x, y)$ relativement à x, ce qui donne $f'(x, y)$, et ensuite la fonction prime de celle-ci relativement à y; et dans le second procédé la même fonction s'obtient en prenant d'abord la fonction prime de $f(x, y)$ relativement à y, ce qui donne $f_{,}(x, y)$, et ensuite la fonction prime de celle-ci relativement à x. D'où il suit qu'il est indifférent dans quel ordre se fasse la double opération nécessaire pour passer de la fonction primitive $f(x, y)$ à la fonction dérivée $f'_{,}(x, y)$; et comme on doit dire la même chose des autres fonctions marquées par des traits placés au haut et au bas de

la caractéristique f, on en peut conclure en général que les opérations indiquées par ces traits sont absolument indépendantes entre elles, et qu'elles conduisent aux mêmes résultats, quelqu'ordre qu'on suive, en prenant les fonctions primes relativement et à x et à y, indiqués par chacun des traits supérieurs ou inférieurs. Ainsi, par exemple, on aura également la valeur de $f_{,}''(x, y)$, en prenant la fonction seconde de $f(x, y)$ relativement à x, et ensuite la fonction prime de celle-ci relativement à y, ou en prenant d'abord la fonction prime de $f(x,y)$ relativement à y, et ensuite la fonction seconde de celle-ci relativement à x, ou bien en prenant la fonction prime de $f(x, y)$ relativement à x, ensuite la fonction prime de celle-ci relativement à y, et enfin la fonction prime de cette dernière relativement à x; et ainsi des autres.

87. Soit, par exemple, $f(x, y) = x\sqrt{(2xy + y^2)}$, on aura la fonction prime relativement à x, $f'(x, y) = \sqrt{(2xy + y^2)} + \frac{xy}{\sqrt{(2xy + y^2)}}$, et sa fonction prime relativement à y sera $\frac{x^2 + xy}{\sqrt{(2xy + y^2)}} = f_{,}(x, y)$; ensuite la fonction prime de $f'(x, y)$ relativement à y, sera $\frac{x + y}{\sqrt{(2xy + y^2)}} + \frac{x^2 y}{(2xy + y^2)^{\frac{3}{2}}} = f_{,}'(x, y)$, et la fonction prime de $f_{,}(x, y)$ relativement à x sera $\frac{2x + y}{\sqrt{(2xy + y^2)}} - \frac{(x^2 + xy)y}{(2xy + y^2)^{\frac{3}{2}}} = f_{,}'(x, y)$. Quoique ces deux expressions de $f_{,}'(x, y)$ paraissent différentes, elles sont cependant identiques; car elles se réduisent l'une et l'autre à $\frac{3x^2y + 3xy^2 + y^3}{(2xy + y^2)^{\frac{3}{2}}}$. Ensuite, en prenant la fonction prime de $f'(x, y)$ relativement à x, c'est-à-dire la fonction seconde de $f(x, y)$ relativement à x, on aura $f''(x, y) = \frac{2y}{\sqrt{(2xy + y^2)}} - \frac{xy^2}{(2xy + y^2)^{\frac{3}{2}}} = \frac{3xy^2 + 2y^3}{(2xy + y^2)^{\frac{3}{2}}}$; et prenant maintenant la

fonction prime de celle-ci relativement à y, on aura, après les réductions,

$$f''_{,}(x, y) = \frac{3x^2y^2 + 3xy^3}{(2xy + y^2)^{\frac{5}{2}}}.$$

De même, en prenant la fonction prime de $f'_{,}(x, y)$ relativement à x, on trouvera

$$f''_{,}(x, y) = \frac{3x^2y^2 + 3xy^2}{(2xy + y^2)^{\frac{5}{2}}};$$

et ainsi de suite.

88. Il résulte de-là, que pour que des fonctions données de x et y puissent être prises pour des fonctions dérivées d'une même fonction primitive, il faut qu'elles satisfassent à certaines conditions.

Ainsi, si $F(x, y)$ et $\varphi(x, y)$ représentent des fonctions données de x, y: pour qu'on puisse supposer $F(x, y) = f'(x, y)$, et $\varphi(x, y) = f_{,}(x, y)$, il faudra que l'on ait $f'_{,}(x, y) = F_{,}(x, y) = \varphi'(x, y)$. Et, en général, pour qu'on puisse supposer $F(x, y) = f^{m}_{n}(x, y)$, et $\varphi(x, y) = f^{p}_{q}(x, y)$, il faudra que l'on ait $f^{m+p}_{n+q}(x, y) = F^{p}_{q}(x, y) = \varphi^{m}_{n}(x, y)$.

Par exemple, si $F(x, y) = \frac{y}{x^2 + y^2}$, $\varphi(x, y) = -\frac{x}{x^2 + y^2}$, on pourra supposer $F(x, y) = f'(x, y)$, $\varphi(x, y) = f_{,}(x, y)$; car on trouve $F_{,}(x, y) = \frac{x^2 - y^2}{(x^2 + y^2)^2} = \varphi'(x, y)$; mais on ne pourrait pas supposer $F(x, y) = f'_{,}(x, y)$, et $\varphi(x, y) = f''(x, y)$; car alors il faudrait que $F'(x, y) = \varphi_{,}(x, y)$, ce qui n'est pas.

89. Les fonctions de deux variables engendrent donc différentes sortes de fonctions dérivées relatives à chacune de ces variables. Comme nous avons distingué ces fonctions dérivées par des traits supérieurs qui se rapportent à l'une des variables x, et par des traits inférieurs qui se rapportent à l'autre variable y, nous nommerons fonctions *primes*, *secondes*, &c. selon x ou y, les fonctions marquées par de seuls traits supérieurs ou inférieurs, et nous nommerons simplement fonctions *primo-*

primes, *secondo-primes*, *primo-secondes*, &c. les fonctions marquées à la fois par des traits supérieurs et inférieurs; en énonçant le trait supérieur le premier et l'inférieur le second.

90. A l'imitation de ce que nous avons pratiqué pour les fonctions d'une seule variable, si on regarde z comme une fonction de x et y, on pourra dénoter par z', $z_{,}$, z'', $z'_{,}$, $z_{,,}$, &c. ces différentes fonctions dérivées, en appliquant à la lettre z les mêmes traits qu'on appliquerait à la caractéristique f de la fonction $f(x, y)$, qu'on suppose représenter la valeur de z, et on nommera ces fonctions de la même manière.

Ainsi, x devenant $x+i$, et y devenant $y+o$, la quantité z, fonction de x, y, deviendra (*n.*° 85) $z + iz' + iz_{,} + \frac{i^2}{2} z'' + ioz'_{,} + \frac{o^2}{2} z_{,,} + \frac{i^3}{2.3} z''' + \frac{i^2 o}{2} z''_{,} + \frac{io^2}{2} z'_{,,} + \frac{o^3}{2.3} z_{,,,} + \&c.$; le terme général de cette série étant, comme dans l'endroit cité,

$$\frac{i^m o^n}{(1.2.3....m)(1.2.3....n)} z^{(m)}_{(n)}.$$

91. A l'égard de la manière de trouver ces différentes fonctions, il est clair qu'il n'y a qu'à suivre les mêmes règles que pour les fonctions d'une seule variable; les traits supérieurs de la caractéristique indiquant l'ordre de la fonction dérivée relativement à x seul, et les traits inférieurs indiquant l'ordre de la fonction dérivée relativement à y seul.

Ainsi, en prenant les fonctions primes de z, selon x et y, on aura les valeurs de z' et $z_{,}$; et de-là, en prenant encore les fonctions primes relativement à x et à y, on aura les fonctions dérivées du second ordre z'', $z'_{,}$, $z_{,,}$; et ainsi de suite.

Il est bon de remarquer ici que pour les fonctions de deux variables, il y a deux fonctions dérivées du premier ordre z' et $z_{,}$, trois du second ordre z'', $z'_{,}$, $z_{,,}$, &c. de sorte que pour l'ordre m^{me} il y aura un nombre $m+1$ de fonctions dérivées.

92. Si la fonction z n'était donnée que par une équation entre x, y, z, on considérerait que, comme cette équation doit avoir lieu, quelles que soient les

les valeurs de x et y, elle aura aussi lieu en y, mettant $x + i$ et $y + o$ à la place de x et y, quelles que soient les quantités i et o; de sorte qu'en développant, après cette substitution, l'équation suivant les puissances et les produits de i et o, il faudra que les termes multipliés par une même puissance ou produit de i et o, forment des équations séparées. Mais nous venons de voir que dans le développement d'une fonction de x et y, les termes multipliés par i donnent la fonction prime selon x, ceux multipliés par o donnent la fonction prime selon y, ceux multipliés par $\frac{o^2}{2}$ la fonction seconde selon x, &c. Donc, ayant une équation quelconque entre x, y, z, et regardant z comme une fonction de x et y donnée par cette équation, on pourra, en prenant les différentes fonctions dérivées de tous ces termes, en déduire autant d'équations dérivées de différens ordres, qu'on appellera de même, *équations primes, secondes*, &c. selon x ou y, *équations primo-primes, secondo-primes*, &c. et en général, *équations dérivées du premier ordre, du second ordre*, &c. Ces équations serviront à trouver les valeurs de z', $z_{\prime}$, z'', $z'_{\prime}$, $z_{\prime\prime}$, &c.

Si donc on représente par $F(x, y, z) = 0$ l'équation proposée pour la détermination de z, et qu'on désigne simplement par $F'(x)$, $F'(y)$, $F'(z)$ les fonctions primes de $F(x, y, z)$, prises relativement à x, y, z, considérées séparément et comme des variables indépendantes, il est aisé de voir, par les principes établis (*n.*° 31) pour les fonctions d'une seule variable, que $i\,[F'(x) + z'F'(z)]$ sera le terme affecté de i, et $o\,[F'(y) + z_{\prime}F'(z)]$ le terme affecté de o dans le développement de $F(x, y, z)$, après la substitution de $x + i$ et $y + o$ pour x et y, z étant regardé comme fonction de x et y.

Ainsi, $F'(x) + z'F'(z)$ sera la fonction prime relative à x, et $F'(y) + z_{\prime}F'(z)$ la fonction prime relative à y de $F(x, y, z)$; de sorte qu'on aura ces deux équations primes

$$F'(x) + z'F'(z) = 0, \quad F'(y) + z_{\prime}F'(z) = 0;$$

d'où l'on tire

$$z' = -\frac{F'(x)}{F'(z)}, \quad z_{\prime} = -\frac{F'(y)}{F'(z)}.$$

Ayant ainsi les valeurs de z' et $z_{\prime}$, on en déduira celles de z'', $z'_{\prime}$, $z_{\prime\prime}$, &c.

en prenant de nouveau les fonctions primes de celles-ci relatives à x et y; et ainsi de suite.

93. On peut aussi rappeler immédiatement cette théorie à celle des fonctions d'une variable, en regardant z comme donné en x et y, et y comme une fonction indéterminée de x. Ainsi, en regardant d'abord z comme fonction de x, la fonction prime de $F(x, y, z)$ sera, par les principes du n.° 31, $F'(x) + y'F'(y) + z'F'(z)$; mais z étant considéré comme fonction de x et y, et y comme fonction de x, la fonction prime de z sera représentée par $z' + y'z_,$; mettant cette valeur à la place de z', on aura $F'(x) + z'F'(z) + y'[F'(y) + z_,F'(z)]$ pour la fonction prime de $F(x, y, z)$.

Donc, ayant l'équation $F(x, y, z) = 0$, on aura l'équation prime

$$F'(x) + z'F'(z) + y'[F'(y) + z_,F'(z)] = 0.$$

Mais y étant regardé comme une fonction indéterminée de x, l'équation précédente doit avoir lieu, quelle que soit la fonction y'; elle se décomposera donc en ces deux-ci,

$$F'(x) + z'F'(z) = 0, \quad F'(y) + z_,F'(z) = 0;$$

comme plus haut.

On pourrait trouver de la même manière les équations dérivées des ordres supérieurs.

94. Puisque les fonctions dérivées de deux variables se forment de la même manière, et par les mêmes règles que celles d'une seule variable, en considérant chaque variable séparément et successivement, il s'ensuit que tout ce que nous avons démontré sur les fonctions d'une seule variable, peut s'appliquer de même aux fonctions de deux variables.

Ainsi, il sera facile d'étendre aux fonctions de deux variables, la méthode générale que nous avons exposée pour le développement en série rationnelle de toute fonction d'une variable, et d'en déduire des résultats semblables. (*Voyez la seconde Partie*).

Enfin, il est visible qu'on pourra traiter aussi par les mêmes principes les fonctions de trois ou d'un plus grand nombre de variables, puisqu'il ne s'agira que de répéter les mêmes opérations séparément pour chaque variable.

Nous nous contenterons donc ici de présenter les observations les plus importantes sur la nature et l'usage des fonctions et des équations dérivées entre trois variables.

95. Considérons en général l'équation $F(x, y, z) = 0$; elle donne (n.° 92) les deux équations primes $F'(x) + z'F'(z) = 0$ et $F'(y) + z_{,}F'(z) = 0$, qui auront par conséquent lieu en même temps que la proposée. Donc une combinaison quelconque de ces trois équations aura lieu aussi, et pourra par conséquent tenir lieu de l'équation primitive.

Soient a et b deux constantes quelconques contenues dans la fonction $F(x, y, z)$, ces constantes seront les mêmes dans les fonctions dérivées $F'(x)$, $F'(y)$, $F'(z)$; ainsi on pourra, au moyen des trois équations dont il s'agit, éliminer ces deux constantes, et l'équation résultante sera une équation du premier ordre entre x, y, z, z' et $z_{,}$ qui renfermera deux constantes de moins que l'équation primitive. Donc, réciproquement, si on n'a pour la détermination de z en x et y qu'une équation du premier ordre entre x, y, z, z' et $z_{,}$, l'équation primitive entre x, y et z devra contenir deux constantes arbitraires.

Ceci est analogue à ce que nous avons vu relativement aux fonctions d'une seule variable (n.° 59) ; mais nous avons vu aussi (n.° 72) que la quantité arbitraire qui doit se trouver dans l'équation primitive, peut n'être pas constante, et donner cependant par l'élimination la même équation du premier ordre. La même chose peut donc avoir lieu ici ; et il est aisé de concevoir qu'on aura encore la même équation du premier ordre par l'élimination des deux arbitraires a et b, quoiqu'elles ne soient pas constantes, pourvu que les deux équations primes soient encore de la même forme.

Désignons simplement par $F'(a)$ et $F'(b)$ les fonctions primes de $F(x, y, z)$, prises relativement aux quantités a et b contenues dans cette dernière fonction ; il est aisé de voir, par les principes établis, que si a et b sont regardés comme des fonctions de x et y, la fonction prime de $F(x, y, z)$ relative à x, devra être augmentée, à raison des deux nouvelles variables a et b, de la quantité $a' F'(a) + b' F'(b)$, et que la fonction prime, relative à y, devra être augmentée pareillement de $a_{,} F'(a) + b_{,} F'(b)$.

Supposons $b = fa$, on aura $b' = a' f' a$ (n.° 31), et par conséquent aussi $b_{,} = a_{,} f' a$; donc les quantités à ajouter aux deux fonctions primes seront $a' [F'(a) + f'a \times F'(b)]$, et $a_{,} [F'(a) + f'a \times F'(b)]$; par conséquent elles disparaîtront à la fois en prenant a telle qu'elle satisfasse à l'équation $F'(a) + f'a \times F'(b) = 0$; la fonction fa de a, qu'on a prise pour b, demeurant absolument arbitraire.

De-là résultent donc ces conclusions importantes :

1.° Que l'équation primitive qui satisfait en général à une équation du premier ordre, doit renfermer une fonction arbitraire;

2.° Que si pour une équation donnée du premier ordre on trouve une équation primitive $F(x, y, z) = 0$, qui renferme deux constantes arbitraires a et b, il n'y aura qu'à faire $b = fa$, et prendre a de manière qu'elle satisfasse à l'équation $F'(a) + f'a \times F'(b) = 0$; la fonction désignée par fa sera la fonction arbitraire;

3.° Qu'ayant une équation quelconque entre x, y, z qui renferme une fonction donnée, on en peut déduire une équation du premier ordre où cette fonction ne se trouve plus. En effet, si φp est la fonction qu'on veut faire disparaître, p étant une fonction donnée de x, y, z, il n'y aura qu'à prendre les deux équations primes, suivant x et suivant y, de l'équation proposée, on aura trois équations qui renfermeront φp et $\varphi' p$, en désignant par $\varphi' p$ la fonction prime de φp prise relativement à p; d'où, éliminant ces deux fonctions, il résultera une équation du premier ordre où la fonction φp ne se trouvera plus.

96. Soit, par exemple, $z - ax - by - c = 0$ une équation donnée; les deux équations primes seront $z' - a = 0$, $z_{,} - b = 0$; éliminant a et b de ces trois équations, on aura l'équation du premier ordre $z - xz' - yz_{,} - c = 0$, dont $z - ax - by - c = 0$ sera l'équation primitive, a et b étant les constantes arbitraires.

Maintenant, en supposant $z - ax - by - c = F(x, y, z)$, on aura $F'(a) = -x$, $F'(b) = -y$. Donc, faisant $b = fa$, l'équation pour déterminer a sera $-x - yf'a = 0$; d'où l'on tire $f'a = -\frac{x}{y}$; ce qui donne $a = \varphi\left(-\frac{x}{y}\right)$, φ désignant la fonction inverse de f'. Ainsi la fonction f étant indéterminée, la fonction φ le sera aussi ; donc a et b seront deux fonctions indéterminées de $\frac{x}{y}$, ou plutôt dépendantes d'une même fonction indéterminée de $\frac{x}{y}$; et $b + \frac{ax}{y}$ sera par conséquent une fonction indéterminée de $\frac{x}{y}$. Désignant donc cette fonction simplement par $\varphi\frac{x}{y}$, l'équation primitive deviendra

$$z - y\varphi.\frac{x}{y} - c = 0.$$

Si on prend les deux équations primes de celle-ci, on aura

$$z' - y\varphi'.\frac{x}{y} \times \frac{1}{y} = 0, \text{ et } z_{,} - \varphi\frac{x}{y} + y\varphi'\frac{x}{y} \times \frac{x}{y^2} = 0.$$

Éliminant de ces trois équations les deux inconnues $\varphi\frac{x}{y}$ et $\varphi'\frac{x}{y}$, on aura, comme plus haut, $z - xz' - yz_{,} - c = 0$ pour l'équation dérivée du premier ordre, délivrée de la fonction $\varphi\frac{x}{y}$.

97. Cette propriété des équations primes de pouvoir servir à faire disparaître une fonction quelconque, est très-utile dans beaucoup d'occasions, et sur-tout pour les développemens en série.

Pour en donner un exemple, soit proposée l'équation

$$z = x + yfz$$

pour la détermination de z, fz étant une fonction quelconque de z, et supposons qu'on demande la valeur de z en série suivant les puissances de y, il est visible que les deux premiers termes seront $x + yfx$; et si, pour trouver les termes suivans, on suppose $z = x + yfx + Ay^2 + By^3 + \&c.$, il faudra développer la fonction fz suivant les puissances de y, et comparer ensuite les termes pour pouvoir déterminer les valeurs de A, B, &c. ; mais, de cette manière, on n'aurait pas la loi de ces valeurs ; il y aura donc de l'avantage à employer, au lieu de l'équation proposée, une équation du premier ordre où la fonction fz ne se trouverait pas.

Prenant donc les équations primes suivant x et suivant y, on aura $z' = 1 + yf'z \times z'$, et $z_{,} = fz + yf'z \times z_{,}$, en dénotant par $f'z$ la fonction prime de fz relativement à z; d'où, éliminant $f'z$, on tire d'abord $z_{,} - z'fz = 0$. Mais l'équation primitive donne $fz = \frac{z-x}{y}$; donc, substituant cette valeur dans la dernière équation, on aura cette équation du premier ordre, délivrée de fz:

$$z'(z - x) - yz_{,} = 0.$$

Comme le premier terme de l'expression de z en série de y est évidemment x, nous supposerons en général

$$z = x + Ay + By^2 + Cy^3 + \&c.,$$

A, B, C, &c. étant des fonctions de x, nous aurons $z' = 1 + A'x + B'y^2 + C'y^3 + \&c.$, A', B', &c. étant les fonctions primes de A, B, &c., regardées comme fonctions de x, ensuite $z_{,} = A + 2By + 3Cy^2 + 4Dy^3 + \&c.$; donc on aura, en substituant ces valeurs $(1 + A'y + B'y^2 + C'y^3 + \&c.)\ (A + By + Cy^2 + \&c.) - A - 2By - 3Cy^2 - \&c. = 0$; savoir, $(AA' - B)y + (BA' + AB' - 2C)y^2 + (CA' + BB' + AC' - 3D)y^3 + \&c. = 0$; d'où l'on tire tout de suite

$$B = AA',\ C = \frac{1}{2}(AB' + BA'),\ D = \frac{1}{3}(AC' + BB' + CA'),\ \&c.$$

Ici la quantité A demeure indéterminée; mais nous avons déjà vu que les deux premiers termes de z dans l'équation proposée sont $x + yfx$, par conséquent on aura $A = fx$, et de-là $A' = f'x$, $B = fxf'x$, $B' = fxf''x + (f'x)^2$; donc $C = \frac{1}{2}(2fxf'x^2 + fx^2f''x)$, &c.

Mais, en examinant les expressions de B, C, &c. on voit d'abord qu'elles peuvent se mettre sous cette forme $B = (\frac{A^2}{2})'$, $C = \frac{1}{2}(AB)'$, $D = \frac{1}{3}(AC + \frac{1}{2}B^2)'$, $E = \frac{1}{4}(AD + BC)$, &c. en dénotant en général, par le caractère $(\ )'$, la fonction prime selon x, de la quantité renfermée entre les deux crochets ; et si on fait les substitutions successives, on trouve que ces expressions sont réductibles à celles-ci plus simples, $B = \frac{1}{2}(A^2)'$, $C = \frac{1}{2.3}(A^3)''$, $D = \frac{1}{2.3.4}(A^4)'''$, &c., en marquant par un trait, deux traits, &c. les fonctions primes, secondes, &c. des quantités renfermées entre les crochets, relativement à la variable x ; de sorte qu'en substituant la valeur de A, on aura enfin

$$z = x + yfx + \frac{y^2}{2}(fx^2)' + \frac{y^3}{2.3}(fx^3)'' + \frac{y^4}{2.3.4}(fx^4)''' + \&c.$$

98. Supposons maintenant qu'on demande la valeur d'une fonction quelconque φz de z, développée de même suivant les puissances de y, on fera $u = \varphi z$, et prenant les équations primes pour faire disparaître la fonction φ, on aura $u' = \varphi' z \times z'$, et $u_{,} = \varphi' z \times z_{,}$, d'où l'on tire $\frac{u'}{u_{,}} = \frac{z'}{z_{,}}$. Substituant la valeur de $\frac{z'}{z_{,}}$, tirée de l'équation $z'(z - x) - yz_{,} = 0$ du numéro précédent, on aura cette équation du premier ordre

$$u'(z - x) - yu_{,} = 0.$$

Supposons ici

$$u = P + Qy + Ry^2 + Sy^3 + \&c.;$$

P, Q, R, &c. étant des fonctions de x, substituant cette valeur, ainsi que celle de z trouvée ci-dessus, on aura

$$(P' + Q'y + R'y^2 + S'y^3 + \&c.)\left(fx + \frac{y}{2}(fx^2)' + \frac{y^2}{2.3}(fx^3)'' + \&c.\right) - Q - 2Ry - 3Sy^2 - \&c. = 0;$$

d'où l'on tire

$$Q = P'fx,\ 2R = Q'fx + \frac{P'}{2}(fx^2)',\ 3S = R'fx + \frac{Q'}{2}(fx^2)' + \frac{P'}{2.3}(fx^3)'';$$

et ainsi de suite.

Or, en substituant successivement les valeurs de Q, R, &c., il est aisé de reconnaître que les expressions de ces quantités peuvent se réduire à cette forme simple

$$Q = P'fx,\ R = \frac{1}{2}(P'fx^2)',\ S = \frac{1}{2\cdot 3}(P'fx^3)''\ \&c.$$

La fonction P demeure indéterminée, à cause de l'élimination de la fonction ϕ; mais, puisque $u = \phi z = \phi(x + yfx + \&c.)$, il est visible qu'on aura $P = \phi x$, et par conséquent $P' = \phi' x$.

Donc, enfin, on aura

$$\phi z = \phi x + y\phi' xfx + \frac{y^2}{2}(\phi' xfx^2)' + \frac{y^3}{2\cdot 3}(\phi' xfx^3)'' + \&c.;$$

formule très-remarquable, et d'un grand usage dans l'analyse, sur-tout pour le retour des suites.

99. On pourrait parvenir immédiatement à ce dernier résultat par la formule du numéro 45; car il n'y aurait qu'à regarder u comme une fonction de y, et chercher les fonctions primes, secondes, &c. de u relatives à y, c'est-à-dire, les valeurs de $u_{,}$, $u_{,,}$, &c.; faisant ensuite $y = 0$, on aurait u, $u_{,}$, $\frac{1}{2}u_{,,}$, $\frac{1}{2\cdot 3}u_{,,,}$, &c. pour les coëfficiens P, Q, R, S, &c. de la série.

Tout se réduit donc à trouver ces fonctions dérivées, et à les mettre sous une forme simple et régulière. Pour cela, nous reprendrons les deux équations primes trouvées ci-dessus (n.ºs 97, 98), $z_{,} - z'fz = 0$, et $\frac{u'}{u_{,}} = \frac{z'}{z_{,}}$, lesquelles donnent celles-ci, $u_{,} = u'fz$, et $z_{,} = z'fz$.

On aura donc, 1.° $u_{,} = u'fz$; 2.° en prenant les fonctions primes selon y, $u_{,,} = u'_{,}fz + u'z_{,}f'z$, ($f'z$ dénote la fonction prime de z relativement à z); or, de la première équation, on tire aussi cette équation prime relative à x, $u'_{,} = u''fz + u'z'f'z$; donc, substituant, on aura $u_{,,} = u''fz^2 + 2u'z'f'zfz = (u'fz^2)'$; 3.° en prenant encore les fonctions primes relatives à y, on aura $u_{,,,} = (u'fz^2)'_{,}$; or $(u'fz^2)_{,} = u'_{,}fz^2 + 2u'z_{,}f'zfz$; substituant les valeurs de $u'_{,}$ et de $z_{,}$, données ci-dessus, on aura $(u'fz^2)_{,} = u''fz^3 + 3u'z'f'zfz^2 = (u'fz^3)'$; donc, prenant

prenant les fonctions primes relatives à x, on aura $(u'fz^2)'_{,} = (u'fz^3)'' = u_{,,,}$; et ainsi de suite.

Donc, puisque $u = \varphi z$, on aura $u' = z'\varphi' z$, par conséquent $u_{,} = z'\varphi' z f z$, $u_{,,} = (z'\varphi' z f z^2)'$, $u_{,,,} = (z'\varphi' z f z^3)''$, &c., $\varphi' z$ étant la fonction prime de φz relativement à z seul.

Faisons maintenant $y = 0$, l'équation proposée $z = x + yfz$ donnera $z = x$; donc $z' = 1$, $\varphi z = \varphi x$, $\varphi' z = \varphi' x$, et $fz = fx$; donc $P = \varphi x$, $Q = \varphi' x f x$, $R = \frac{1}{2}(\varphi' x f x^2)'$, $S = \frac{1}{2 \cdot 3}(\varphi' x f x^3)''$, &c.

Pour montrer, par une application, l'usage de cette formule, soit proposée l'équation $z = x + y z^m$, x et y étant des quantités données, et qu'on demande la valeur de z^n en série suivant les puissances de y; on fera donc $fz = z^m$, $\varphi z = z^n$; donc aussi $fx = x^m$, $\varphi x = x^n$, $\varphi' x = n x^{n-1}$, et l'on aura sur-le-champ

$$P = x^n,\ Q = n x^{m+n-1},\ R = \frac{n}{2}(x^{2m+n-1})' = \frac{n(2m+n-1)}{2} x^{2m+n-2},\ S = \frac{n}{2 \cdot 3}(x^{3m+n-1})'' = \frac{n(3m+n-1)(3m+n-2)}{2 \cdot 3} x^{3m+n-3},\ \text{\&c.};$$

de sorte qu'on aura

$$z^n = x^n + n x^{m+n-1} y + \frac{n(2m+n-1)}{2} x^{2m+n-2} y^2 + \frac{n(3m+n-1)(3m+n-2)}{2 \cdot 3} x^{3m+n-3} y^3 + \text{\&c.}$$

100. Nous avons vu comment on peut faire disparaître toute fonction arbitraire contenue dans une équation donnée, au moyen de ses équations primes; mais il y a, pour y parvenir, un moyen plus simple à quelques égards, fondé sur la considération que nous avons employée plus haut (n.° 93).

Considérons en général l'équation $F(x, y, z, \varphi p) = 0$, dans laquelle p soit égale à $f(x, y, z)$, les deux fonctions désignées par les caractéristiques F et f étant données, et la fonction marquée par la caractéristique φ étant arbitraire, on peut supposer y une fonction de x, telle que la fonction prime de p soit nulle; alors p pourra être traitée comme constante dans la fonction $F(x, y, z, \varphi p)$; pourvu qu'on détermine y' par la condition que la fonction prime de $f(x, y, z)$ soit nulle.

Désignons simplement par $F'(x)$, $F'(y)$, $F'(z)$, et de même par $f'(x), f'(y), f'(z)$ les fonctions primes de $F(x, y, z, \varphi p)$, et de $f(x, y, z)$, prises relativement à x, y, z isolées, et regardées comme indépendantes, on aura, comme dans l'endroit cité, les deux équations primes

$$F'(x) + z'F'(z) + y'[F'(y) + z_{,}F'(z)] = 0,$$
$$f'(x) + z'f'(z) + y'[f'(y) + z_{,}f'(z)] = 0,$$

dont la première contiendra φp, et dont la seconde ne contiendra point p. Celle-ci servira à éliminer l'inconnue y'; et on aura deux équations qui contiendront φp, et par lesquelles on pourra éliminer cette inconnue.

Cette méthode a l'avantage de pouvoir s'appliquer aux équations qui contiendroient plusieurs fonctions arbitraires de la même fonction p.

En effet, si l'on avait l'équation $F(x, y, z, \varphi p, \psi p) = 0$, on trouverait d'abord, comme ci-dessus, une équation du premier ordre sans la fonction φp, mais qui contiendrait encore la fonction ψp; ensuite, appliquant à cette équation le même procédé, et éliminant de nouveau la fonction y' qui paraîtra dans son équation prime par la même équation ci-dessus, on aura une équation du second ordre qui contiendra ψp, et d'où on éliminera cette fonction par le moyen de l'équation du premier ordre; et ainsi de suite, quel que puisse être le nombre des fonctions arbitraires de la même quantité p.

Mais si l'équation proposée contenait les fonctions φp et ψq, p et q étant des fonctions différentes de x, y, z, on ne pourrait pas parvenir à une équation du second ordre, débarrassée des fonctions φp et ψp, et de leurs dérivées; il faudrait alors passer à des équations d'un ordre supérieur.

101. Considérons les équations du premier ordre qui peuvent résulter de l'élimination d'une fonction arbitraire φp, et supposons, pour plus de simplicité, ce qui est toujours possible, que l'équation primitive soit

de la forme $F(x, y, z) = \varphi p$, p étant $= f(x, y, z)$, on aura alors les deux équations primes

$$F'(x) + z'F'(z) + y'[F'(y) + z_{,}F'(z)] = 0,$$
$$f'(x) + z'f'(z) + y'[f'(y) + z_{,}f'(z)] = 0,$$

qui seront délivrées de fp ; et il ne s'agira plus que d'éliminer y'.

Le résultat de cette élimination est

$$\frac{F'(x) + z'F'(z)}{f'(x) + z'f'(z)} = \frac{F'(y) + z_{,}F'(z)}{f'(y) + z_{,}f'(z)};$$

d'où résulte cette équation du premier ordre

$$F'(x) \times f'(y) - F'(y) \times f'(x) + z'[F'(z) \times f'(y) - F'(y) \times f'(z)]$$
$$+ z_{,}[F'(x) \times f'(z) - F'(z) \times f'(x)] = 0,$$

qui ne contient que x, y, z avec les fonctions primes z' et $z_{,}$.

Cette équation pourra donc être mise sous cette forme

$$z' + Mz_{,} + N = 0,$$

en faisant

$$M = \frac{F'(x) \times f'(z) - F'(z) \times f'(x)}{F'(z) \times f'(y) - F'(y) \times f'(z)},$$
$$N = \frac{F'(x) \times f'(y) - F'(y) \times f'(x)}{F'(z) \times f'(y) - F'(y) \times f'(z)};$$

d'où l'on peut conclure

1.° Que toutes les équations du premier ordre entre x, y, z, z' et $z_{,}$ qui ne seront pas réductibles à la forme précédente, ne pourront pas être dérivées d'une équation primitive entre x, y, z et φp, p étant une fonction de x, y, z;

2.° Que toutes les équations du premier ordre réductibles à la forme précédente, pourront toujours avoir pour équation primitive une équation de la forme supposée $F(x, y, z) = \varphi p$, p étant $= f(x, y, z)$.

Car les valeurs des coëfficiens M et N étant données en fonctions de x, y, z, on aura deux équations par lesquelles on pourra déterminer les deux fonctions marquées par les caractéristiques F et f; et la fonction marquée par φ demeurera arbitraire.

Ce problème étant l'un des plus intéressans de la théorie des fonctions, je vais en donner ici une solution directe.

102. Si on regarde de nouveau y et z comme fonctions de x, dont les fonctions primes soient y' et z', et qu'on considère les deux quantités $z' + N$ et $Mz' + Ny'$, ces quantités deviendront, par la substitution des expressions précédentes de M et de N,

$$\frac{f'(y)[F'(z)z' + F'(x)] - F'(y)[f'(z)z' + f'(x)]}{F'(z)\times f'(y) - F'(y))\times f'(z)},$$

$$\frac{F'(x)[f'(z)z' + f'(y)y'] - f'(x)[F'(z)z' + F'(y)y']}{F'(z)\times f'y - F'(y)\times f'(z)}.$$

Si on ajoute, et qu'on retranche en même temps du numérateur de la première la quantité $F'(y)\times f'(y)y'$, et du numérateur de la seconde la quantité $F'(x)\times f'(x)$, et qu'on fasse attention que (n.° 31) $F'(x) + F'(y)y' + F'(z)z'$ est la fonction prime de $F(x, y, z)$, que nous dénoterons simplement par $F(x, y, z)'$, que de même $f'(x) + f'(y)y' + f'(z)z'$ est la fonction prime de $f(x, y, z)$, que nous dénoterons pareillement par $f(x, y, z)'$, on aura

$$z' + N = \frac{f'(y)\times F(x,y,z)' - F'(y)\times f(x,y,z)'}{F'(z)\times f'(y) - F'(y)\times f'(z)},$$

$$Mz' + Ny' = \frac{F'(x)\times f(x,y,z)' - f'(x)\times F(x,y,z)'}{F'(z)f'(y) - F'(y)\times f'(z)}.$$

Si donc on regarde les variables y, z comme des fonctions de x déterminées par les équations du premier ordre

$$z' + N = 0, \quad Mz' + Ny' = 0,$$

il est clair que ces équations se réduiront à ces deux-ci,

$$F(x, y, z)' = 0, \text{ et } f(x, y, z)' = 0,$$

dont les équations primitives sont évidemment

$$F(x, y, z) = A, \quad f(x, y, z) = B,$$

A et B étant des constantes arbitraires; de sorte que ces équations primitives seront complètes à cause des deux constantes arbitraires A et B.

Mais il est possible qu'en cherchant les équations primitives des équations $z' + N = 0$, $Mz' + Ny' = 0$, où M et N sont des fonctions données de x, y, z, on ne les trouve pas sous la forme précédente. Cependant, sous quelque forme qu'elles puissent se présenter, si elles renferment deux constantes arbitraires a et b, elles doivent être comprises dans les précédentes, et les constantes A et B ne pourront qu'être fonctions des constantes a et b. Si donc on tire de ces équations primitives les valeurs des constantes a et b, en x, y, z, et que ces valeurs soient P et Q, en sorte que les équations dont il s'agit soient réduites à la forme $P = a$, $Q = b$, il s'ensuit que les fonctions $F(x, y, z)$ et $f(x, y, z)$ ne pourront être aussi que des fonctions de P et Q. Donc, puisque l'équation primitive d'où l'équation du premier ordre $z' + Mz_{,} + N = 0$ est dérivée, est de la forme $F(x, y, z) = \varphi p = \varphi [f(x, y, z)]$, cette équation primitive deviendra $fonct. (P, Q) = \varphi (fonct. P, Q)$, la fonction marquée par φ demeurant arbitraire : d'où il résulte que P sera une fonction quelconque de Q; de sorte que l'équation primitive de l'équation dont il s'agit, du premier ordre, pourra être réduite en général à cette forme très-simple, $P = \varphi Q$, la fonction marquée par la caractéristique φ étant arbitraire. Cette méthode réduit, comme l'on voit, la détermination de la fonction de deux variables à celle de deux fonctions d'une seule variable; et elle est sur-tout remarquable par la simplicité et la généralité du résultat. J'ai donné l'analyse précédente, parce qu'elle me paraît plus directe et plus naturelle que celles qui avaient été données jusqu'ici pour ce même objet, et j'ai cru qu'elle ne serait pas déplacée dans un écrit dont le but est de donner à l'analyse des fonctions toute la rigueur et la clarté dont elle est susceptible.

103. La méthode précédente peut s'étendre aussi aux fonctions de plus de deux variables. Ainsi, si u est une fonction de trois variables x, y, z, déterminée par l'équation $F(x, y, z, u) = \varphi (p, q)$, p et q étant des fonctions données de x, y, z, u, et $\varphi (p, q)$ étant une fonction quelconque de p, q, on trouvera, par une analyse semblable à celle du n.° 101, en regardant y et z comme des fonctions de x, dont on déterminera les fonctions primes y' et z', par la supposition que p et q demeurent constantes; on trouvera, dis-je, une équation du premier ordre, délivrée de la fonction φ, de la forme suivante,

$$u' + Lu_{,} + M_{,}u + N = 0,$$

M, N, L étant des fonctions données de x, y, z, u, et u', $u_{,}$, ${}_{,}u$, étant les fonctions primes de u relativement à x, y et z; de sorte que toute équation entre x, y, z, u et les fonctions primes de u, qui ne serait pas de cette forme, ne pourra pas être dérivée d'une équation primitive de la forme ci-dessus.

Pour les équations du premier ordre réductibles à la forme précédente, on trouvera aussi, par une analyse semblable à celle que nous venons de citer, que si on regarde y, z, u comme des fonctions de x déterminées par ces trois équations du premier ordre

$$u' + N = 0, \quad Lu' + Ny' = 0, \quad Mu' + Nz' = 0;$$

et qu'on en cherche les équations primitives qui devront renfermer trois constantes arbitraires a, b, c, qu'ensuite on tire de ces équations les valeurs de ces constantes, de manière que l'on ait $a = P$, $b = Q$, $c = R$; P, Q, R étant des fonctions données de x, y, z, u, on aura sur-le-champ $P = \varphi(Q, R)$ pour l'équation primitive de l'équation proposée, dans laquelle $\varphi(P, Q)$ sera une fonction arbitraire de P et Q.

104. Mais si l'on avait, par la détermination de z en fonction de x et y, une équation quelconque du premier ordre entre x, y, z, z' et $z_{,}$ non réductible à la forme du n.° 101, la méthode du n.° 102 ne servirait plus. Cependant on peut toujours, quelle que soit la forme de l'équation proposée, la ramener à la forme du n.° 103, en y introduisant une variable de plus.

Soit donc proposée l'équation

$$z' = F(x, y, z, z_{,}),$$

la fonction indiquée par la caractéristique F étant donnée; je suppose $z_{,} = u$, et comme z est fonction de x, y, il est clair que u sera aussi fonction de x, y; donc, prenant les fonctions primes relativement à x seul, on aura $z'_{,} = u'$. Maintenant l'équation proposée deviendra $z' = F(x, y, z, u)$; prenant les fonctions primes relativement à y seul, et observant que z et u sont fonctions de x, y, on aura

$$z'_{,} = F'(y) + z_{,}F'(z) + u_{,}F'(u),$$

où les quantités $F'(y)$, $F'(z)$, $F'(u)$ dénotent les fonctions primes de $F(x, y, z, u)$, prises relativement aux variables isolées y, z, u, ainsi que nous l'avons pratiqué jusqu'ici; donc, substituant u et u' pour $z_{,}$ et $z'_{,}$, on aura l'équation

$$u' = F'(y) + uF'(z) + u_{,}F'(u),$$

dans laquelle les quantités $F'(y)$, $F'(z)$, $F'(u)$ seront des fonctions données de x, y, z et u.

Cette équation serait donc susceptible de la méthode du n.° 103, si u était une fonction des variables x, y, z regardées comme indépendantes entre elles; mais rien n'empêche de les regarder comme telles, et de regarder en même temps u comme une simple fonction de x, y, z, pourvu qu'on exprime, d'une manière conforme à cette supposition, les fonctions primes u' et $u_{,}$ qui se rapportent aux seules variables x et y.

Qu'on dénote par u', $u_{,}$ et ${}_{,}u$ les fonctions primes de u relativement à x, y, z, et il est facile de voir, par les principes établis pour la formation des fonctions primes, que, puisque z est essentiellement une fonction de x et y, dont z' et $z_{,}$ sont les fonctions primes relativement à chacune de ces variables isolées, la valeur complète de la fonction prime de u relativement à x sera $u' + {}_{,}uz'$, et que la valeur complète de la fonction prime de u relativement à y sera $u_{,} + {}_{,}uz_{,}$; ces valeurs sont celles qui, dans l'équation ci-dessus, sont représentées simplement par u' et $u_{,}$; mais on a supposé $z_{,} = u$, et par l'équation proposée on a $z' = F(x, y, z, u)$; donc les valeurs à substituer à u' et $u_{,}$ seront $u' + {}_{,}uF(x, y, z, u)$, et $u_{,} + {}_{,}uu$. Faisant donc ces substitutions, et ordonnant les termes suivant les quantités u', $u_{,}$ et ${}_{,}u$, on aura

$$u' - u_{,}F'(u) + {}_{,}u[F(x, y, z, u) - uF'(u)] - F'(y) - uF'(z) = 0,$$

équation qui, étant comparée à la formule générale du n.° 103, donne $L = -F'(u)$, $M = F(x, y, z, u) - uF'(u)$ et $N = -F'(y) - uF'(z)$; de sorte que les trois équations par lesquelles il faudra déterminer y, z, u en fonctions de x, seront

$$u' - F'(y) - uF'(z) = 0,$$

$$u'F'(u) + y'[F'(y) + uF'(z)] = 0,$$

$$u'[F(x, y, z, u) - uF'(u)] - z'[F'(y) + uF'(z)] = 0.$$

Ainsi la difficulté est réduite à trouver les équations primitives d'où celles-ci peuvent être déduites ; mais il suffira d'en trouver une, et il serait même inutile de trouver les deux autres.

105. En effet, supposons qu'on ait trouvé les trois équations primitives avec les trois constantes arbitraires a, b, c, et soient P, Q, R les valeurs de ces constantes qui en résultent, on aura $P = \varphi(Q, R)$ pour la forme générale de l'équation primitive en u (n.° cité).

Cette équation, où la caractéristique φ désigne une fonction arbitraire, satisfera dans toute son étendue à l'équation du premier ordre en u, dans laquelle u est regardée comme fonction de x, y, z ; mais u a été supposée égale à $z_{\prime}$, et z doit être, d'après l'équation proposée, une fonction de x et y ; donc l'équation $P = \varphi(Q, R)$ est trop générale, et il faudra encore chercher les limitations qu'on doit donner à la fonction arbitraire relativement aux deux quantités P et Q, pour que cette équation réponde exactement à l'équation proposée.

Mais, sans entrer dans cette recherche, j'observe que, quelle que puisse être la vraie forme de la fonction arbitraire, on peut la supposer égale à une constante ; de sorte que $P = a$, c'est-à-dire, une des équations primitives des trois équations ci-dessus, avec une constante arbitraire, donnera une valeur de u, qui satisfera à l'équation en u.

Maintenant, en remettant $z_{\prime}$ pour u dans cette équation, on aura une équation du premier ordre entre x, y, z et $z_{\prime}$, dans laquelle z devra être regardée comme fonction de x et y ; mais, puisque cette équation ne contient que la fonction prime $z_{\prime}$, relative à y, on pourra regarder x comme constante, et z comme une simple fonction de y ; on trouvera donc son équation primitive par l'analyse des fonctions d'une seule variable, et puisque x est regardée comme constante, la constante arbitraire qui entrera dans cette équation primitive pourra être aussi une fonction quelconque de x, que nous nommerons p.

On aura ainsi une valeur de z en x et y avec les deux quantités a et p, qui satisfera à l'équation proposée. La constante a demeurera arbitraire ; mais la fonction p devra être déterminée conformément à cette équation. Pour cela, il n'y aura qu'à y substituer l'expression de z dont il s'agit ; tous les termes qui renfermeront y se détruiront, et il ne restera que des termes

termes qui contiendront x, p et p'; de sorte que l'on aura de nouveau une équation du premier ordre entre les variables x et p, dont l'équation primitive donnera la valeur de p en x, avec une nouvelle constante arbitraire b.

De cette manière, on aura enfin une valeur de z en x et y, avec deux constantes arbitraires a et b, qui satisfera à la proposée indépendamment de ces constantes. Cette valeur ne sera que particulière; mais on pourra, par la méthode du n.° 95, trouver la valeur générale de z, qui contiendra une fonction arbitraire.

En effet, si $f(x, y, z, a, b) = 0$ est l'équation trouvée pour la détermination de z, on fera $b = \varphi a$, et on égalera à zéro la fonction prime de $f(x, y, z, a, \varphi a)$, prise relativement à la quantité a, regardée comme seule variable; on aura une équation qui servira à déterminer a, et l'équation $f(x, y, z, a, \varphi a) = 0$ sera l'équation primitive cherchée de la proposée du premier ordre, la fonction marquée par la caractéristique φ demeurant arbitraire.

J'ai cru devoir exposer cette méthode avec tout le détail nécessaire pour la faire bien entendre, parce qu'elle est nouvelle et qu'elle réduit toute l'analyse inverse des fonctions de deux variables qui ne passent pas le premier ordre, à l'analyse des fonctions d'une seule variable.

106. Pour éclaircir cette méthode par un exemple dont le calcul soit assez simple, supposons que l'équation proposée soit de cette forme

$$z' = Ay + Bz + f(x, z_{,}),$$

A et B étant des constantes, et $f(x, z_{,})$ une fonction quelconque donnée de x et de $z_{,}$. En rapportant cette équation à la formule générale du numéro précédent, on aura $F(x, y, z, z_{,}) = Ay + Bz + f(x, z_{,})$; donc $F(x, y, z, u) = Ay + Bz + f(x, u)$, et de-là, en prenant les fonctions primes relativement à y et z, $F'(y) = A$, $F'(z) = B$; de sorte qu'en faisant ces substitutions dans les trois équations du premier ordre entre x, y, z, u, la première d'entre elles deviendra $u' - A - Bu = 0$; laquelle ne contenant que la variable u, qu'on suppose fonction de x, aura une équation primitive indépendamment des deux autres. En effet, si on multiplie cette équation par e^{-Bx}, e étant le nombre dont le logarithme hyperbolique est l'unité, son premier nombre deviendra la fonction prime de $ue^{-Bx} + \frac{Ae^{-Bx}}{B}$, comme il est aisé de s'en assurer, en cherchant la fonction prime de cette quantité par les formules du numéro 32.

Ainsi, comme le second membre est nul, on aura, en passant aux fonctions primitives $(u + \frac{A}{B}) e^{-Bx} = a$, a étant une constante arbitraire.

Cette équation donnera donc $u = -\frac{A}{B} + ae^{Bx}$, et substituant pour u sa valeur $z_{,}$, on aura l'équation prime $z_{,} = -\frac{A}{B} + ae^{x}$; dans laquelle $z_{,}$ étant la fonction prime de z relativement à y seul, on pourra regarder x comme constante, et z comme fonction de y. Ainsi, comme le second membre ne contient ni y ni z, sa fonction primitive dans cette supposition sera simplement $(-\frac{A}{B} + ae^{Bx})y$; donc, passant des fonctions primes relatives à y seul, aux fonctions primitives, on aura l'équation primitive

$$z = (-\frac{A}{B} + ae^{Bx})y + p,$$

p étant une fonction quelconque de x qui peut être ajoutée comme constante, puisque sa fonction prime relativement à y est nulle.

De cette expression de z on tirera celles des deux fonctions primes z' et $z_{,}$ relatives à x et y; et l'on aura

$$z' = aBe^{Bx}y + p',$$

$$z_{,} = -\frac{A}{B} + ae^{Bx};$$

ces valeurs étant substituées dans l'équation proposée, elle deviendra

$$aBe^{Bx}y + p' = Ay + B(-\frac{A}{B} + ae^{Bx})y + Bp + f(x, -\frac{A}{B} + ae^{Bx}),$$

laquelle se réduit à

$$p' = Bp + f(x, -\frac{A}{B} + ae^{Bx}),$$

où l'on voit que les y ont disparu, de manière qu'on pourra déterminer p en fonction de x seul.

Qu'on multiplie cette équation par e^{-Bx}, et qu'on suppose

$$e^{-Bx}f(x, -\frac{A}{B} + ae^{Bx}) = F'x,$$

elle deviendra

$$(pe^{-Bx})' = F'x,$$

et passant aux fonctions primitives, on aura

$$pe^{-Bx} = Fx + b,$$

b étant une constante arbitraire. De-là on tire

$$p = e^{Bx}(Fx + b);$$

donc, substituant cette valeur dans l'expression de z trouvée ci-dessus, on aura

$$z = (-\frac{A}{B} + ae^{Bx})y + (Fx + b)e^{Bx}.$$

Cette valeur de z n'est que particulière, mais comme elle contient les deux constantes arbitraires a et b, elle donnera la valeur générale, si on fait $b = \varphi a$, et qu'on détermine a par l'équation

$$y + F'(a) + \varphi' a = 0;$$

en désignant par $F'(a)$ la fonction prime de Fx prise relativement à a.

Si $B = 0$, le calcul devient plus simple, et l'on trouvera, en faisant $f(x, Ax + a) = F'x$, les deux équations

$$z = (Ax + a)y + Fx + \varphi a,$$

$$y + F'a + \varphi' a = 0,$$

d'où il faudra éliminer a.

107. Nous ne nous étendrons pas davantage sur ce qui regarde les fonctions de plusieurs variables. Ceux qui connaissent le calcul qu'on appelle *aux différences partielles*, pourront aisément le rapprocher

de l'analyse de ces fonctions, et donner par-là à cette analyse les développemens qu'on y pourrait encore désirer.

Notre objet, dans cette première partie, n'a été que d'établir la théorie des fonctions et des équations dérivées, d'une manière purement analytique et indépendante de toute supposition ou considération étrangère.

Fin de la première Partie.

THÉORIE DES FONCTIONS ANALYTIQUES.

SECONDE PARTIE.

Application de la Théorie à la Géométrie et à la Mécanique.

108. Les opérations ordinaires de l'algèbre suffisent pour résoudre les problèmes de la théorie des courbes, qui ne consistent que dans des rapports de lignes tirées d'une certaine manière et terminées aux courbes; mais la détermination des tangentes, des rayons de courbure, des aires, &c. dépend essentiellement des opérations relatives aux fonctions.

Suivant les anciens géomètres, une ligne droite est tangente d'une courbe, lorsqu'ayant un point commun avec la courbe, on ne peut mener par ce point aucune autre droite entre elle et la courbe; c'est par ce principe qu'ils ont déterminé les tangentes dans le petit nombre des courbes qu'ils ont considérées. Mais, depuis que, par l'application de l'algèbre à la géométrie, les courbes ont été soumises à l'analyse, on a envisagé les tangentes sous d'autres points de vue; on les a regardées comme des sécantes dont les deux points d'intersection sont réunis, ou comme le prolongement des côtés infiniment petits de la courbe considérée comme un poligone d'une infinité de côtés, ou comme la direction du mouvement composé, par lequel la courbe peut être décrite; et ces différentes manières de considérer les tangentes ont donné lieu aux méthodes algébriques fondées sur l'égalité des racines des équations, et aux méthodes différentielles fondées sur le rapport des différences infiniment petites, ou des fluxions des coordonnées. Ces méthodes ne laissent rien à désirer pour la généralité et la simplicité ; mais ceux qui admirent avec raison l'évidence et la rigueur des anciennes démonstrations, regrettent de ne pas trouver ces avantages dans les principes de ces nouvelles méthodes. La théorie des fonctions que nous avons développée dans la première partie, nous met en état de traiter le problème des tangentes, et les autres problèmes du même genre, d'après les notions et les principes des anciens, et de donner ainsi aux résultats de l'analyse le caractère qui distingue leurs solutions.

109. Pour considérer ces questions d'une manière générale, soit $y = fx$ l'équation d'une courbe quelconque proposée, et $q = Fp$ l'équation d'une ligne droite ou d'une autre courbe qu'on veut comparer à celle-là, x et y sont l'abscisse et l'ordonnée de la première courbe, p et q sont aussi l'abscisse et l'ordonnée de l'autre courbe, rapportées aux mêmes axes que x et y.

Pour que ces deux courbes aient un point commun relatif à l'abcisse x, il faut qu'en faisant $p = x$, on ait $q = y$; donc $y = Fx$, et par conséquent $Fx = fx$.

Pour comparer maintenant le cours de ces courbes au-delà de ce point, on mettra dans leurs équations $x + i$ à la place de x et de p, et l'on aura $f(x + i)$ et $F(x + i)$ pour les ordonnées répondant au même point de l'axe des x, et éloignées de la quantité i de l'ordonnée qui passe par le point commun. Donc la différence de ces ordonnées sera $f(x + i) - F(x + i)$, savoir, en développant les fonctions et observant que l'on a déjà $fx - Fx = 0$, $i(f'x - F'x) + \frac{i^2}{2}(f''x - F''x)$

$+ \frac{i^3}{2 \cdot 3}(f'''x - F'''x) +$ &c., et cette différence exprimera la distance des points des deux courbes qui répondent à la même abscisse $x + i$.

On voit d'abord en général que cette distance sera d'autant plus petite, et que par conséquent les courbes se rapprocheront d'autant plus qu'il y aura plus de termes qui disparaîtront au commencement de cette série.

Ainsi le rapprochement sera plus grand, si l'on a $f'x = F'x$, c'est-à-dire, si les fonctions primes des ordonnées des deux courbes deviennent égales pour la même abscisse x; il sera plus grand encore si de plus les fonctions secondes $f''x$, et $F''x$ des mêmes ordonnées deviennent aussi égales, et ainsi de suite.

110. Mais, pour voir de plus près en quoi consistent ces différens degrés de rapprochement, nous considérerons une troisième courbe quelconque, rapportée aux mêmes axes par les coordonnées r et s, et dont l'équation soit $s = \varphi r$, et nous supposerons d'abord qu'elle ait aussi avec les deux autres un point commun pour la même abscisse x, ce qui exige que les ordonnées à cette abscisse soient égales, et par conséquent que l'on ait aussi $\varphi x = fx = Fx$.

Soit D la différence des ordonnées des deux premières courbes pour la même abscisse $x + i$, et Δ la différence des ordonnées de la première courbe et de la troisième pour la même abscisse $x + i$, on aura

$$D = f(x + i) - F(x + i),$$

et de même

$$\Delta = f(x + i) - \varphi(x + i).$$

Il est clair que la troisième courbe ne pourra passer entre les deux premières, à moins que pour une valeur quelconque de i, aussi petite qu'on voudra, la valeur de D ne surpasse celle de Δ, abstraction faite des signes.

Développons les fonctions $f(x + i)$, $F(x + i)$, $\varphi(x + i)$ partiellement, suivant la formule du n.° 53, et arrêtons-nous d'abord aux deux premiers termes. Nommant j une quantité indéterminée, mais renfermée entre les limites o et i, on aura par cette formule

$$f(x + i) = fx + if'x + \frac{i^2}{2} f''(x + j);$$

et de même

$$F(x + i) = Fx + iF'x + \frac{i^2}{2} F''(x + j);$$

$$\varphi(x + i) = \varphi x + i\varphi' x + \frac{i^2}{2} \varphi''(x + j),$$

où la quantité j pourra n'être pas la même dans les trois fonctions, pourvu qu'elle soit renfermée entre les mêmes limites.

Faisant ces substitutions dans les expressions de D et Δ, on aura, à cause de $fx = Fx = \varphi x$, en vertu du point commun aux trois courbes,

$$D = i(f'x - F'x) + \frac{i^2}{2}[f''(x+j) - F''(x+j)],$$

$$\Delta = i(f'x - \varphi'x) + \frac{i^2}{2}[f''(x+j) - \varphi''(x+j)].$$

Supposons maintenant que les deux premières courbes soient telles que l'on ait $f'x = F'x$, la valeur de D se réduira à

$$D = \frac{i^2}{2}[f''(x+j) - F''(x+j)];$$

et il est aisé de se convaincre que tant que le terme affecté de i dans l'expression de Δ ne sera pas nul, on pourra toujours prendre i assez petit pour que la quantité Δ devienne plus grande que la quantité D, abstraction faite des signes. En effet, en divisant ces deux quantités par i, il suffira que la quantité $f'x - \varphi'x$ soit plus grande que $\frac{i}{2}[f''(x+j) - F''(x+j)]$, ce qui est évidemment toujours possible, en prenant i aussi petit qu'on voudra; et il est visible aussi qu'aussitôt que cette condition aura lieu pour une valeur déterminée de i, elle aura lieu à plus forte raison pour toutes les valeurs plus petites de i.

Donc la troisième courbe ne pourra dans ce cas passer entre les deux premières, à moins que la quantité $f'x - \varphi'x$ ne devienne nulle, c'est-à-dire, qu'on n'ait $\varphi'x = f'x$, auquel cas la conclusion précédente cessera d'avoir lieu.

111. Supposons ensuite que l'on ait à la fois $F'x = f'x$ et $F''x = f''x$, en prenant trois termes dans le développement des fonctions, nous aurons par la même formule du n.° 53,

$$f(x+i) = fx + if'x + \frac{i^2}{2}f''x + \frac{i^3}{2.3}f'''(x+j),$$

$$F(x+i) = Fx + iF'x + \frac{i^2}{2}F''x + \frac{i^3}{2.3}F'''(x+j),$$

$$\varphi(x+i) = \varphi x + i\varphi'x + \frac{i^2}{2}\varphi''x + \frac{i^3}{2.3}\varphi'''(x+j).$$

Ces

Ces valeurs, substituées dans les expressions générales de D et Δ, à cause de $fx = Fx = \varphi x$, et $f'x = F'x$, $f''x = F''x$, donneront

$$D = \frac{i^3}{2.3}[f'''(x+j) - F'''(x+j)],$$

$$\Delta = i(f'x - \varphi'x) + \frac{i^2}{2}(f''x - \varphi''x) + \frac{i^3}{2.3}[f'''(x+j) - \varphi'''(x+j)].$$

Ici, il est aisé de voir que, tant que les termes affectés de i et de i^2 dans l'expression de Δ ne seront pas nuls, on pourra prendre i assez petit pour que la quantité Δ devienne plus grande que D, abstraction faite des signes. Car divisant ces deux quantités par i, il suffira que la quantité $f'x - \varphi'x + \frac{i}{2}(f''x - \varphi''x)$ soit plus grande que $\frac{i^2}{2.3}[f'''(x+j) - F'''(x+j)]$, ce qui est évidemment possible lorsque $f'x - \varphi'x$ n'est pas nulle; et si $f'x - \varphi'x$ est nulle, alors, en divisant encore par i, il suffira que $f''x - \varphi''x$ soit une quantité plus grande que $\frac{i}{3}[f'''(x+j) - F'''(x+j)]$; ce qui est encore visiblement possible, en diminuant la valeur de i tant qu'on voudra, pourvu que $f''x - \varphi''x$ ne soit pas nulle.

Donc, dans ce cas, la troisième courbe ne pourra passer entre les deux premières, à moins qu'on n'ait à la fois $\varphi'x = f'x$ et $\varphi''x = f''x$.

On prouvera, de la même manière, que si l'on a pour les deux premières courbes $f'x = F'x$, $f''x = F''x$, et $f'''x = F'''x$, la troisième courbe ne pourra être menée entre les deux premières, à moins que l'on n'ait aussi $\varphi'x = f'x$, $\varphi''x = f''x$, $\varphi'''x = f'''x$; et ainsi de suite.

112. On peut conclure de-là en général, que si l'on a une courbe quelconque, et qu'une autre courbe donnée ait un point commun avec celle-là, ce qui exige que leurs ordonnées pour la même abscisse soient égales; que, de plus, les fonctions primes de ces ordonnées pour la même abscisse commune soient aussi égales, alors il sera impossible qu'aucune autre courbe qu'on menerait par le même point commun passe entre les deux courbes, à moins que la fonction prime de son ordonnée pour

la même abscisse, ne soit aussi égale aux fonctions primes de leurs ordonnées.

Et si, outre les fonctions primes de ces ordonnées, leurs fonctions secondes pour la même abscisse étaient aussi égales, alors il serait impossible qu'aucune autre courbe qui passerait par le point commun, passât entre les deux courbes, à moins que les fonctions prime et seconde de son ordonnée ne fussent respectivement égales aux fonctions prime et seconde de l'ordonnée commune aux deux courbes, et ainsi du reste.

A proprement parler, ces courbes ne coïncident que dans le point où les ordonnées sont égales, et l'égalité des fonctions primes, secondes, &c. de ces ordonnées ne les rend pas plus coïncidentes dans d'autres points, mais elle les fait approcher de manière qu'aucune autre courbe pour laquelle la même égalité n'aura pas lieu ne puisse passer entre elles.

C'est-là l'idée nette qu'on doit se faire de ces différens degrés de rapprochement des courbes, que l'on appelle communément *contact, osculation*, &c. et que la manière ordinaire de concevoir le calcul différentiel fait regarder comme des coïncidences plus ou moins rigoureuses, ou plus ou moins étendues.

113. Ayant donc une courbe quelconque représentée par l'équation $y = fx$, comparons-la d'abord avec une ligne droite quelconque. Puisque nous avons représenté en général par $q = Fp$ l'équation de la courbe à laquelle on veut comparer la proposée (*n.° 109*), on aura, pour la ligne droite, $Fp = a + bp$, a et b étant deux constantes qui déterminent la position de cette droite.

La condition d'un point commun donne d'abord $fx = Fx = a + bx$; et on pourra y satisfaire au moyen d'une des indéterminées a ou b.

Supposons ensuite $f'x = F'x$, il est clair qu'en changeant dans $a + bp$, p en x, et prenant la fonction prime, on aura $F'x = b$; donc $f'x = b$. Ainsi les valeurs de a et b seront déterminées par ces deux conditions; car on aura $b = f'x$, et $a = fx - xf'x$. Donc l'équation à la ligne droite deviendra $q = fx - xf'x + pf'x$, p et q étant les deux coordonnées, et l'abcisse x étant regardée comme constante.

Je dis maintenant que cette droite a la propriété qu'aucune autre droite ne pourra être menée entre elle et la courbe.

Car, soit $s = \varphi r = g + hr$ l'équation d'une autre droite quelconque *(n.° 110)*, pour qu'elle passe par le même point commun, il faudra que l'on ait aussi $\varphi x = fx$; et pour qu'elle puisse passer entre la courbe et la droite que nous venons de déterminer, il faudra de plus que l'on ait $\varphi' x = f'x$ *(n.° 111)*; ces deux conditions donnent $g + hx = fx$ et $h = f'x$; d'où l'on tire pour g et h les mêmes valeurs que nous venons de trouver pour a et b; de sorte que cette dernière droite coïncidera avec la première.

Donc la droite déterminée par l'équation $q = a + bp$, où $a = fx - xf'x$ et $b = f'x$ sera tangente de la courbe représentée par l'équation $y = fx$, au point qui répond à l'abscisse $p = x$ *(n.° 108)*.

Puisque $y = fx$, on aura, suivant la notation employée dans la première partie, $y' = f'x$; donc les expressions de a et b seront plus simplement $a = y - xy'$ et $b = y'$.

114. Dans l'équation à la ligne droite $q = a + bp$, il est aisé de voir que b exprime la tangente de l'angle que cette droite fait avec l'axe, et que $-\frac{a}{b}$ est l'abscisse qui répond au point où la même droite coupe l'axe. Donc cette droite étant tangente à la courbe au point où $p = x$, y' sera la tangente de l'angle qu'elle fait avec l'axe, et $x + \frac{a}{b} = \frac{y}{y'}$ sera ce qu'on appelle la *sous-tangente*.

De plus, si on représente par $s = \alpha + \beta r$ une autre droite qui passe par le même point de la courbe, r et s étant les deux coordonnées de cette droite, on aura pour ce point $r = p = x$, $s = q = y$; donc $a + bx = \alpha + \beta x$; et si on veut que cette droite coupe la première sous un angle dont la tangente soit m, comme b et β sont les tangentes des angles que ces deux droites font avec le même axe, on aura par les formules connues de la trigonométrie $\beta = \frac{b + m}{1 - bm}$; donc $\alpha = a - \frac{x(1 + b^2)m}{1 - bm}$; où il n'y aura qu'à substituer les valeurs de a et b.

Si on veut que cette seconde droite soit perpendiculaire à la tangente, on fera $m = \infty$, c'est-à-dire, $\frac{1}{m} = 0$, et l'on aura simplement $\alpha = a + x(b + \frac{1}{b}) = y + \frac{x}{y'}$, et $\beta = -\frac{1}{b} = -\frac{1}{y'}$.

Ainsi $-\frac{1}{y'}$ sera la tangente de l'angle que cette perpendiculaire qu'on appelle communément *normale*, fera avec l'axe, et $x + \frac{\alpha}{\beta} = -yy'$ sera la partie de l'axe comprise entre le point où elle coupe l'axe et l'ordonnée, c'est-à-dire, la *sous-normale*.

Si les deux coordonnées x, y de la courbe étaient exprimées en fonctions d'une troisième variable quelconque, alors prenant x' et y' pour les fonctions primes de x et y relativement à cette autre variable, il n'y aurait qu'à mettre par tout dans les formules précédentes $\frac{y'}{x'}$ à la place de y' (n.° 63).

Il serait superflu d'appliquer ces formules à des exemples; car, pour peu qu'on sache les premiers élémens du calcul différentiel, on ne peut manquer d'apercevoir l'identité des formules précédentes avec les formules différentielles connues.

115. Prenons maintenant le cercle pour le comparer avec la courbe proposée. L'équation générale du cercle rapportée aux coordonnées rectangles p et q est $(p - a)^2 + (q - b)^2 = c^2$, où a et b sont les coordonnées qui répondent au centre, et c est le rayon du cercle. De-là on tire $q = b + \sqrt{[c^2 - (p - a)^2]} = Fp$; donc $Fx = b + \sqrt{[c^2 - (x - a)^2]}$ et $F'x = -\frac{x - a}{\sqrt{[c^2 - (x - a)^2]}}$.

Faisons donc $Fx = fx = y$, et $F'x = f'x = y'$, et tirons de ces équations les valeurs de a et b, la seconde donne $\sqrt{[c^2 - (x - a)^2]} = -\frac{x - a}{y'}$, d'où l'on tire $x - a = \frac{cy'}{\sqrt{(1 + y'^2)}}$; ensuite la première donne $y - b = \sqrt{[c^2 - (x - a)^2]} = -\frac{x - a}{y'} = -\frac{c}{\sqrt{(1 + y'^2)}}$; donc

$$a = x - \frac{cy'}{\sqrt{(1 + y'^2)}}, \quad b = y + \frac{c}{\sqrt{(1 + y'^2)}}.$$

Si on regarde le rayon c comme donné, il ne reste plus d'arbitraires dans l'équation; et l'on en conclura que le cercle donné, dont le centre est déterminé par les coordonnées a et b, est tel qu'on ne pourrait mener entre lui et la courbe aucun autre arc de même rayon, mais placé différemment.

Car, pour un autre cercle du même rayon c, rapporté aux coordonnées r et s, et dont les coordonnées du centre seraient g et h, on aurait l'équation $s = \varphi r = h + \sqrt{[c^2 - (r - g)^2]}$; et pour que ce cercle eût le même point commun avec la courbe proposée, et pût passer entre cette courbe et le cercle déjà déterminé, il faudrait que l'on eût aussi $\varphi x = fx = y$ et $\varphi' x = f' x = y'$; équations qui serviraient à déterminer les deux quantités g et h; or, il est visible que ces équations sont de la même forme que les précédentes, les quantités g et h étant à la place de a et b; donc elles donneront pour g et h les mêmes valeurs que l'on a trouvées pour a et b; par conséquent le nouveau cercle se confondra avec le cercle déterminé par ces valeurs.

Donc, suivant la même notion des tangentes, le cercle de rayon c, dont le centre sera déterminé par les coordonnées a et b, sera tangent à la courbe proposée dont x et y sont les coordonnées.

Comme cette conclusion a lieu, quelle que soit la valeur du rayon c, on peut regarder c comme indéterminé dans les expressions de a et b; alors ces coordonnées a et b appartiendront à une ligne droite dont l'équation résultera de l'élimination de c, et qui sera par conséquent $b = y + \frac{x - a}{y'}$.

Cette droite sera donc le lieu des centres de tous les cercles qui peuvent être tangens de la courbe; elle sera donc normale à la courbe; en effet, on voit que l'équation de cette droite, où a et b sont les coordonnées, coïncide avec celle de la normale trouvée plus haut (n.° 114).

116. Maintenant, parmi ces différens cercles qui satisfont aux conditions $Fx = fx = y$, $F'x = f'x = y'$, on peut en trouver un qui satisfasse de plus à la condition $F''x = f''x = y''$.

En effet, ayant trouvé ci-dessus $F'x = -\frac{x-a}{\sqrt{[c^2-(x-a)^2]}}$, on en déduira $F''x = -\frac{c^2}{[c^2-(x-a)^2]^{\frac{3}{2}}}$; ainsi on aura l'équation $y'' = -\frac{c^2}{[c^2-(x-a)^2]^{\frac{3}{2}}}$; or, on a déjà trouvé dans le même endroit $\sqrt{[c^2-(x-a)^2]} = -\frac{x-a}{y'} = -\frac{c}{\sqrt{(1+y'^2)}}$; donc on aura $y'' = \frac{(1+y'^2)^{\frac{3}{2}}}{c}$; et de-là $c = \frac{(1+y'^2)^{\frac{3}{2}}}{y''}$.

Substituant cette valeur dans les expressions de a et b, on aura

$$a = x - \frac{y'(1+y'^2)}{y''},\ b = y + \frac{1+y'^2}{y''}.$$

Les trois constantes a, b, c qui entrent dans l'équation générale du cercle étant ainsi déterminées, on en peut conclure qu'aucun autre cercle ne pourra passer entre la courbe proposée et celui qui est déterminé par ces valeurs de a, b, c. En effet, pour qu'une autre courbe quelconque rapportée aux coordonnées r, s, et représentée par l'équation $s = \varphi r$, pût passer entre la courbe et le cercle dont il s'agit, il faudrait que l'on eût $\varphi x = fx = y$, $\varphi' x = f'x = y'$ et $\varphi'' x = f''x = y''$ (n.° 111); or, si cette courbe est un cercle, prenant les quantités g, h, k, à la place de a, b, c, on aura pour φx, $\varphi' x$, $\varphi'' x$ les mêmes expressions que pour Fx, $F'x$, $F''x$, en substituant seulement dans celles-ci g, h, k, au lieu de a, b, c; donc les trois équations que l'on aura pour la détermination de g, h, k, seront les mêmes que celles par lesquelles on a déterminé a, b, c; donc les valeurs de g, h, k seront nécessairement les mêmes que celles de a, b, c; par conséquent le nouveau cercle qui devrait passer entre la courbe et le cercle déjà déterminé, coïncidera avec celui-ci et n'en formera qu'un avec lui.

Donc ce cercle aura, relativement aux cercles, la même propriété que la tangente à l'égard des lignes droites; ce sera ce que les géomètres appellent *cercle osculateur* ou *cercle de courbure*, parce qu'il sert à mesurer la courbure de la courbe.

La quantité c sera le rayon de ce cercle, qu'on nomme simplement *rayon de courbure*, et les quantités a, b seront les coordonnées de la courbe qui sera le lieu de tous les centres de ces cercles.

117. On peut maintenant présenter cette théorie d'une manière plus générale.

Soient x, y les coordonnées de la courbe proposée, qui peut être quelconque, et p, q les coordonnées de la courbe qu'on veut lui comparer, et qui est supposée donnée.

Supposons que l'équation de cette courbe renferme, avec les variables p et q, des constantes indéterminées a, b, c, &c., et représentons-la par $F(p, q, a, b, c\ldots) = 0$.

Si dans cette équation on change p en x, q en y, on a $F(x, y, a, b, c\ldots) = 0$, équation qui donne la condition nécessaire pour que la courbe donnée ait un point commun avec la courbe proposée.

Dénotons par $F(x, y, a, b, c\ldots)'$ la fonction prime, par $F(x, y, a, b, c\ldots)''$ la fonction seconde, &c. de la fonction $F(x, y, a, b, c\ldots)$, en regardant y comme fonction de x, et a, b, c, &c. comme des constantes.

Cela posé, s'il n'y a que deux constantes indéterminées a et b, et qu'on les détermine par les deux équations

$$F(x, y, a, b) = 0, \quad F'(x, y, a, b) = 0,$$

alors la courbe donnée, dont l'équation est $F(p, q, a, b) = 0$, sera tangente de la courbe proposée, au point où $p = x$.

S'il y a trois constantes indéterminées a, b, c, et qu'on les détermine par les trois équations

$$F(x, y, a, b, c) = 0, F(x, y, a, b, c)' = 0, F(x, y, a, b, c)'' = 0,$$

la courbe donnée, dont l'équation est $F(p, q, a, b, c) = 0$, sera osculatoire de la courbe proposée, c'est-à-dire, aura même courbure, au point qui répond à l'abscisse $p = x$; et ainsi de suite.

Cela suit immédiatement des principes établis ci-dessus, car l'équation prime $F(x, y, a, b, c\ldots)' = 0$, donne la valeur de y' en $x, y, a, b, c\ldots$, l'équation seconde $F(x, y, a, b, c\ldots)'' = 0$ donne celle de y'' en x, y, y' et $a, b, c\ldots$; et ainsi de suite.

On peut en général appeler *contact du premier ordre* le rapprochement de deux courbes qui se touchent dans un point ; *contact du second ordre*, lorsqu'elles ont de plus la même courbure ; et ainsi de suite.

On peut appeler aussi les constantes a, b, c, &c., qui déterminent le contact, *élémens du contact*.

Ainsi le contact d'un ordre quelconque m dépendra de $m + 1$ élémens a, b, c, &c. : et la détermination de ces élémens se tirera de l'équation $F(x, y, a, b, c \ldots) = 0$ de la courbe donnée qui forme le contact, et des équations dérivées de celle-ci jusqu'à celle de l'ordre m^{me}.

La propriété analytique de ces contacts est donc que, lorsque deux courbes ont entre elles un contact d'un ordre donné, leurs ordonnées et les fonctions primes, secondes, &c. de ces ordonnées jusqu'à l'ordre du contact, sont les mêmes ; et leur propriété géométrique consiste en ce qu'aucune autre courbe, qui n'aura pas avec elles un contact du même ordre, ne pourra être menée entre l'une et l'autre (*n.*° 112).

118. La courbe donnée qui forme le contact, étant par exemple une ligne droite dont l'équation la plus générale est $y - a - bx = 0$, elle ne sera susceptible que d'un contact du premier ordre, puisqu'il n'y a que deux élémens a et b ; et l'on aura pour la détermination de ces élémens les deux équations $y - a - bx = 0$, $y' - b = 0$, d'où l'on tire $b = y'$ et $a = y - xy'$, comme ci-dessus (*n.*° 113).

Prenons pour la courbe du contact un cercle dont l'équation la plus générale est $(x - a)^2 + (y - b)^2 - c^2 = 0$, elle ne sera susceptible que d'un contact du second ordre, puisqu'il n'y a que trois élémens a, b, c. On déterminera donc ces élémens par les trois équations $(x - a)^2 + (y - b)^2 - c^2 = 0$, $x - a + (y - b)y' = 0$, et $1 + (y - b)y'' + y'^2 = 0$, dont la seconde et la troisième sont les équations prime et seconde de la première. De ces équations on tire tout de suite $y - b = -\frac{1 + y'^2}{y''}$, $x - a = \frac{(1 + y'^2)y'}{y''}$, $c = \frac{(1 + y'^2)^{\frac{3}{2}}}{y''}$ comme plus haut (*n.*° 116).

Si on prenait l'équation à la parabole $y = a + bx + cx^2$, qui n'a aussi que trois constantes arbitraires, on aurait de même, pour la détermination

détermination de ces constantes, regardées comme élémens d'un contact du second ordre, les équations $y - a - bx - cx^2 = 0$, $y' - b - 2cx = 0$, $y'' - 2c = 0$, lesquelles donnent $c = \frac{y''}{2}$, $b = y' - xy''$, $a = y - xy' + \frac{x^2 y''}{2}$.

Mais si on prenait l'équation à la parabole cubique $y = a + bx + cx^2 + dx^3$, elle pourrait avoir un contact du troisième ordre, dont les élémens seraient a, b, c, d, et se détermineraient par les équations $y - a - bx - cx^2 - dx^3 = 0$, $y' - b - 2cx - 3dx^2 = 0$; $y'' - 2c - 6dx = 0$, $y''' - 6d = 0$; on aurait ainsi $d = \frac{y'''}{6}$; $c = \frac{y''}{2} - \frac{xy'''}{2}$, $b = y' - xy'' + \frac{xy'''}{2}$, $a = y - xy' + \frac{x^2 y''}{2} - \frac{x^3 y'''}{6}$.

Et ainsi de suite.

119. Enfin si on demande la courbe la plus simple qui aura avec une courbe proposée un contact d'un ordre quelconque m, prenant x et y pour l'abscisse et l'ordonnée de la proposée, p et q pour celles de la courbe cherchée, et regardant y comme fonction de x, q comme fonction de p, on fera

$$q = y + (p - x)y' + \frac{(p-x)^2}{2} y'' + \frac{(p-x)^3}{2 \cdot 3} y''' + \&c.$$

en prenant dans le second membre autant de termes qu'il y a d'unités dans $m + 1$.

Car en prenant les fonctions dérivées relativement à p, et faisant ensuite $p = x$, on aura $q = y$, $q' = y'$, $q'' = y''$, &c., jusqu'à $q^m = y^m$; donc ces deux courbes auront dans le point commun qui répond à $p = x$, les conditions nécessaires pour un contact de l'ordre m^{me} (n.os 112 et 117).

La courbe représentée par l'équation précédente, et qui est, comme l'on voit, du genre parabolique, aura ainsi dans le point commun à la courbe proposée, le cours le plus approchant de celui de cette courbe;

de manière qu'aucune autre courbe du même genre ne pourra passer entre ces deux, si elle n'est pas d'un degré plus haut.

120. La théorie que nous venons de donner sur le contact des courbes, n'est qu'une suite de la théorie générale du développement des fonctions exposée dans la première partie. Mais nous avons vu (*n.° 40 et suiv.*) qu'il y a des cas particuliers où ce développement échappe à la forme générale, et que ces cas sont ceux où une valeur donnée de x rend infinies les fonctions dérivées $f'x$, $f''x$, &c. Alors le développement de $f(x+i)$ contiendra nécessairement, pour cette valeur de x, d'autres puissances de i que les simples puissances i, i^2, &c. : et l'analyse des n.os 110 et 111 se trouvera en défaut. Quoique ces exceptions ne portent aucune atteinte à la théorie générale, il est nécessaire, pour ne rien laisser à désirer, de voir comment elle doit être modifiée dans les cas particuliers dont il s'agit.

Supposons donc qu'en faisant $x=m$, la fonction $f(x+i)$, développée en une série ascendante de i, soit de la forme $fm+Ai^{\lambda}+Bi^{\lambda+\mu}+Ci^{\lambda+\mu+\nu}+$ &c. : μ, ν, &c. étant toujours des nombres positifs.

Je remarque d'abord qu'on peut trouver les coëfficiens A, B, C, &c., ainsi que les exposans λ, μ, ν, &c., par une méthode semblable à celle du n.° 11. On fera d'abord $f(m+i)=fm+i^{\lambda}P$, et on prendra pour i^{λ} la plus haute puissance de i qui divisera $f(m+i)-fm$, après les réductions convenables, de manière que le quotient P ne devienne ni nul ni infini, en faisant $i=0$. Lorsque $m=0$, l'exposant λ pourra être négatif; dans tout autre cas, il sera évidemment toujours positif. On fera ensuite $P=A+i^{\mu}Q$, A étant la valeur de P lorsque $i=0$, et on prendra pour i^{μ} la plus haute puissance positive de i, qui divisera $P-A$, de manière que le quotient Q ne devienne ni nul, ni infini, lorsque $i=0$. On continuera en supposant $Q=B+i^{\nu}R$, B étant la valeur de Q lorsque $i=0$, et i^{ν} la plus haute puissance positive de i^{ν} qui divisera $Q-B$, en sorte que le quotient R ne soit ni nul, ni infini, lorsque $i=0$; et ainsi de suite. On aura, de cette manière, $f(m+i)=fm+i^{\lambda}P=fm+i^{\lambda}A+i^{\lambda+\mu}Q=fm+i^{\lambda}A+i^{\lambda+\mu}B+i^{\lambda+\mu+\nu}R=$ &c.

On a, pour trouver les termes successifs d'une série, des méthodes plus courtes ou d'un calcul plus facile, mais la précédente a l'avantage de ne développer la série qu'autant que l'on veut et de donner la valeur du reste. Nous n'aurons pas besoin, pour notre objet, de connaître ces restes, il nous suffira de savoir qu'ils peuvent toujours s'exprimer par des quantités de la forme que nous venons de trouver.

Cela posé, considérons la courbe représentée par l'équation $y = fx$, x étant l'abscisse et y l'ordonnée; supposons qu'elle ait un point commun avec une autre courbe dont l'ordonnée soit $F x$, et que ce point réponde à l'abscisse m, en sorte que l'on ait $Fm = fm$. Au-delà de ce point les ordonnées des deux courbes seront $f(m+i)$, $F(m+i)$ pour une abscisse quelconque $m+i$; et leur différence, que je désignerai par D, sera $f(m+i) - F(m+i)$.

Développons la fonction $F(m+i)$ comme la fonction $f(m+i)$, et soit $F(m+i) = Fm + i^{\rho} p$, $p = \alpha + i^{\sigma} q$, $q = \beta + i^{\tau} r$, &c., σ, τ, &c. étant des nombres positifs, et α, β, &c. étant les valeurs de p, q, &c. lorsque $i = 0$; on aura d'abord, à cause de $Fm = fm$, $D = i^{\lambda} A - i^{\rho} \alpha + i^{\lambda+\mu} Q - i^{\rho+\sigma} q$.

Les deux premiers termes du développement de $f(m+i)$ étant $fm + i^{\lambda} A$, et ceux du développement de $F(m+i)$ étant $Fm + i^{\rho} \alpha$, supposons qu'ils deviennent égaux, en sorte qu'on ait aussi $\rho = \lambda$ et $\alpha = A$; la première de ces deux conditions dépendra de la nature des fonctions désignées par f et F, mais la seconde pourra toujours être remplie comme la condition de $Fm = fm$ par le moyen des constantes arbitraires a, b, c, &c., qui entreront dans la fonction Fx. On aura donc, dans ce cas, $D = i^{\lambda+\mu} Q - i^{\rho+\sigma} q$; et il sera impossible qu'aucune autre courbe passe entre les deux courbes dont il s'agit, dans le même point qui répond à l'abscisse m, à moins que les deux premiers termes du développement de $\varphi(m+i)$, φx étant l'ordonnée de cette autre courbe, ne soient aussi les mêmes que ceux du développement de $f(m+i)$.

Car s'ils sont différens, ils ne pourront pas se détruire dans l'expression de la différence Δ des deux ordonnées $f(m+i)$ et $\varphi(m+i)$, et l'on aura en général $\Delta = i^{\lambda} A - i^{\rho} \alpha + i^{\lambda+\mu} Q - i^{\rho+\pi} u$, à cause de φm

$= fm$ par la condition supposée de la coïncidence des courbes dans le point qui répond à $x = m$. Cette expression de Δ étant comparée à celle de $D = i^{\lambda+\mu} Q - i^{\rho+\varpi} q$, il est facile de voir qu'à cause que les exposans μ, ρ, ϖ sont nécessairement positifs par la nature du développement, il sera toujours possible de prendre i assez petit pour que la valeur de Δ surpasse celle de D, abstraction faite des signes, tant qu'on n'aura pas $\rho = \lambda$ et $\alpha = A$, comme dans les deux premières courbes. Donc, dans tout autre cas, la troisième courbe passera nécessairement en dehors des deux autres.

En poussant plus loin le développement des fonctions $f(m+i)$ et $F(m+i)$, on prouvera, de la même manière, que si les trois premiers termes du développement de ces fonctions sont les mêmes, aucune autre courbe ne pourra passer entr'elles, à moins qu'elle n'ait aussi les mêmes termes communs avec celles-là ; et ainsi de suite.

On pourra donc appeler aussi, comme dans le n.° 117, *contact du premier ordre, du second*, &c., le rapprochement de deux courbes pour lesquelles les deux premiers termes, ou les trois premiers, ou, &c. seront les mêmes dans les développemens des fonctions qui représentent les ordonnées.

Ainsi la courbe dont l'équation est $y = fx$ étant donnée, la courbe la plus simple qui aura avec elle un contact du premier ordre au point où $x = m$ sera représentée par l'équation $y = fm + A(x-m)^{\lambda}$; et celle qui aura un contact du second ordre le sera par $y = fm + A(x-m)^{\lambda} + B(x-m)^{\lambda+\mu}$; et ainsi de suite. Car en substituant $m+i$ pour x, on aura simplement les deux premiers termes $fm + Ai^{\lambda}$, ou les trois premiers $fm + Ai^{\lambda} + Bi^{\lambda+\mu}$, ou, &c. du développement de $f(m+i)$. Ces courbes auront donc aussi dans le même point le cours le plus approchant de celui de la courbe proposée, et pourront par conséquent servir à en faire connaître les propriétés comme les points singuliers, les points de rebroussement, &c. ; sur quoi voyez l'*Analyse des lignes courbes de* Cramer.

121. Supposons maintenant que, dans l'équation $y = fx$ de la courbe

proposée, on substitue $\frac{1}{i}$ à la place de x, et qu'on développe la fonction fx en une série ascendante de la forme $Ai^{\lambda} + Bi^{\lambda+\mu} + Ci^{\lambda+\mu+\nu} +$ &c. Si on fait la même chose pour l'équation $y = Fx$ d'une autre courbe, et que les premiers termes du développement de $F\frac{1}{i}$ soient les mêmes que ceux du développement de $f\frac{1}{i}$, on pourra prouver, par un raisonnement semblable à celui qui a été fait ci-dessus, qu'on pourra toujours prendre i assez petit pour qu'aucune autre courbe, représentée par l'équation $y = \varphi x$, et dont la fonction $\varphi\frac{1}{i}$ développée de même en série ascendante n'aurait pas autant de termes identiques avec ceux de ces courbes, ne puisse passer entre ces mêmes courbes dans les points qui répondront à l'abscisse $x = \frac{1}{i}$, et à toutes les abscisses plus grandes à l'infini, puisque dès que la condition qui peut empêcher que cette courbe ne passe entre les deux autres, aura lieu pour une certaine valeur de i, elle aura lieu, à plus forte raison, pour toutes les valeurs de i plus petites.

D'où l'on peut conclure que la courbe dont l'équation sera simplement $y = Ax^{-\lambda}$, ou $y = Ax^{-\lambda} + Bx^{-\lambda-\mu}$, ou, &c. ira en s'approchant continuellement de la courbe proposée, à mesure que les abscisces x deviendront plus grandes, mais sans pouvoir jamais l'atteindre, de manière qu'elle parviendra à un terme passé lequel aucune autre courbe du même genre parabolique ou hyperbolique, qui ne sera pas d'un degré plus haut, ne pourra passer entre les deux courbes. Cette seconde courbe sera donc une asymptote de la première; et cette idée de l'asymptote me paraît la plus simple et la plus générale qu'on en puisse donner, en même temps qu'elle est aussi la plus propre à caractériser la nature du rapprochement qui constitue le vrai asymptotisme.

122. Les problèmes qu'on peut proposer sur les tangentes, les rayons de courbure &c., et en général sur les contacts des courbes, sont de deux sortes, directs ou inverses. Les problèmes directs se réduisent toujours à trouver quelques-uns des élémens du contact d'un certain ordre *(n.° 117)*,

et comme ils ne dépendent que de l'analyse directe des fonctions, ils sont toujours résolubles analytiquement. Dans les problèmes inverses, on suppose qu'il y a une relation donnée entre quelques-uns de ces élémens et les coordonnées x, y, avec les fonctions dérivées y', y'', &c.; et cette relation, en y substituant les expressions générales des élémens en x, y, y', y'', &c., devient une équation dérivée d'un certain ordre, dont il faut trouver l'équation primitive pour avoir celle de la courbe cherchée en x et y. Ces problèmes conduisent donc immédiatement à des équations dérivées, et leur solution dépendant essentiellement de l'analyse inverse des fonctions, se trouve sujette à toutes les difficultés de cette analyse.

Il y a cependant des cas où l'on peut les résoudre directement par des considérations particulières, qui méritent d'autant plus d'attention, qu'elles tiennent à des finesses d'analyse qu'il est intéressant de connaître.

Ces cas sont ceux où la relation donnée n'est qu'entre les élémens mêmes du contact, sans que les coordonnées x, y, y entrent.

Pour donner d'abord par un exemple une idée de ces sortes de problèmes, supposons qu'on demande la courbe dont chaque tangente coupera deux ordonnées (prolongées s'il est nécessaire) répondant aux abscisses $x = m$ et $x = n$, de manière que le produit des parties de ces ordonnées comprises entre la même tangente et l'axe des abscisses, soit toujours constant et égal à K.

Puisque l'équation à la tangente est $q = a + bp$ (n.° 113), en faisant successivement $p = m$ et $p = n$, on aura les deux valeurs de q, dont le produit devra être égal à K; on aura donc entre les élémens du contact a et b l'équation

$$(a + mb)(a + nb) = K.$$

La marche naturelle et directe serait donc de substituer à la place de a et b leurs valeurs $y - xy'$ et y', (n.° cité); on aurait alors cette équation du premier ordre

$$[y + (m - x)y'][y + (n - x)y'] = K,$$

dont il ne serait pas aisé de trouver l'équation primitive par les méthodes ordinaires.

Mais si on prend les fonctions primes de cette équation, il vient celle-ci

$$[y + (n - x)y'](m - x)y'' + [y + (m - x)y'](n - x)y'' = 0,$$

dont tous les termes se trouvent multipliés par y''; de sorte qu'elle peut se décomposer dans ces deux

$$y'' = 0 \text{ et } [y + (n - x)y'](m - x) + [y + (m - x)y'](n - x) = 0.$$

La première, qui est du second ordre, donne sur-le-champ celle-ci du premier $y' = A$, où A est une constante arbitraire; ainsi par les principes établis dans le n.° 59 et suivans, on aura l'équation primitive complète de la proposée, en y substituant simplement cette valeur de y'.

Cette équation sera donc de la forme $(y - Ax + mA)(y - Ax + nA) = K$; savoir, en développant les termes $(y - Ax)^2 + (y - Ax)(m + n)A + mnA^2 - K = 0$. D'où, en extrayant la racine, on tire $y = Ax - B$; en prenant pour B, la racine de l'équation $B^2 + (m + n)AB + mnA^2 - K = 0$. D'où l'on voit que l'on n'a de cette manière qu'une équation à la ligne droite.

En effet, l'équation $y'' = 0$ ayant donné $y' = A$, celle-ci donnera l'équation primitive $y = Ax + B$, A et B étant deux constantes arbitraires; mais par la théorie des n.^{os} cités ci-dessus, ces deux constantes ne peuvent pas être arbitraires à la fois; car il faut que l'équation trouvée coïncide avec la proposée, pour une valeur de x; or faisant $x = 0$ on a $y = B$, $y' = A$; donc on aura entre A et B cette équation de condition $(B + mA)(B + nA) = K$, qui est la même que celle que nous avons trouvée ci-dessus, pour la détermination de B en A.

Venons maintenant à l'autre équation qui n'est que du premier ordre. Celle-ci servira également à trouver une équation primitive de la proposée par l'élimination de y'. En effet, elle donne $y' = \frac{(2x - m - n)y}{2(m - x)(n - x)}$, valeur qui étant substituée dans la proposée, la réduira à celle-ci,

$$y^2 + \frac{4K(m - x)(n - x)}{(m - n)^2} = 0.$$

Équation pour l'ellipse ou pour l'hyperbole, suivant que K sera une quantité positive ou négative. Le grand axe sera $m - n$, le petit axe $\sqrt{K}$, et les deux sommets seront aux points où $x = m$ et où $x = n$.

La propriété des tangentes qui nous a conduits à cette équation, est démontrée dans la proposition XLIIème du troisième livre des coniques d'*Apollonius ;* mais l'analyse précédente a l'avantage de faire voir que cette propriété appartient uniquement aux sections coniques.

123. Si on examine maintenant les deux solutions qu'on vient de trouver ; il est facile de voir que la première ne donne que la ligne droite même qu'on a supposée tangente, en regardant les deux élémens a et b comme constans ; car l'équation $y = Ax + B$ ne différe point de l'équation $q = a + bp$ de cette tangente, l'équation entre les deux constantes A et B étant évidemment la même que celle que l'on a supposée entre les quantités b et a.

En effet, il est visible que toute droite peut résoudre le problème, pourvu qu'il y ait entre ses deux constantes, la relation donnée par les conditions du problème ; et comme il reste une constante arbitraire, il s'ensuit que l'équation de cette droite doit être l'équation primitive complète de l'équation du premier ordre donnée par le problème. Donc, analytiquement parlant, le problème est résolu complètement par l'équation même $y = a + bx$, a et b étant deux constantes, dont l'une est arbitraire, et l'autre en dépend par l'équation $(a + mb)(a + nb) = K$.

A l'égard de la seconde solution, comme elle ne contient point de constante arbitraire, elle est à la rigueur moins générale que la première, et ne peut être qu'un cas particulier de celle-ci, ou bien une solution singulière, provenant de la considération que nous avons développée dans le n.° 72.

Il est d'abord facile de se convaincre que cette dernière solution ne peut être un cas particulier de la première ; car il faudrait pour cela que l'équation $y = ax + b$ de la première pût satisfaire à l'équation $y^2 + \frac{4K(m-x)(n-x)}{(m-n)^2} = 0$ de la seconde, en déterminant convenablement sa constante arbitraire, et par conséquent qu'en éliminant y de ces deux équations, la résultante ne contînt plus que des constantes, ce qui n'est pas.

Elle

Elle ne peut donc être qu'une solution singulière; et en effet, nous avons vu (n.° 71) que le caractère de l'équation primitive singulière de toute équation du premier ordre de la forme $y' = F(x, y)$, est de rendre infinie la fonction $F'(y)$, c'est-à-dire, la fonction prime de $F(x, y)$ prise relativement à y seul. Or l'équation de notre problème $[y + (m - x) y'] [y + (n - x) y'] = K$, étant mise sous la forme précédente, donne

$$F(x,y) = \frac{2x - m - n + \sqrt{[4K(m-x)(n-x) + (m-n)^2 y^2]}}{2(m-x)(n-x)},$$

d'où l'on tire

$$F'(y) = \frac{(m-n)^2 y}{2(m-x)(n-x)\sqrt{[4K(m-x)(n-x) + (m-n)^2 y^2]}},$$

où l'on voit que $F'(y)$ devient infini par l'équation $4K(m-x)(n-x) + (m-n)^2 y^2 = 0$, qui est celle de la seconde solution.

124. En examinant la manière dont nous sommes parvenus à cette solution, on verra qu'elle dépend de cette circonstance, que les fonctions primes de a et b regardés comme fonctions de x, y, y', sont entr'elles dans un rapport qui ne contient pas la fonction seconde y''; en effet, ayant $b = y'$ et $a = y - xy'$, on a $b' = y''$ et $a' = -xy''$, ce qui donne $\frac{a'}{b'} = -x$; de sorte que prenant la fonction prime de l'équation $(a + mb)(a + nb) = K$, et divisant par b', on a une équation qui est également du premier ordre; et le résultat de l'élimination de y' entre ces deux équations, donne l'équation aux sections coniques trouvée plus haut. Or, je considère que les quantités a et b sont données par les équations $y = a + bx$ et $y' = b$ (n.° 118.). Ainsi l'équation dont il s'agit est le resultat de l'élimination de a, b et y' entre les équations $y = a + bx$, $y' = b$, $(a + mb)(a + nb) = K$, et l'équation prime de cette dernière divisée par a'. On obtiendra donc aussi le même résultat en éliminant d'abord une des deux quantités a ou b entre les deux équations $y = a + bx$ et $(a + mb)(a + nb) = K$, et ensuite éliminant l'autre par le moyen de l'équation résultante et de son équation

prime prise en faisant varier cette dernière quantité. Ainsi éliminant d'abord a on a l'équation

$$[y + (m - x)\,b]'\,[y + (n - x)\,b] = K.$$

Prenant l'équation prime relativement à b, et divisant par b', on a
$[y + (m - x)\,b]'\,(n - x) + [y + (n - x)\,b]'\,(m - x) = 0$,
d'où l'on tire $b = \frac{2x - m - n}{2(m - x)(n - x)}$, valeur qui, substituée dans l'autre équation, donnera comme ci-dessus l'équation $(m - n)^2 y^2 + 4K(m - x)(n - x) = 0$, qui renferme la seconde solution.

On peut encore considérer que l'équation $(a + mb)(a + nb) = K$ qui contient la relation entre a et b, dans laquelle consiste la condition du problème, donne, par la résolution, $a = fb$, valeur qui étant substituée dans l'équation $y = a + bx$, la réduit à celle-ci $y = fb + bx$, qui ne contient plus que la constante arbitraire b, qu'on éliminera par l'équation prime prise relativement à b, savoir, $f'b + x = 0$, ce qui donnera encore le même résultat. Or, par ce qu'on a vu ci-dessus, l'équation $y = fb + bx$ est l'équation primitive complète de l'équation du premier ordre donnée par le problème; donc l'équation résultant de l'élimination de b entre celle-ci et l'équation $f'b + x = 0$, sera précisément l'équation primitive singulière, d'après la théorie du n.° 72.

D'un autre côté, comme l'équation $y = fb + bx$ est l'équation générale des tangentes de la courbe cherchée (*n.° 122*), on en peut conclure que pour avoir l'équation de cette courbe, il n'y a qu'à regarder la constante arbitraire b qui différencie les tangentes, comme variable, et la déterminer par la condition que l'équation prime relative à cette seule variable ait lieu en même temps. Et de-là on voit aussi que l'équation primitive singulière que nous avons trouvée pour l'équation du premier ordre donnée par le problème, n'est autre chose que l'équation de la courbe formée par l'intersection continuelle des droites représentées par l'équation primitive complète de la même équation du premier ordre.

125. Après avoir ainsi éclairci la matière par un exemple, nous allons la traiter d'une manière générale. Soit, comme dans le n.° 117,

$F(x, y, a, b) = 0$ l'équation de la courbe du contact, que nous avons supposée ci-dessus une ligne droite, et soit $\varphi(a, b) = 0$ l'équation qui détermine la relation entre les deux élémens a et b, donnée par la nature du problème proposé; suivant la théorie donnée dans ce même numéro, il faudra déterminer a et b par les deux équations

$$F(x, y, a, b) = 0 \text{ et } F(x, y, a, b)' = 0.$$

Or, nous avons vu (n.° 59) que si on élimine a et b des trois équations $F(x, y, a, b) = 0$, $F(x, y, a, b)' = 0$ et $F(x, y, a, b)'' = 0$, on a une équation du second ordre entre x, y, y' et y'', que nous désignerons par $V = 0$, et dont $F(x, y, a, b) = 0$ sera l'équation primitive complète, a et b étant les constantes arbitraires; nous y avons vu aussi que si on élimine a ou b des deux premières, les deux résultantes seront des équations primitives du premier ordre de la même équation $V = 0$, et dont celle-ci sera le résultat, en prenant de nouveau les fonctions primes et éliminant la constante qui y était restée (n.° 60). Donc, si de ces deux premières équations on tire les valeurs de a et b, que nous désignerons par P et Q, en sorte que l'on ait $a = P$, $b = Q$, P et Q étant des fonctions de x, y et y'; qu'ensuite on prenne les fonctions primes de ces équations, en y regardant toujours a et b comme constantes, on aura les équations du second ordre $P' = 0$, $Q' = 0$, qui devront coïncider avec l'équation $V = 0$; de sorte qu'on aura nécessairement $P' = MV$, $Q' = NV$, M et N étant des fonctions de x, y et y' sans y''; car si, par exemple, M contenait encore y'', alors l'équation $P' = 0$ donnerait, outre $V = 0$, cette autre équation du second ordre $M = 0$, qui ne serait pas comprise dans la même équation $V = 0$; ce qui ne se peut.

Substituant donc ces valeurs de a et b dans l'équation du problème $\varphi(a, b) = 0$, on aura $\varphi(P, Q) = 0$; prenant ensuite l'équation prime, on aura $P'\varphi'(P) + Q'\varphi'(Q) = 0$, en dénotant par $\varphi'(P)$ et $\varphi'(Q)$ les fonctions primes de $\varphi(P, Q)$ prises relativement à P et Q isolés; donc mettant pour P' et Q' les expressions ci-dessus, cette dernière équation deviendra $V'[M\varphi'(P) + N\varphi'(Q)] = 0$, laquelle se décompose naturellement en ces deux-ci, $V = 0$ et $M\varphi'(P) + N\varphi'(Q) = 0$.

La première $V = 0$, sera du second ordre et aura pour équation primitive complète, $F(x, y, a, b) = 0$, c'est-à-dire, l'équation même de la courbe du contact, dans laquelle une seule des deux constantes a et b, sera arbitraire, l'autre étant déterminée par l'équation même du problème $\varphi(a, b) = 0$.

L'autre équation $M\varphi'(P) + N\varphi'(Q) = 0$ ne sera que du premier ordre et sans constante arbitraire ; mais étant combinée avec l'équation $\varphi(P, Q) = 0$, elle donnera, par l'élimination de y', une équation entre x et y, qui sera l'équation primitive singulière de cette dernière $\varphi(P, Q) = 0$.

Cette équation sera donc le résultat de l'élimination des quantités a, b et y' entre les quatre équations $F(x, y, a, b) = 0$, $F(x, y, a, b)' = 0$, $\varphi(a, b)$ et $M\varphi'(a) + N\varphi'(b) = 0$. Or, en regardant a et b comme des fonctions de x et y, les équations $a = P$, $b = Q$ résultant des deux premières, donnent ces deux équations primes $a' = P' = MV$ et $b' = Q' = NV'$, donc $\frac{N}{M} = \frac{b'}{a'}$; de sorte que la dernière équation se réduira à celle-ci $\varphi'(a) + \frac{b'\varphi'(b)}{a'} = 0$, qui n'est autre chose que l'équation prime de $\varphi(a, b) = 0$, divisée par a'. D'un autre côté, dans la supposition de a et b variables, il est évident que la fonction prime de $F(x, y, a, b)$ n'est pas simplement $F(x, y, a, b)'$, mais qu'il y faut ajouter les termes dus à la variation de a et b, qui sont $a'F'(a) + b'F'(b)$, en désignant par $F'(a)$ et $F'(b)$ les fonctions primes de $F(x, y, a, b)$ prises relativement à a et à b regardés comme seules variables. Donc prenant les fonctions primes de l'équation $F(x, y, a, b) = 0$, on aura

$$F(x, y, a, b)' + a'F'(a) + b'F'(b) = 0 ;$$

mais on a déja l'équation $F(x, y, a, b)' = 0$; on aura donc nécessairement dans la supposition de a et b variables, l'équation $a'F'(a) + b'F'(b) = 0$, d'où l'on tire $\frac{b'}{a'} = -\frac{F'(a)}{F'(b)}$, c'est la valeur de $\frac{N}{M}$, qu'on peut trouver directement de cette manière, et qu'on voit clairement ne pouvoir être qu'une fonction du premier ordre, puisqu'elle ne contient que les quantités x, y et a, b.

Donc l'équation dont il s'agit sera, en dernière analyse, le résultat de l'élimination de a, b, et $\frac{b'}{a'}$ entre les quatre équations $F(x, y, a, b) = 0$, $\varphi(a, b)$, $F'(a) + \frac{b'}{a'} F'(b) = 0$, $\varphi'(a) + \frac{b'}{a'} \varphi'(b) = 0$ dont les deux dernières sont les fonctions primes des deux premières prises relativement à a et b, et divisées par a'; l'équation $F(x, y, a, b) = 0$ n'est plus nécessaire ici, et se trouve remplacée par l'équation $F'(a) + \frac{b'}{a'} F'(b) = 0$, qui en est une suite. Donc, si on réduit d'abord les deux premières en une seule par l'élimination de b, il ne s'agira plus que de prendre l'équation prime de celle-ci relativement à a seul, et d'éliminer ensuite a par le moyen de ces deux, le résultat sera nécessairement le même qu'auparavant.

Si donc on tire de l'équation $\varphi(a, b) = 0$, donnée par les conditions du problème entre les élémens du contact a, b, la valeur de b en a, et qu'on suppose $b = \psi a$ (ψ étant aussi la caractéristique d'une fonction), qu'on substitue cette valeur dans l'équation $F(x, y, a, b) = 0$ de la courbe du contact, qu'ensuite on prenne la fonction prime de $F(x, y, a, \psi a)$ relativement à a seul, fonction que nous désignerons par $a'F'(a, \psi a)$; a' étant la fonction prime de a regardé comme fonction de x, on aura ces deux équations $F(x, y, a, \psi a) = 0$, et $F'(a, \psi a) = 0$, d'où il faudra éliminer a; et il est visible que le résultat ne sera autre chose que l'équation primitive singulière de l'équation du premier ordre, dont $F(x, y, a, \psi a) = 0$ sera l'intégrale complète (n.° 72).

La courbe représentée par cette équation singulière sera proprement celle qui résout le problème, et qui aura la propriété d'être touchée dans chaque point par une des courbes représentées par l'équation $F(x, y, a, \psi a) = 0$, a étant constant pour la même courbe, mais variable d'une courbe à l'autre.

126. La manière dont nous sommes parvenus à cette dernière solution est la plus directe, analytiquement parlant; mais on y peut parvenir plus

simplement par la considération suivante. Puisque le problème consiste à trouver la courbe qui aura, dans chaque point, un contact du premier ordre avec la courbe représentée par l'équation $F(x, y, a, \psi a) = 0$, a étant un paramètre indéterminé, il s'ensuit (n.° 117) que l'équation de la courbe cherchée doit donner pour y et pour y' des fonctions de x de la même forme que celles qui résultent des équations $F(x, y, a, \psi a) = 0$, et $F(x, y, a, \psi a)' = 0$, en désignant par $F(x, y, a, \psi a)'$ la foncion prime de $F(x, y, a, \psi a)$ relative à x et y. Or a étant une quantité indéterminée, on peut la supposer telle que la courbe cherchée soit représentée par la même équation $F(x, y, a, \psi a) = 0$, pourvu que l'équation prime de celle-ci soit aussi de la même forme $F(x, y, a, \psi a)' = 0$. Mais si a est une quantité variable, la fonction prime complète de $F(x, y, a, \psi a)$ sera, comme nous l'avons vu ci-dessus, $F'(x, y, a, \psi a) + a' F'(a, \psi a)$. Donc la condition dont il s'agit sera remplie si on détermine a par l'équation $F'(a, \psi a) = 0$; ce qui donnera la dernière solution que nous venons de trouver.

Toute équation entre x, y et un paramètre indéterminé a, que nous dénoterons, pour plus de simplicité, par $f(x, y, a) = 0$, représente, en donnant successivement à a toutes les valeurs possibles, une famille d'une infinité de courbes qui varient de forme ou de position, ou de l'une et de l'autre à la fois, à raison des variations du paramètre; et si on élimine ce paramètre par le moyen des fonctions primes (n.° 59), l'équation résultante du premier ordre appartiendra à toute cette famille de courbes. Elle appartiendra donc aussi à la courbe formée par toutes ces courbes, et qui les enveloppera, ayant avec chacune d'elles un contact du premier ordre. La même équation $f(x, y, a) = 0$, ainsi que son équation prime $f(x, y, a)' = 0$ prise relativement à x et y seuls, devront donc avoir lieu aussi pour chaque point de cette courbe enveloppante, en regardant le paramètre a comme une quantité variable. Or, dans cette hypothèse, la fonction prime complète de $f(x, y, a)$ est $f(x, y, a)' + a' f'(a)$, en dénotant par $f'(a)$ la fonction prime prise relativement à a seul, et par a' la fonction prime de a, regardée comme une fonction quelconque de x; donc il faudra que la valeur de a soit telle que l'on ait $f'(a) = 0$, ce qui donnera l'équation primitive singulière de l'équation du premier ordre qui répond à l'équation $f(x, y, a) = 0$, dans laquelle a est regardée comme une constante arbitraire (*n.*° 72).

D'où l'on peut conclure, en général, que l'équation primitive singulière d'une équation du premier ordre représente toujours la courbe enveloppante de toutes les courbes qui peuvent être représentées par son équation primitive complète, en donnant à la constante arbitraire toutes les valeurs possibles.

127. Considérons encore les contacts du second ordre, et prenant $F(x, y, a, b, c) = 0$ pour l'équation de la courbe du contact, supposons qu'il y ait entre les trois élémens a, b, c la relation donnée par l'équation $\varphi(a, b, c) = 0$. Comme les valeurs de ces élémens doivent se tirer des trois équations $F(x, y, a, b, c) = 0$, $F(x, y, a, b, c)' = 0$, $F(x, y, a, b, c)'' = 0$ (*n.*° 117), si on désigne ces valeurs par P, Q, R, l'équation du problème sera $\varphi(P, Q, R) = 0$, qu'on voit être du second ordre. Les trois équations $a = P$, $b = Q$, $c = R$ donneront, en prenant les fonctions primes dans la supposition de a, b, c constantes, la même équation $V = 0$, du troisième ordre qui sera le résultat de l'élimination de a, b, c, au moyen des trois équations précédentes combinées avec l'équation tierce $F(x, y, a, b, c)''' = 0$ (*n.*° 59); par conséquent on aura nécessairement $P' = MV$, $Q' = NV$, $R' = LV$, M, N, L étant des fonctions de x, y, y' et y'' sans y'''; de sorte qu'en prenant les fonctions primes de l'équation $\varphi(P, Q, R) = 0$, on aura $P'\varphi'(P) + Q'\varphi'(Q) + R'\varphi'(R) = 0$; savoir :

$$V[M\varphi'(P) + N\varphi'(Q) + L\varphi'(R)] = 0,$$

équation qui se partage naturellement dans ces deux-ci, $V = 0$ et

$$M\varphi'(P) + N\varphi'(Q) + L\varphi'(R) = 0,$$

dont la première est du troisième ordre, et la seconde n'est que du deuxième.

L'équation $V = 0$ a, comme nous l'avons déjà vu, pour équation primitive complète, l'équation même $F(x, y, a, b, c) = 0$ de la courbe du contact, dans laquelle a, b, c sont les trois constantes arbitraires;

mais comme l'équation du problème $\varphi(P, Q, R) = 0$ n'est que du second ordre, il doit y avoir une relation entre ces trois constantes, qui les réduise à deux arbitraires ; et cette relation est donnée par l'équation $\varphi(a, b, c) = 0$ qui résulte de la précédente, en substituant les valeurs de P, Q, R, tirées des équations $a = P, b = Q, c = R$.

L'autre équation étant du second ordre, on pourra par son moyen éliminer la fonction y'' de l'équation $\varphi(P, Q, R) = 0$, et la résultante sera une équation primitive de celle-ci du premier ordre, mais qui ne contiendra point de constante arbitraire. Cette équation sera donc le résultat de l'élimination des quantités a, b, c et y'' au moyen des équations $F(x, y, a, b, c) = 0$, $F(x, y, a, b, c)' = 0$, $F(x, y, a, b, c)'' = 0$, $\varphi(a, b, c) = 0$, et $M\varphi'(a) + N\varphi'(b) + L\varphi'(c) = 0$. Or, en regardant a, b, c comme des fonctions de x, y, la fonction prime de $F(x, y, a, b, c)$ sera $F(x, y, a, b, c)' + a' F'(a) + b' F'(b) + c' F'(c)$, en dénotant simplement par $F'(a)$, $F'(b)$, $F'(c)$ les fonctions primes de $F(x, y, a, b, c)$ prises relativement à a, b, c, regardées comme seules variables ; donc les deux équations $F(x, y, a, b, c) = 0$ et $F(x, y, a, b, c)' = 0$ emporteront celle-ci $a' F'(a) + b' F'(b) + c' F'(c) = 0$. De plus, la fonction prime de $F(x, y, a, b, c)'$ sera, par la même raison, $F(x, y, a, b, c)'' + a' F'(a)' + b' F'(b)' + c' F'(c)'$, en dénotant de même par $F'(a)'$, $F'(b)'$, $F'(c)'$ les fonctions primes de $F(x, y, a, b, c)'$, prises relativement à a, b, c, regardées comme seules variables ; et comme dans la formation de ces fonctions dérivées on regarde les quantités a, b, c comme indépendantes de x et y, il est aisé de prouver, par les principes établis dans la première partie (*n.*° 86), que les fonctions $F'(a)'$, $F'(b)'$, $F'(c)'$ seront la même chose que les fonctions primes des fonctions $F'(a)$, $F'(b)$, $F'(c)$, prises relativement à x et y. Donc les deux équations $F(x, y, a, b, c)' = 0$ et $F(x, y, a, b, c)'' = 0$ emporteront encore nécessairement cette autre-ci $a' F'(a)' + b' F'(b)' + c' F'(c)' = 0$.

Si donc on combine les deux équations $F'(a) + \frac{b'}{a'} F'(b) + \frac{c'}{a'} F'(c) = 0$, $F'(a)' + \frac{b'}{a'} F'(b)' + \frac{c'}{a'} F'(c)' = 0$

avec

avec l'équation $\phi'(a) + \frac{b'}{a'}\phi'(b) + \frac{c'}{a'}\phi'(c) = 0$, qui résulte de $\phi(a, b, c) = 0$, en prenant les fonctions primes, on aura, par l'élimination des quantités $\frac{b'}{a'}$ et $\frac{c'}{a'}$, une équation en a, b, c et x, y, y' sans y'', laquelle sera équivalente à celle qu'on aurait déduite des deux équations $F(x, y, a, b, c)'' = 0$ et $M\phi'(a) + N\phi'(b) + L\phi'(c) = 0$, par l'élimination de y''. Ainsi il n'y aura plus qu'à éliminer a, b, c, au moyen des équations $F(x, y, a, b, c) = 0$, $F(x, y, a, b, c)' = 0$ et $\phi(a, b, c) = 0$, et le résultat final sera la même équation primitive du premier ordre de l'équation $\phi(P, Q, R) = 0$, laquelle ne contenant point, par sa nature, de constantes arbitraires, ne pourra être qu'une équation primitive singulière.

En effet, si pour simplifier la solution on commence par tirer la valeur de c de l'équation $\phi(a, b, c) = 0$, et qu'on la représente par $\psi(a, b)$, alors la solution se réduira à éliminer a, b et $\frac{b'}{a'}$ entre les deux équations

$F[x, y, a, b, \psi(a, b)] = 0$, $F[x, y, a, b, \psi(a, b)]' = 0$,

et les deux équations primes de celles-ci prises relativement à a et b seuls et divisées par a', procédé analogue à celui du numéro 124.

128. En général, si l'on a une équation en x, y et deux constantes arbitraires a et b, que nous représenterons par $f(x, y, a, b) = 0$; en éliminant ces deux constantes par le moyen des deux équations dérivées $f(x, y, a, b)' = 0$ et $f(x, y, a, b)'' = 0$, on aura une équation du second ordre $V = 0$, qui appartiendra à toutes les courbes représentées par l'équation $f(x, y, a, b) = 0$, en donnant à a et b des valeurs quelconques, et dont par conséquent celle-ci sera l'équation primitive complète.

Donc elle appartiendra aussi à la courbe, ou aux courbes formées par toutes ces courbes, et qui les envelopperont de manière qu'elles aient avec chacune d'elles un contact du second ordre, c'est-à-dire, dans lequel les y, y' et y'' soient les mêmes. Mais les quantités a et b étant constantes dans chaque courbe enveloppée, et variables pour les courbes enveloppantes, pour que les y, y' et y'' soient les mêmes dans les deux hypothèses, il faudra que les équations d'où elles dépendent soient aussi les mêmes. Or, dans la supposition de a et b variables, l'équation $f(x, y, a, b) = 0$ donne l'équation prime $f(x, y, a, b)' + a'f'(a) + b'f'(b) = 0$; donc, pour que cette équation se réduise à $f(x, y, a, b)' = 0$, comme dans le cas de a et b constantes, il faudra que l'on ait $a'f'(a) + b'f'(b) = 0$. De la même manière l'équation $f(x, y, a, b)' = 0$ donne, dans le cas de a et b variables, cette équation dérivée

$$f(x, y, a, b)'' + a'f'(a)' + b'f'(b)' = 0;$$

laquelle ne peut se réduire à $f(x, y, a, b)'' = 0$, comme dans le cas de a et b constantes, qu'en supposant $a'f'(a)' + b'f'(b)' = 0$. Ayant ainsi les quatre équations $f(x, y, a, b) = 0$, $f(x, y, a, b)' = 0$, $f'(a) + \frac{b'}{a'}f'(b) = 0$ et $f'(a)' + \frac{b'}{a'}f'(b)' = 0$, il n'y aura qu'à éliminer a, b et $\frac{b'}{a'}$ et l'on aura une équation du premier ordre entre x, y et y', qui sera celle des courbes enveloppantes, et qui sera en même temps l'équation primitive singulière de la même équation $V = 0$.

On voit par-là comment la théorie des équations primitives singulières peut s'étendre au second ordre et aux ordres supérieurs. On voit en même temps que ces équations représentent toujours des courbes enveloppantes, et qui ont des contacts d'un ordre donné avec les courbes enveloppées, représentées par les équations primitives complètes, dans lesquelles les constantes arbitraires varient d'une courbe à l'autre. Ceci peut servir de supplément et de complément à la théorie des équations primitives exposée dans la première partie (*n.°* 72).

Au reste, de même que les quatre équations ci-dessus $f(x, y, a, b) = 0$, $f(x, y, a, b)' = 0$, $f'(a) + \frac{b'}{a'}f'(b) = 0$, $f'(a)' + \frac{b'}{a'}f'(b)' = 0$, donnent, par l'élimination de a, b et $\frac{b'}{a'}$, une équation du premier ordre en x, y et y', ces équations donneront également, par l'élimination de ces trois dernières quantités, une équation en a, b et $\frac{b'}{a'}$, qui renfermera les relations que doivent avoir entr'elles les deux variables a et b; d'où l'on voit que ces quantités qui sont indépendantes entr'elles dans chacune des courbes enveloppées, ne le sont plus lorsqu'elles se rapportent à la courbe enveloppante. On trouvera des résultats semblables pour les équations et les courbes des ordres supérieurs.

129. Supposons qu'on demande la courbe qui aura dans chacun de ses points un contact du second ordre avec un cercle représenté par l'équation $(x - a)^2 + (y - b)^2 = c^2$, et dont les élémens du contact a, b, c aient entr'eux la relation déterminée par l'équation $\varphi(a,b,c) = 0$.

La marche naturelle pour résoudre ce problème, serait de substituer dans cette équation les valeurs des élémens a, b, c trouvés plus haut (*n.° 118*), ce qui donnerait une équation du second ordre, d'où il faudrait remonter à l'équation primitive.

Mais, sans chercher cette équation du second ordre, on peut d'abord conclure de ce que nous venons de démontrer, que l'on aura son équation primitive complète, en supposant les quantités a, b, c constantes, ce qui redonnera la même équation au cercle. On en conclura ensuite que la même équation admettra aussi une équation primitive singulière du premier ordre, qu'on obtiendra en faisant varier les quantités a, b, c, de manière que les équations primes et secondes de l'équation au cercle soient les mêmes que si ces quantités étaient regardées comme constantes; et que cette équation primitive représentera alors la courbe ou les courbes formées par la réunion de tous les cercles représentés par la même équation, c'est-à-dire qui envelopperont ou embrasseront tous ces cercles.

Cette équation sera donc, par les principes établis ci-dessus, le résultat de l'élimination des quantités a, b, c et $\frac{b'}{a'}$, $\frac{c'}{a'}$, entre les trois équations $(x - a)^2 + (y - b)^2 = c^2$, $x - a + y'(y - b) = 0$, $\varphi(a, b, c) = 0$, et les équations primes de celles-ci, prises relativement aux seules variables a, b, c; savoir, $x - a + \frac{b'}{a'}(y - b)$

$= \frac{c c'}{a'}$, $1 + \frac{b'}{a'} y' = 0$, $\varphi'(a) + \frac{b'}{a'} \varphi'(b) + \frac{c'}{a'} \varphi(c) = 0$.

Mais, comme cette équation en x et y pourrait se présenter sous une forme assez compliquée, il sera plus simple de chercher à déterminer les valeurs mêmes de x et y par une troisième variable.

Pour cela, on éliminera d'abord y', au moyen des deux équations $x - a + y'(y - b) = 0$ et $1 + \frac{b'}{a'} y' = 0$; on aura celle-ci: $x - a - \frac{a'(y-b)}{b'} = 0$, qui étant combinée avec la première $(x - a)^2 + (y - b)^2 = c^2$, donnera sur-le-champ

$$x = a + \frac{c a'}{\sqrt{(a'^2 + b'^2)}}, \quad y = b + \frac{c b'}{\sqrt{(a'^2 + b'^2)}}.$$

De plus, si on substitue ces mêmes valeurs de x et y dans l'équation $x - a + \frac{b'}{a'}(y - b) = \frac{c c'}{a'}$, on aura celle-ci,

$$c' = \sqrt{(a'^2 + b'^2)};$$

laquelle étant combinée avec l'équation $\varphi(a, b, c) = 0$, donnée par le problème, servira à déterminer deux des trois variables a, b, c par la troisième; moyennant quoi les valeurs de x et y seront aussi exprimées par cette seule variable.

130. Comme les quantités a et b sont les coordonnées de la courbe qui est le lieu de tous les centres des cercles osculateurs *(n.° 116)*, si on suppose cette courbe donnée, on aura une équation entre a et b, par laquelle on pourra déterminer b en a. Soit donc $b = \varphi a$, on aura $b' = a' \varphi' a$, et de là $c' = a' \sqrt{[1 + (\varphi' a)^2]}$; ainsi, en désignant par A la fonction primitive de $a' \sqrt{[1 + (\varphi' a)^2]}$, on aura $c = A + h$, h étant une constante arbitraire; ces valeurs de b et c étant substituées dans les expressions de x, y, on aura la courbe cherchée.

Nous remarquerons maintenant que, quelle que soit la courbe des centres, l'équation $c' = \sqrt{(a'^2 + b'^2)}$ fait voir que le rayon c est égal à l'arc de cette courbe *(Voyez ci-après, n.° 134)*; de sorte que si on nomme s cet arc, on aura $c = s + h$.

Nous remarquerons de plus que le rayon c sera nécessairement tangent à la même courbe; car l'angle que la tangente de cette courbe fait avec l'axe, a pour tangente la quantité $\frac{b'}{a'}$ (*n.° 114*), et comme le rayon du cercle osculateur est perpendiculaire à la courbe dont les coordonnées sont x et y (*n.° 115*), la tangente de l'angle qu'il fait avec l'axe sera $= -\frac{1}{y'}$ (*n.° 114*) $= \frac{b'}{a'}$, en vertu de l'équation $1 + \frac{b'y'}{a'} = 0$; donc, &c.

Mais, quoique cette propriété soit démontrée de cette manière, il est bon de faire voir qu'elle est une conséquence nécessaire de l'analyse employée dans la solution de la question. Pour cela, nous reprendrons les deux premières équations $(x - a)^2 + (y - b)^2 = c^2$ et $x - a + y'(y - b) = 0$, lesquelles donnent $a = x - \frac{cy'}{\sqrt{(1 + y'^2)}}$ et $b = y + \frac{c}{\sqrt{(1 + y'^2)}}$, et nous observerons que ces expressions de a et b peuvent représenter à la fois les coordonnées de la perpendiculaire à la courbe dont x et y sont les coordonnées, en regardant x et y comme constantes, et c comme une variable, ainsi qu'on l'a vu n.° 115, et les coordonnées de la courbe des centres, en regardant x et y comme variables, et c comme donnée en x et y (*n.° 116*).

Donc la perpendiculaire dont il s'agit sera tangente de cette dernière courbe, si la fonction prime de b, regardée comme fonction de a, est la même pour la droite et pour la courbe (*n.° 117*); ou, en général, si les valeurs de a' et de b', regardées comme fonctions d'une troisième variable, sont les mêmes, et par conséquent aussi, si les valeurs de $\frac{a'}{c'}$ et $\frac{b'}{c'}$ sont les mêmes, soit que les quantités x et y soient traitées comme variables ou non, c'est-à-dire, si dans ces valeurs les parties dépendantes des variations de x et y sont nulles; or c'est ce qui a lieu en effet, comme on le voit par les équations $a'(x - a) + b'(y - b) = cc'$ et $a' + b'y' = 0$, qui servent à la détermination de $\frac{a'}{c'}$ et de $\frac{b'}{c'}$, et qui sont les équations primes de $(x-a)^2+(y-b)^2=c^2$ et $x-a+y'(y-b)=0$, en y traitant x et y comme constantes, et a, b comme seules variables.

Donc, puisque le rayon osculateur d'une courbe est par tout tangent à la courbe des centres, et est en même temps égal à l'arc de cette courbe, il s'ensuit qu'il peut être pris pour ce même arc étendu en ligne droite, et qu'ainsi toute courbe peut être regardée comme formée par le développement de celle qui est le lieu des centres des cercles osculateurs. C'est en quoi consiste la théorie des développées d'*Huyghens*, qu'on n'avait démontrée que par des considérations géométriques. L'analyse précédente fournit en même temps l'explication d'un paradoxe qui se présente, lorsqu'on cherche, par les formules connues, la courbe formée par le développement d'une courbe donnée.

Si on substitue dans l'équation de cette courbe les expressions de ses coordonnées a et b en x, y, y' et y'', on a évidemment une équation du second ordre, d'où il paraît s'ensuivre que l'équation en x et y de la courbe cherchée devrait contenir deux constantes arbitraires, tandis que la génération de cette courbe, par le développement de la courbe donnée, n'admet qu'une seule constante arbitraire dépendant du point où commence le développement.

La raison de cette différence consiste, comme nous venons de le démontrer, en ce que l'équation de la courbe produite par le développement, est proprement l'équation primitive complète d'une équation du premier ordre, qui n'est elle-même que l'équation primitive singulière de l'équation du second ordre donnée par les conditions du problème, et qui, par sa nature, ne peut point avoir de constante arbitraire; de sorte qu'il ne peut y avoir qu'une constante arbitraire à raison de la première équation primitive.

131. Il y a un genre de questions qui, quoique indépendantes de la considération des tangentes, peuvent néanmoins s'y rapporter. Ce sont celles qu'on appelle *de maximis* et *minimis*, et qui consistent à trouver pour une fonction donnée d'une variable, la valeur de cette variable qui rend la valeur de la fonction la plus grande ou la plus petite. Comme

les courbes ne sont que la représentation ou le tableau de toutes les valeurs de la fonction de l'abscisse, représentée par l'ordonnée, il est visible que la question de trouver la plus grande ou la plus petite valeur d'une fonction donnée d'une variable, revient à déterminer la plus grande ou la plus petite ordonnée de la courbe dont cette variable serait l'abscisse, et la fonction donnée serait l'ordonnée.

Or l'inspection seule de la courbe suffit pour faire voir que ces ordonnées ne peuvent être que celles qui répondent aux points dont les tangentes seront parallèles à l'axe des abscisses. Si la courbe est convexe à l'axe, l'ordonnée sera alors évidemment un *minimum*; et si la courbe est concave, l'ordonnée est un *maximum*.

Nous avons vu (*n.° 114*) que la tangente de l'angle que la tangente d'une courbe fait avec l'axe, est exprimée en général par y', y étant l'ordonnée qu'on suppose fonction de l'abscisse x; donc, pour que cette tangente devienne parallèle à l'axe, il faut que l'on ait $y' = 0$; or, si l'on fait $y' = 0$ dans les expressions des coordonnées a et b (*n.° 116*), qui déterminent le lieu du centre du cercle osculateur, on a $a = x$, $b = y + \frac{1}{y''}$, d'où l'on voit que si y'' est une quantité positive, ce centre tombera au-delà de la courbe qui sera par conséquent convexe vers l'axe; et que si y'' est une quantité négative, le même centre tombera en-deçà de la courbe, c'est-à-dire, du côté de l'axe, et que par conséquent la courbe sera alors concave vers l'axe. Donc la fonction y sera un *maximum*, ou un *minimum*, lorsque sa fonction prime y' sera nulle; et, en particulier, elle sera un *minimum*, lorsque la fonction seconde y'' sera en même temps une quantité positive; et un *maximum*, lorsque y'' sera une quantité négative: c'est en quoi consiste la méthode connue *de maximis* et *minimis*.

132. Mais il n'est pas inutile de faire voir comment cette méthode peut se déduire directement de l'analyse des fonctions, sans la considération intermédiaire des courbes.

Soit fx la fonction de x, dont on demande le *maximum* ou le *minimum*. Soit a la valeur de x, qui répond au *maximum* ou au *minimum*, il faudra que la valeur de fa soit toujours plus grande ou toujours moindre que la valeur de $f(a+i)$, quelle que soit la quantité i, positive ou négative, et quelque petite qu'elle puisse être. Je dis quelque petite que la quantité i puisse être, car une quantité est censée devenir un *maximum* ou un *minimum*, lorsqu'elle parvient au terme de son accroissement ou de sa diminution ; de manière qu'en-deçà et au-delà de ce terme, elle se trouve moindre dans le cas du *maximum*, ou plus grande dans le cas du *minimum*, que dans le même terme. Conservons x à la place de a, la condition du *maximum* sera $f(x+i) < fx$, ou $f(x+i) - fx < 0$, et celle du *minimum* sera $f(x+i) > fx$, ou $f(x+i) > 0$, quelque petit que soit i, positif ou négatif.

Développons la fonction $f(x+i)$ en série, par la formule du n.° 53, et arrêtons-nous d'abord aux deux premiers termes, on aura ainsi $f(x+i) = fx + if'x + \frac{i^2}{2} f''(x+j)$, j étant une quantité renfermée entre les limites 0 et i. Il faudra donc que l'on ait $if'x + \frac{i^2}{2} f''(x+j) < 0$ pour le *maximum*, et > 0 pour le *minimum*.

Or, nous avons déjà vu (*n.° 110*) qu'on peut prendre i assez petit pour que la valeur absolue du terme $if'x$ soit plus grande que celle du terme $\frac{i^2}{2} f''(x+j)$, et qu'alors cela aura lieu aussi pour toutes les valeurs de i plus petites ; donc la quantité $if'x + \frac{i^2}{2} f''(x+j)$ deviendra alors positive ou négative, suivant que la quantité $if'x$ le sera ; mais celle-ci change de signe avec la quantité i; donc il sera impossible que la condition du *maximum* ou du *minimum* ait lieu, à moins que l'on n'ait $f'x = 0$.

Prenons maintenant dans le développement de $f(x+i)$ un terme de plus, nous aurons $f(x+i) = fx + if'x + \frac{i^2}{2} f''x + \frac{i^3}{2.3} f'''(x+j)$; donc, à cause de $f'x = 0$, il faudra que l'on ait $\frac{i^2}{2} f''x + \frac{i^3}{2.3} f'''(x+j) < 0$ pour le *maximum*, et > 0 pour le *minimum*. On peut aussi prendre i assez petit pour que la valeur absolue du terme $\frac{i^2}{2} f''x$ soit

soit plus grande que celle de $\frac{i^3}{2.3} f'''(x+j)$; alors la quantité $\frac{i^2}{2} f''x + \frac{i^3}{2.3} f'''(x+j)$ sera positive ou négative, suivant que celle de $\frac{i^2}{2} f''x$ le sera. Donc, puisque la valeur de i^2 est toujours positive, il faudra, pour le *maximum*, que l'on ait $f''x < 0$, et que, pour le *minimum*, l'on ait $f''x > 0$.

Si l'on avait $f''x = 0$, alors reprenant le développement de $f(x+i)$, et employant un terme de plus, on aurait

$$f(x+i) = fx + if'x + \frac{i^2}{2} f''x + \frac{i^3}{2.3} f'''x + \frac{i^4}{2.3.4} f^{\text{IV}}(x+j);$$

donc, puisqu'on suppose $f'x = 0$ et $f''x = 0$, on aurait, pour le *maximum*, la condition $\frac{i^3}{2.3} f'''x + \frac{i^4}{2.3.4} f^{\text{IV}}(x+j) < 0$; et pour le *minimum*, la condition opposée. Or on peut prendre i assez petit pour que la valeur absolue du terme $\frac{i^3}{2.3} f'''x$ surpasse celle du terme $\frac{i^4}{2.3.4} f^{\text{IV}}(x+j)$; alors la valeur de $\frac{i^3}{2.3} f'''x + \frac{i^4}{2.3.4} f^{\text{IV}}(x+j)$ sera positive ou négative, suivant celle de $\frac{i^3}{2.3} f'''x$; mais celle-ci change de signe avec la quantité i; donc il sera impossible que la condition du *maximum* ou du *minimum* ait lieu, à moins qu'on n'ait $f'''x = 0$.

Employons encore le terme suivant dans le développement de $f(x+i)$, on aura $f(x+i) = fx + if'x + \frac{i^2}{2} f''x + \frac{i^3}{2.3} f'''x + \frac{i^4}{2.3.4} f^{\text{IV}} + \frac{i^5}{2.3.4.5} f^{\text{V}}(x+j)$; et les conditions du *maximum* ou du *minimum* deviendront

$$\frac{i^4}{2.3.4} f^{\text{IV}}x + \frac{i^5}{2.3.4.5} f^{\text{V}}(x+j) < 0 \text{ ou } > 0,$$

à cause de $f'x = 0$, $f''x = 0$ et $f'''x = 0$. On prouvera ici, comme plus haut, que l'on pourra prendre i assez petit pour que le terme affecté de i^4, pris absolument, c'est-à-dire, abstraction faite du signe, devienne plus grand que l'autre terme affecté de i^5, et que, par conséquent, la somme des deux termes soit nécessairement positive ou négative, selon que le terme $\frac{i^4}{2 \cdot 3 \cdot 4} f^{\text{iv}} x$ le sera. D'où il est aisé de conclure, à cause que i^4 est toujours une quantité positive, qu'il faudra, pour le *maximum*, que l'on ait $f^{\text{iv}} x < 0$, et pour le *minimum*, $f^{\text{iv}} x > 0$; et ainsi de suite.

133. Donc, en général, si y est une fonction quelconque de x, on aura d'abord, pour le *maximum* ou le *minimum*, la condition $y' = 0$, laquelle donnera la valeur de x, ensuite $y'' < 0$ ou > 0, ce qui s'accorde avec ce que nous avons trouvé ci-dessus (*n.° 131*). Mais nous venons de trouver de plus que si $y'' = 0$, il faudra que l'on ait aussi en même temps $y''' = 0$, ensuite $y^{\text{iv}} < 0$ pour le *maximum*, et $y^{\text{iv}} > 0$ pour le *minimum*; et ainsi de suite. En général, si une fonction dérivée d'un ordre quelconque pair disparaît, il faudra que la fonction de l'ordre impair suivant disparaisse aussi, et que la suivante de l'ordre pair soit négative pour le *maximum*, et positive pour le *minimum*.

Si la fonction y n'est donnée que par une équation $F(x, y) = 0$, il n'y aura qu'à prendre l'équation prime $F'(x) + y' F'(y) = 0$, et faire $y' = 0$, ce qui la réduira à celle-ci $F'(x) = 0$, laquelle combinée avec $F(x, y) = 0$, servira à déterminer les valeurs de x et y répondant au *maximum* ou au *minimum*. Ensuite on prendra l'équation seconde, et faisant de même $y' = 0$, on aura la valeur de y'', dans laquelle on substituera les valeurs trouvées de x et y, et on pourra juger, par cette valeur, du *maximum* ou du *minimum*; et ainsi de suite.

Si la fonction y'', ou $f'' x$, devenait infinie, c'est-à-dire, si $\frac{1}{y''} = 0$, ce serait une marque que le développement de $f(x + i)$ contiendrait, pour la valeur trouvée de x, un terme de la forme $A i^m$, m étant entre 1 et 2 (*n.° 41*); et en considérant la courbe de l'équation $y = fx$, on pourrait connaître par la forme de son cours dans le point donné, si la fonction y est un *maximum* ou un *minimum* (*n.° 120*). On pourrait même donner pour cela des règles générales, mais qui nous écarteraient trop de notre objet.

Nous ne nous arrêterons pas à donner des exemples des règles précédentes pour la détermination des *maxima* et *minima*; comme elles s'accordent en tout avec celles que l'on connaît d'après le calcul différentiel, on pourra en faire les mêmes applications.

134. Je viens maintenant à la détermination des aires des courbes, qu'on appelle communément *quadrature des courbes*. Considérons, en général, la courbe représentée par l'équation $y = fx$, y étant l'ordonnée rectangulaire correspondant à l'abscisse x dont elle est une fonction donnée. L'espace terminé par cette courbe, l'axe des abscisses et une ordonnée quelconque y, sera donc aussi déterminé par une fonction de la même abscisse x, que nous désignerons par Fx. Supposons que x devienne $x+i$, cette fonction deviendra $F(x+i)$, et il est clair que $F(x+i) - Fx$ sera alors la portion de l'espace correspondant à la partie i de l'axe, et terminée par les deux ordonnées fx et $f(x+i)$ répondant aux abscisses x et $x+i$. Or, quelle que soit la courbe proposée, il est aisé de se convaincre, même sans figure, que si les ordonnées vont en augmentant, ou en diminuant, depuis fx jusqu'à $f(x+i)$, l'espace dont il s'agit sera, dans le premier cas, plus grand que l'espace rectangulaire ifx, et moindre que l'espace rectangulaire $if(x+i)$, et dans le second cas, plus grand que ce dernier, et moindre que le premier. Donc il sera toujours nécessairement renfermé entre ces limites ifx et $if(x+i)$, lesquelles seront par conséquent les limites de la quantité $F(x+i) - Fx$ qui doit représenter ce même espace.

Développons les fonctions $f(x+i)$ et $F(x+i)$ suivant la formule du n.° 53, et arrêtons-nous au premier terme pour la première, et aux deux premiers pour la seconde, on aura $f(x+i) = fx + if'(x+j)$ et $F(x+i) = Fx + iF'x + \frac{i^2}{2}F''(x+j)$, où j est une quantité indéterminée qui peut n'être pas la même pour les deux fonctions, mais qui doit toujours être renfermée entre les limites o et i. Il faudra donc que la fonction Fx soit telle que la quantité $iF'x + \frac{i^2}{2}F''(x+j)$ soit renfermée entre les limites ifx et $ifx + i^2f'(x+i)$, quelle que soit la valeur de i, et par conséquent en prenant i aussi petit qu'on voudra. Or, l'intervalle entre les deux limites étant $i^2 f'(x+j)$, la différence de la quantité dont il s'agit et de l'une des limites, savoir $i(F'x - fx) + \frac{i^2}{2} F''(x+j)$ devra être moindre que $i^2 f'(x+j)$, abstraction faite des signes de ces quantités. Mais il est aisé de prouver que cette condition ne peut avoir lieu pour une valeur de i aussi petite qu'on voudra, à moins que le terme affecté de i ne disparaisse; car autrement on pourra toujours prendre i tel que la première quantité soit plus grande que la seconde, puisqu'il suffira que i soit $< \frac{F'x - fx}{f'(x+j) - \frac{1}{2} F''(x+j)}$.

On aura donc nécessairement $F'x = fx$; et cette condition suffira pour la détermination de la fonction Fx, puisqu'on voit qu'elle ne sera autre chose que la fonction primitive de fx.

Donc, en général, la fonction prime de la fonction qui exprime l'aire d'une courbe par l'abscisse, est la fonction qui représente l'ordonnée de cette courbe; et réciproquement, la fonction qui exprime l'aire ne peut être que la fonction primitive de celle qui exprime l'ordonnée. Ainsi l'équation d'une courbe étant donnée, pour avoir l'expression de l'aire, c'est-à-dire, la quadrature de la courbe, il n'y aura qu'à chercher la fonction primitive de celle qui représente l'ordonnée, et on pourra ajouter à cette fonction primitive une constante arbitraire (n.º 62), qu'on déterminera par la condition que l'expression de l'aire devienne nulle au point où l'on voudra la faire commencer.

Nous avons supposé dans l'analyse précédente, que les ordonnées allaient en augmentant ou en diminuant depuis fx jusqu'à $f(x+i)$; cette condition n'aurait pas lieu s'il y avait entre ces deux ordonnées un *maximum* ou un *minimum*; mais comme on peut prendre l'intervalle i aussi petit que l'on veut, il est clair qu'on pourra toujours faire tomber la seconde ordonnée $f(x+i)$ en-deçà du *maximum* ou du *minimum*; et que par conséquent la conclusion que nous en avons tirée, demeurera toujours la même.

Si la fonction fx exprimait l'aire de la section d'un solide, faite perpendiculairement à l'abscisse x, on prouverait de la même manière que la solidité serait exprimée par la fonction primitive de fx. Car désignant par Fx la solidité ; la différence $F(x+i) - Fx$ exprimerait la portion du solide comprise entre les deux sections $f(x+i)$ et fx, et cette portion serait nécessairement intermédiaire entre les deux solides prismatiques ifx et $if(x+i)$, en prenant la quantité i aussi petite qu'on voudrait ; d'où l'on conclurait, comme ci-dessus, $F'x = fx$.

135. Le problème de la quadrature des courbes est, comme l'on voit, le problème le plus simple de l'analyse inverse des fonctions, puisqu'il ne consiste qu'à trouver la fonction primitive d'une fonction donnée. Nous avons indiqué, dans la première partie (*n.° 64 et suiv.*), les moyens par lesquels on peut faciliter cette recherche; nous ajouterons ici une observation essentielle.

Comme il est souvent avantageux de substituer d'autres variables à la place de celle qui entre dans la fonction, pour simplifier ou décomposer cette fonction en d'autres plus simples, il ne faudra pas oublier alors de multiplier la fonction dont il s'agit par la fonction prime de sa variable. En effet, nommant u l'aire de la courbe dont y est l'ordonnée, et regardant y et u comme fonctions de x, nous venons de voir que l'on a $u' = y$; mais si on suppose x fonction d'une autre variable, et qu'on désigne par x' et u' les fonctions primes de x et u prises relativement à cette nouvelle variable, il faudra substituer $\frac{u'}{x'}$ à la place de u' (*n.° 63*), ce qui donnera $u' = yx'$; et ainsi des autres formules semblables.

136. Après le problème de la quadrature des courbes, se présente naturellement celui de leur rectification, c'est-à-dire, de la détermination de la longueur même de la courbe.

Nous partirons, pour la solution de ce problème, du principe d'*Archimède*, adopté par tous les géomètres anciens et modernes, suivant lequel deux lignes courbes, ou composées de droites, ayant leurs concavités tournées du même côté et les mêmes termes, celle qui renferme l'autre est la plus longue. D'où il suit qu'un arc de courbe tout concave du même côté, est plus grand que sa corde, et en même temps moindre que la somme des deux tangentes menées aux deux extrémités de l'arc, et comprises entre ces extrémités et leur point d'intersection. De-là on peut tirer cette autre conséquence, que la longueur du même arc se trouvera comprise entre celles des deux tangentes menées à ses deux extrémités, et terminées aux deux ordonnées qui répondent à ses extrémités, prolongées, s'il le faut, au-delà de la courbe.

En effet, ayant mené la corde qui joindra les deux extrémités de l'arc, il est aisé de voir que l'une des deux tangentes rencontrera les ordonnées parallèles sous un angle plus aigu que la corde, et que l'autre les rencontrera sous un angle moins aigu, et que par conséquent la corde sera moindre que la première de ces tangentes, et plus longue que la seconde; donc celle-ci sera, à plus forte raison, moindre que l'arc de la courbe. De plus, si on considère les deux triangles opposés au sommet, et formés par l'intersection des deux tangentes, il est visible que les deux parties de la première tangente seront respectivement plus longues que celles de la seconde, parce que les côtés formés par ces parties-là se trouvent opposés à des angles plus grands que les côtés formés par celles-ci. Donc la première tangente entière sera plus longue que la somme des deux portions de tangentes comprises entre leur point d'intersection et les extrémités de l'arc. Donc elle sera aussi plus longue que l'arc.

Cela posé, fx étant l'ordonnée qui répond à l'abscisse, $f'x$ sera (*n.*° 114) la tangente de l'angle sous lequel la tangente de la courbe, à l'extrémité de cette ordonnée, rencontre l'axe des abscisses; donc $\sqrt{[i^2 + (if'x)^2]} = i\sqrt{[1 + (f'x)^2]}$ sera la partie de cette tangente comprise entre l'ordonnée fx et l'ordonnée $f(x+i)$ éloignée de la première de l'intervalle i. De la même manière, on aura $f'(x+i)$ pour la tangente de l'angle sous lequel la tangente de la courbe à l'extrémité de l'ordonnée $f(x+i)$ rencontre l'axe, et on trouvera $i\sqrt{\{1 + [f'(x+i)]^2\}}$ pour la partie de cette tangente comprise entre les mêmes ordonnées fx et $f(x+i)$. Soit, pour plus de simplicité, $\varphi x = \sqrt{[1 + (f'x)^2]}$, on aura $i\varphi x$ et $i\varphi(x+i)$ pour les deux tangentes menées aux deux extrémités de l'arc de la courbe compris entre les ordonnées fx et $f(x+i)$, et terminées à ces mêmes ordonnées; donc la longueur de cet arc devra être renfermée entre les deux quantités $i\varphi x$ et $i\varphi(x+i)$, en donnant à i une valeur aussi petite qu'on voudra. Donc si Φx est la fonction de x qui exprime l'arc de la courbe, il faudra que la quantité $\Phi(x+i) - \Phi x$, expression de l'arc compris entre les ordonnées fx et $f(x+i)$, soit comprise entre ces deux-ci $i\varphi x$ et $i\varphi(x+i)$, quelque petit que soit i; d'où, par un raisonnement semblable à celui du n.° 134, on conclura $\Phi' x = \varphi x$. Donc, pour avoir la longueur indéfinie de la courbe, il faudra chercher la fonction primitive de la fonction φx, ou $\sqrt{[1+(f'x)^2]}$; et comme on peut ajouter une constante arbitraire à la fonction primitive, il faudra déterminer cette constante de manière que l'expression de l'arc s'évanouisse au point où l'on voudra le faire commencer.

Donc, si on nomme s l'arc de la courbe dont les coordonnées sont x et y, on aura, en regardant y et s comme fonctions de x, l'équation $s' = \sqrt{(1+y'^2)}$, à cause de $y = fx$, et $y' = f'x$. Et si x et y étaient données en fonctions d'une autre variable, comme t, alors, en désignant par x', y', s' les fonctions primes relativement à cette variable, il faudrait substituer $\frac{y'}{x'}$ et $\frac{s'}{x'}$ à la place de y' et s' (n.° 63), ce qui donnerait cette équation $s' = \sqrt{(x'^2 + y'^2)}$, entre les coordonnées et l'arc.

137. Si on imagine que la courbe proposée tournant autour de l'axe des abscisses, engendre un conoïde, il est visible que les deux ordonnées fx et $f(x+i)$ décriront en même temps deux cercles dont ces coordonnées seront les rayons, que l'arc de la courbe compris entre ces deux coordonnées décrira une zone conoïdique, et que les deux tangentes menées aux extrémités de cet arc décriront des zones coniques, entre lesquelles la zone conoïdique sera nécessairement renfermée. Or on sait, par la géométrie, que la surface convexe d'un cône tronqué est égale à son côté multiplié par la demi-somme des circonférences des deux bases. Donc, si on désigne par π la circonférence du cercle dont le rayon est $=1$, la surface de la zone conique décrite par la tangente $i\varphi x$, sera $i\varphi x\pi(fx + \frac{i}{2}f'x)$, puisque les rayons des deux bases sont, l'un fx, et l'autre $fx + if'x$; et la surface de l'autre zone, décrite par la

tangente $i\varphi(x+i)$, sera $i\varphi(x+i)\pi\,[f(x+i)-\frac{i}{2}f'(x+i)]$, car il est facile de voir que les rayons des bases de ce tronc de cône seront $f(x+i)$ et $f(x+i)-if'(x+i)$.

Si donc on désigne par Φx la fonction de l'abscisse x qui exprime la surface du conoïde, il est clair que la zône conoïdique sera exprimée par la différence $\Phi(x+i)-\Phi x$, et que cette différence devra être renfermée entre les deux quantités $i\pi\varphi x\,(fx+\frac{i}{2}f'x)$ et $i\pi\varphi(x+i)\,[f(x+i)-\frac{i}{2}f'(x+i)]$, en donnant à i une valeur quelconque aussi petite qu'on voudra. D'où l'on pourra conclure, par un raisonnement analogue à celui du n.° 134, que cette condition ne pourra avoir lieu, à moins que l'on n'ait $\Phi' x=\pi\varphi x f x=\pi f x\sqrt{[1+(f'x)^2]}$. Donc on aura la surface du conoïde proposé, en prenant la fonction primitive de la fonction $\pi f x\sqrt{[1+(f'x)^2]}$, ou $\pi y\sqrt{(1+y'^2)}$.

138. En général, supposons que l'on cherche la fonction Fx par cette condition, que la différence $F(x+i)-Fx$ doive être renfermée entre les deux quantités $if(x,i)$ et $i\varphi(x,i)$, f et φ dénotant des fonctions données de x et i telles qu'en faisant $i=0$, on ait $fx=\varphi x$, et que cette condition doive avoir lieu en donnant à i une valeur quelconque aussi petite qu'on voudra.

En employant le théorème des n.os 52 et 53, on réduira la fonction $F(x+i)$ à $Fx+iF'x+\frac{i^2}{2}F''(x+j)$, et les fonctions $f(x,i)$, $\varphi(x,i)$ à $fx+if'(x,j)$, $\varphi x+i\varphi'(x,j)$, la quantité j étant indéterminée, mais comprise entre les limites 0 et i, et pouvant être différente dans les différentes fonctions; les fonctions dérivées, marquées par F', F'', se rapportent à la variable x, et les fonctions dérivées, marquées par f', φ', se rapportent à la variable i. Donc, puisqu'on suppose $fx=\varphi x$, la condition dont il s'agit se réduira à faire en sorte que la quantité $iF'x+\frac{i^2}{2}F''(x+j)$ soit comprise entre les deux

quantités

quantités, $ifx + i^2 f'(x, j)$ et $ifx + i^2 \varphi'(x, j)$, quelque petite que puisse être la valeur de i. Donc il faudra que la différence $i(F'x - fx) + i^2 [\frac{1}{2} F''(x + j) - f'(x, j)]$ ne soit jamais plus grande que la différence $i^2 [\varphi'(x, j) - f'(x, j)]$; mais tant que le terme multiplié par la première puissance de i ne sera pas nul, on pourra toujours prendre i assez petit pour que la première quantité devienne plus grande que la seconde, car il suffira pour cela de prendre i moindre que la quantité $\frac{F'x - fx}{\varphi'(x, j) - \frac{1}{2} F''(x + j)}$, abstraction faite du signe de cette quantité. Donc, la condition proposée emporte nécessairement celle-ci $F'x - fx = 0$, et par conséquent $F'x = fx$; c'est-à-dire que la fonction cherchée Fx, devra être la fonction primitive de fx; et pour avoir la valeur complète de Fx, il faudra y ajouter une constante arbitraire, qu'on déterminera par les conditions de la question.

139. Les courbes planes appartiennent à la géométrie de deux dimensions, et ne dépendent par conséquent que de deux coordonnées. Les courbes à double courbure doivent appartenir à la géométrie de trois dimensions, puisqu'elles ne peuvent être tracées que sur la surface des corps solides ; aussi dépendent-elles de trois coordonnées perpendiculaires entre elles, dont deux sont fonctions de la troisième, de sorte qu'elles ne peuvent être représentées que par deux équations entre trois indéterminées.

Soit donc pour une courbe quelconque à double courbure $y = fx$, $z = \varphi x$, x, y, z étant les trois coordonnées rectangulaires. Soit de même pour une autre courbe donnée $q = Fp$, $r = \Phi p$; p, q, r étant pareillement ses trois coordonnées rapportées aux mêmes axes que les précédentes. Si on veut que ces deux courbes aient un point commun pour l'abscisse x, il faudra qu'en faisant $p = x$, on ait aussi $q = y$ et $r = z$; donc $y = Fx$ et $z = \Phi x$. Pour un autre point quelconque répondant à l'abscisse $x + i$, les ordonnées y et z seront $f(x + i)$, $\varphi(x + i)$, et les ordonnées q, r seront $F(x + i)$, $\Phi(x + i)$; et faisant pour abréger $d = f(x + i) - F(x + i)$, $\delta = \varphi(x + i) - \Phi(x + i)$, il est facile de concevoir que la distance D entre les points des deux courbes qui répondent à la même abscisse $x + i$, sera exprimée par $D = \sqrt{(d^2 + \delta^2)}$. De là, par une analyse semblable à celle qui a été développée au commencement de cette seconde partie, on prouvera que si $f'x = F'x$, $\varphi'x = \Phi'x$, il sera impossible qu'aucune autre courbe donnée qui ne satisferait pas aux mêmes conditions, puisse passer entre les deux courbes dont il s'agit.

Si l'on avait de plus $f''x = F''x$ et $\varphi''x = \Phi''x$, on prouverait, de la même manière, qu'aucune autre courbe pour laquelle ces équations n'auraient pas lieu, ne pourrait passer entre les mêmes courbes; et ainsi de suite.

Ainsi, en appliquant aux courbes à double courbure les mêmes notions des différens ordres de contact des courbes ordinaires, on en conclura que les deux premières conditions détermineront un contact du premier ordre, que les deux suivantes détermineront un contact du second ordre; et ainsi de suite.

En général, en nommant x, y, z les coordonnées d'une courbe proposée, et p, q, r les coordonnées de la courbe donnée, pour laquelle on demande les conditions du contact d'un ordre donné avec la courbe proposée, si $F(p, q, r) = 0$, et $\Phi(p, q, r) = 0$ sont les deux équations de la courbe donnée, on aura pour un contact du premier ordre, les quatre équations $F(x, y, z) = 0$, $F(x, y, z)' = 0$, $\Phi(x, y, z) = 0$, $\Phi(x, y, z)' = 0$; pour un contact du second ordre, on aura de plus les deux équations $F(x, y, z)'' = 0$, $\Phi(x, y, z)'' = 0$; et ainsi de suite, en regardant, dans ces fonctions dérivées, y et z comme fonctions de x. On satisfera à ces équations par le moyen des constantes arbitraires a, b, c, &c., qui entreront dans les fonctions données $F(p, q, r)$ et $\Phi(p, q, r)$, et qu'on pourra appeler, comme ci-dessus (*n.° 117*), *élémens du contact*, lorsqu'elles seront déterminées en fonctions de x, y, z, y', z', &c.

140. Prenons pour la courbe donnée une ligne droite déterminée par les deux équations $q = a + bp$, $r = c + dp$; pour qu'elle ait un contact du premier ordre, c'est-à-dire, pour qu'elle soit tangente d'une courbe quelconque proposée et rapportée aux coordonnées x, y, z, on aura ces

quatre équations $y = a + bx$, $z = c + dx$, $y' = b$, $z' = d$: d'où l'on tire $a = y - y'x$, $c = z - z'x$. De sorte que les équations de la tangente rapportée aux coordonnées p, q, r, seront

$$q = y - y'x + y'p,\quad r = z - z'x + z'p.$$

Il est facile de voir que ces deux équations représentent les deux tangentes des courbes planes qui forment les projections de la courbe proposée sur les deux plans des x et y et des x et z (n.° 113); de sorte que pour mener une tangente à une courbe à double courbure, il suffira toujours de mener les tangentes à ses deux projections, et la droite dont ces deux tangentes seront les projections, sera la tangente cherchée.

141. Supposons qu'on demande le cercle osculateur d'une courbe à double courbure.

Pour avoir, de la manière la plus simple, les équations générales d'un cercle tracé sur un plan quelconque, nous considérerons le cercle comme formé par l'intersection d'un plan qui passe par le centre d'une sphère; le rayon et le centre de la sphère deviendront alors ceux du cercle, et le plan sera le plan même du cercle.

L'équation générale d'une sphère rapportée aux trois coordonnées p, q, r, est

$$(p - a)^2 + (q - b)^2 + (r - c)^2 = d^2,$$

où a, b, c sont les coordonnées du centre, et d est le demi-diamètre, ou rayon. L'équation d'un plan rapporté aux mêmes coordonnées et passant par le point qui répond aux coordonnées a, b, c, est en général

$$p - a + m(q - b) + n(r - c) = 0,$$

m et n étant deux constantes arbitraires, qui déterminent l'inclinaison du plan à l'égard des plans fixes des coordonnées. Le système de ces deux équations représentera donc un cercle dont le rayon sera d, dont le centre sera déterminé par les coordonnées a, b, c, et dont le plan dépendra des quantités m et n.

Si donc on change dans ces équations les quantités p, q, r en x, y, z, et qu'on en prenne les équations primes et secondes, on aura ces six équations :

$$(x-a)^2+(y-b)^2+(z-c)^2=d^2,$$
$$x-a+m(y-b)+n(z-c)=0,$$
$$x-a+y'(y-b)+z'(z-c)=0,$$
$$1+my'+nz'=0,$$
$$1+y'^2+z'^2+y''(y-b)+z''(z-c)=0,$$
$$my''+nz''=0,$$

dont les quatre premières renfermeront les conditions nécessaires pour que le cercle dont il s'agit ait un contact du premier ordre avec toute courbe à double courbure, dont x, y, z seront les coordonnées, y et z étant données en fonctions de x ; et si on y joint les deux dernières, on aura les conditions nécessaires pour un contact du second ordre, c'est-à-dire, pour que le cercle devienne osculateur de la courbe.

Comme il y a dans ces équations six quantités indéterminées, a, b, c, d, m et n, on pourra satisfaire à toutes ces conditions, et le cercle osculateur sera déterminé de grandeur et de position. Mais si on ne demande qu'un cercle tangent, il restera deux indéterminées, pour lesquelles on pourra prendre le rayon d, et une des deux quantités m et n. Dans ce cas donc, l'équation

$$x-a+y'(y-b)+z'(z-c)=0$$

déterminera le plan dans lequel se trouveront les centres de tous les cercles qui peuvent être tangens ; et comme le rayon du cercle tangent est nécessairement perpendiculaire à la courbe, cette équation sera celle d'un plan perpendiculaire à la courbe, en prenant a, b, c pour les coordonnées du plan.

Considérons maintenant le contact du second ordre. Les trois premières équations donneront

$$x-a=\frac{(ny'-mz')d}{R},\ y-b=-\frac{(n-z')d}{R},\ z-c=\frac{(m-y')d}{R};$$

en faisant, pour abréger,

$$R=\sqrt{[(ny'-mz')^2+(n-z')^2+(m-y')^2]}.$$

Ces valeurs étant substituées dans la cinquième équation, on en tirera

$$d = \frac{(1 + y'^2 + z'^2) R}{(n - z') y'' - (m - y') z''}.$$

Enfin, la quatrième et la sixième équation donneront

$$m = \frac{z''}{z'y'' - y'z''}, \quad n = -\frac{y''}{z'y'' - y'z''},$$

valeurs qu'on substituera dans les expressions précédentes.

On aura ainsi, après les réductions,

$$d = -\frac{(1 + y'^2 + z'^2)^{\frac{3}{2}}}{\sqrt{[(1 + y'^2 + z'^2)(y''^2 + z''^2) - (y'y'' + z'z'')^2]}},$$

$$a = x - \frac{(1 + y'^2 + z'^2)(y'y'' + z'z'')}{(1 + y'^2 + z'^2)(y''^2 + z''^2) - (y'y'' + z'z'')^2},$$

$$b = y + \frac{(1 + y'^2 + z'^2)^2 y'' - y'(1 + y'^2 + z'^2)(y'y'' + z'z'')}{(1 + y'^2 + z'^2)(y''^2 + z''^2) - (y'y'' + z'z'')^2},$$

$$c = z + \frac{(1 + y'^2 + z'^2) z'' - z'(1 + y'^2 + z'^2)(y'y'' + z'z'')}{(1 + y'^2 + z'^2)(y''^2 + z''^2) - (y'y'' + z'z'')^2}.$$

La quantité d sera le rayon osculateur de la courbe proposée, et les quantités a, b, c seront les coordonnées de la courbe des centres de tous les cercles osculateurs ; mais cette courbe ne sera pas pour cela une développée, comme dans les courbes à simple courbure.

142. Pour s'en assurer, et trouver en même temps les conditions nécessaires pour qu'elle devienne une développée de la courbe à double courbure, il n'y a qu'à employer des considérations semblables à celles du n.° 130.

Reprenons les valeurs de a, b, c, tirées des trois premières équations, nous aurons

$$a = x - \frac{(ny' - mz') d}{R},$$

$$b = y + \frac{(n - z') d}{R},$$

$$c = z - \frac{(m - y') d}{R}.$$

Ces expressions, en regardant les quantités x, y, z, y', z', ainsi que m et n, comme constantes, et la quantité d comme seule variable, donnent les coordonnées de la droite dans laquelle est placé le rayon osculateur ; mais en regardant toutes ces quantités comme variables, et m, n, d comme données en x, puisque y et z sont censées données en x, ces mêmes expressions représentent alors les coordonnées de la courbe des centres. Or, pour que la droite devienne tangente de la courbe, il faut que les valeurs de $\frac{b'}{a'}$ et $\frac{c'}{a'}$, en regardant b et c comme fonctions de a, ou en général a, b, c comme fonctions d'une autre variable quelconque, soient les mêmes dans les deux cas. Donc les valeurs de $\frac{a'}{d'}$, $\frac{b'}{d'}$, $\frac{c'}{d'}$ devront être aussi les mêmes, soit que les quantités a, b, c, d soient seules variables, soit que les quantités x, y, z, m et n varient aussi en même temps; par conséquent, il faudra que les équations qui déterminent ces valeurs, aient lieu également dans les deux hypothèses.

Or, si on considère les équations qui ont servi à déterminer les quantités a, b, c, d, m et n en x, y, y', y'', et qu'on regarde toutes ces quantités comme variables à la fois, il est clair que les deux équations $(x-a)^2+(y-b)^2+(z-c)^2=d^2$ et $x-a+y'(y-b)+z'(z-c)=0$ emporteront encore celle-ci,

$$-a'(x-a)-b'(y-b)-c'(z-c)=dd',$$

qui n'est que l'équation prime de la première, en supposant a, b, c, d seules variables. De même, les deux équations $x-a+y'(y-b)+z'(z-c)=0$ et $1+y'^2+z'^2+y''(y-b)+z''(z-c)=0$ emporteront celle-ci,

$$a'+y'b'+z'c'=0;$$

qui est également l'équation prime de la première, en ne prenant que a, b, c pour variables. Ces deux équations ont donc la condition demandée; mais comme elles ne suffisent pas pour la détermination des trois quantités $\frac{a'}{d'}$, $\frac{b'}{d'}$, $\frac{c'}{d'}$, il faudra trouver, de la même manière, une troisième équation qui contienne les fonctions primes a', b', c'; or, les deux précédentes ayant été déduites de l'équation de la sphère, il faudra tirer la troisième de l'équation du plan $x - a + m(y - b) + n(z - c) = 0$, laquelle, en faisant tout varier, et ayant égard à l'équation $1 + my' + nz' = 0$, donnera celle-ci

$$-a' - mb' - nc' + m'(y - b) + n'(z - c) = 0,$$

qui est, comme l'on voit, l'équation prime de la précédente, en supposant a, b, c, m, n variables à la fois; par conséquent, cette équation n'aura pas la condition demandée, à moins que la partie dépendant de la variation des quantités m et n, ne disparaisse, c'est-à-dire, à moins qu'on n'ait

$$m'(y - b) + n'(z - c) = 0.$$

Si cette condition a lieu, alors l'équation restante $a' + mb' + nc' = 0$, combinée avec les deux équations qu'on vient de trouver, donnera les valeurs de $\frac{a'}{d'}$, $\frac{b'}{d'}$, $\frac{c'}{d'}$, qui seront les mêmes, soit que les quantités a, b, c, d soient seules variables, soit que x, y, z, m et n varient aussi à la fois. Par conséquent, la droite dans laquelle est placé le rayon osculateur, deviendra tangente à la courbe des centres : donc aussi ce rayon sera tangent de la même courbe, puisqu'il est terminé à cette courbe. Dans ce même cas, les expressions précédentes de a, b, c donneront sur-le-champ ces fonctions primes

$$a' = -\frac{(ny' - mz')\,d'}{R},\quad b' = \frac{(n - z')\,d'}{R},\quad c' = -\frac{(m - y')\,d'}{R},$$

d'où l'on tire $a'^2 + b'^2 + c'^2 = d'^2$, et de-là $d' = \sqrt{(a'^2 + b'^2 + c'^2)}$. Or, nous verrons ci-après (n.° 144) que cette équation montre que d est l'arc de la courbe dont a, b, c sont les coordonnées. Donc le rayon osculateur sera non-seulement tangent à la courbe des centres, mais encore égal à l'arc de cette courbe. Il ne sera donc autre chose que le développement de cette même courbe, laquelle sera par conséquent la développée de la courbe proposée, dont x, y, z sont les coordonnées.

143. La condition $m'(y - b) + n'(z - c) = 0$ que nous venons de trouver pour que la courbe ait une développée, a évidemment

lieu, lorsque m et n sont constantes; et dans ce cas, la courbe sera toute dans un plan déterminé par ces constantes. Si ces quantités ne sont pas constantes, elles détermineront le plan tangent de la courbe; et lorsque l'équation précédente aura lieu, les rayons osculateurs formeront une courbe développable. Car en ajoutant à cette équation l'équation $1 + my' + nz' = 0$, qui est une de celles du n.° 141, on aura celle-ci,

$$1 + my' + nz' + m'(y - b) + n'(z - c) = 0,$$

qui n'est autre chose que l'équation prime de l'équation du plan

$$x - a + m(y - b) + n(z - c) = 0,$$

en regardant les coordonnées a, b, c du plan comme constantes, et la quantité x qui sert ici de paramètre et dont les autres quantités y, z, m, n sont supposées fonctions, comme seule variable; ce qui constitue le principe des surfaces développables, comme on le verra plus bas (n.° 159).

Au reste, il y a une manière plus générale de concevoir les développées des courbes, laquelle consiste à prendre le rayon de la développée dans une position inclinée au plan tangent, et qui donne lieu à plusieurs belles propriétés des courbes et des surfaces. Comme les bornes que nous nous sommes prescrites ne nous permettent pas d'entrer dans ce détail, nous ne pouvons qu'inviter nos lecteurs à voir cette nouvelle théorie dans le tome dixième des Mémoires présentés à la ci-devant Académie des sciences.

144. Si on trace la projection d'une courbe à double courbure sur le plan des x et y, on peut regarder cette courbe de projection comme l'axe curviligne de la courbe à double courbure; de sorte qu'en nommant s l'arc de la courbe de projection, dont les coordonnées sont x, y, et supposant que cet arc soit étendu en ligne droite, on aura s et z pour les coordonnées rectangulaires de la courbe à double courbure supposée appliquée sur un plan.

Cette considération nous offre le moyen d'appliquer immédiatement aux courbes à double courbure, les formules de la quadrature et de la rectification des courbes planes (n.ºs 134, 136). Pour cela, il n'y aura qu'à substituer s au lieu de x, et z au lieu de y, dans les expressions yx' et et $\sqrt{(x'^2 + y'^2)}$, on aura zs' et $\sqrt{(s'^2 + z'^2)}$, et comme l'arc s est déterminé par l'équation $s' = \sqrt{(x'^2 + y'^2)}$; en faisant cette substitution, on aura les deux formules $z\sqrt{(x'^2 + y'^2)}$ et $\sqrt{(x'^2 + y'^2 + z'^2)}$, dont la première sera la fonction prime de l'aire, ou de la surface du cylindre droit qui a pour base la projection de la courbe à double courbure, et qui est terminé par le contour de cette courbe, et dont la seconde sera la fonction prime de l'arc de la même courbe.

145. Les surfaces courbes se déterminent aussi par trois coordonnées rectangulaires, comme les lignes à double courbure, mais avec cette différence, que pour les surfaces, deux des coordonnées sont indépendantes entre elles, et la troisième est fonction de ces deux; de sorte qu'une surface n'est représentée que par une seule équation entre les trois coordonnées. Ainsi les deux équations qui déterminent une courbe à double courbure, représentent chacune en particulier une surface courbe, et la courbe représentée par le système de ces deux équations, est formée par l'intersection des deux surfaces. La théorie des surfaces dépend donc de l'analyse des fonctions de deux variables, et peut être traitée comme la théorie des courbes, et par les mêmes principes. Ainsi, de même qu'une ligne droite peut être tangente d'une courbe, un plan peut être tangent d'une surface, et on déterminera le plan tangent par la condition qu'aucun autre plan ne puisse être mené par le point de contact entre celui-là et la surface.

Soient x, y, z les trois coordonnées de la surface donnée, et p, q, r les coordonnées du plan tangent rapportées aux mêmes axes rectangulaires; on aura, par la nature de la surface, $z = f(x, y)$, et par la nature du plan, $r = a + bp + cq$; a, b, c étant les trois constantes qui déterminent la position du plan. D'abord, pour que le plan ait avec la surface un point commun, il faut que son équation subsiste, en supposant que les coordonnées p, q, r deviennent x, y, z; ce qui donnera cette première équation: $z = a + bx + cy$.

Considérons maintenant un autre point de la surface répondant aux coordonnées $x + i$, $y + o$, l'ordonnée perpendiculaire z deviendra $f(x + i, y + o)$. Faisons aussi dans l'équation du plan $p = x + i$,

$q = y + o$, l'ordonnée perpendiculaire r deviendra $a + b(x + i) + c(y + o)$, et la distance entre les points correspondans de la surface et du plan sera exprimée par

$$f(x + i, y + o) - a - b(x + i) - c(y + o).$$

La fonction $f(x + i, y + o)$ peut se développer dans cette série (n.° 85) $f(x, y) + if'(x, y) + of_{,}(x, y) + \frac{i^2}{2} f''(x, y) + iof'_{,}(x, y) + o^2 f_{,,}(x, y) +$ &c.; donc, à cause de $f(x, y) = z = a + bx + cy$, la distance dont il s'agit, que nous désignerons par D, sera exprimée ainsi : $D = i[f'(x, y) - b] + o[f_{,}(x, y) - c] + \frac{i^2}{2} f''(x, y) + iof'_{,}(x, y) + \frac{o^2}{2} f_{,,}(x, y) +$ &c., où l'on voit d'abord que, les quantités i et o demeurant indéterminées, la valeur de D deviendra la plus petite, si on détermine les quantités b et c de manière que les termes multipliés par i et o disparaissent, ce qui donnera $b = f'(x, y) = z'$, $c = f_{,}(x, y) = z_{,}$ (n.° 90) ; et comme on a déjà trouvé $a + bx + cy = z$, on aura les valeurs des trois constantes a, b, c de l'équation du plan en fonctions de x, y, z. Ces valeurs seront donc $a = z - xz' - yz_{,}$, $b = z'$, $c = z_{,}$; et la position du plan sera entièrement déterminée.

146. Par l'évanouissement des termes multipliés par i et o, l'expression de la distance D ne contiendra plus que des termes multipliés par des puissances ou des produits plus hauts de ces mêmes quantités. Si on faisait passer un autre plan par le même point qui répond aux coordonnées x et y, on trouverait par la distance que je nommerais Δ, entre les points de la surface et du nouveau plan correspondant aux coordonnées $x + i$ et $y + o$, une expression semblable à celle de D, mais où les termes multipliés par i et par o ne se détruiraient plus. Or, il est facile de voir qu'on peut prendre les quantités i et o assez petites pour que les termes multipliés par les premières puissances de i ou de o deviennent plus grands que les autres termes multipliés par des puissances ou des produits de plusieurs dimensions, ce qui porterait d'abord à conclure que l'on peut toujours

donner à i et o des valeurs assez petites pour que la distance Δ surpasse la distance D, en sorte qu'il soit impossible que le dernier plan passe entre le premier et la surface.

Mais cette conséquence, qui serait légitime si les expressions de D et Δ n'étaient composées que d'un nombre déterminé de termes, pourrait souffrir des difficultés à raison des suites infinies qui entrent dans ces expressions. C'est pour les éviter que, lorsque nous avons considéré les tangentes des courbes, nous avons fait usage du théorème du n.° 53, par lequel on peut ne développer les fonctions que par parties, et autant qu'on en a besoin. Nous pourrions encore appliquer ce théorème au développement des fonctions de deux variables, en développant successivement suivant les puissances de i et de o; mais comme on n'aurait pas, de cette manière, des formules symétriques, et semblables à celles des fonctions d'une seule variable, nous en prendrons occasion de généraliser l'analyse des n.os 45 et suiv., en l'étendant au développement d'une fonction quelconque $f(x, y)$ de deux variables.

147. Reprenons la formule générale trouvée (*n.° 85*) pour le développement de $f(x + i, y + o)$, et changeons (ce qui est permis, par la raison que x, y, i et o sont des quantités quelconques) x et y en $x - i$ et $y - o$, ensuite i et o en xz et yz, nous aurons

$$f(x,y) = f(x - xz, y - yz) + xzf'(x - xz, y - yz) + yzf_{,}(x - xz, y - yz) + \frac{x^2z^2}{2}f''(x - xz, y - yz) + xyz^2f'_{,}(x - xz, y - yz) + \frac{y^2z^2}{2}f_{,,}(x - xz, y - yz) + \&c.,$$

où z sera une quantité quelconque indéterminée qui étant supposée égale à *zéro*, rendra l'équation identique, et qui étant faite $= 1$, donnera

$$f(x,y) = f. + xf.' + yf._{,} + \frac{x^2}{2}f.'' + xyf.'_{,} + \frac{y^2}{2}f._{,,} + \&c.;$$

formule générale du développement de la fonction $f(x, y)$, suivant les puissances de x et y, dans laquelle les quantités désignées par f, f', $f_{,}$, &c. dénotent les valeurs des fonctions dérivées suivant x et y, en faisant $x = 0$ et $y = 0$. Supposons maintenant qu'on ne veuille faire ce développement que par parties, et arrêtons-nous d'abord au premier terme, nous ferons

$$f(x, y) = f(x - xz, y - yz) + P,$$

P étant une fonction de z qui devra être évidemment nulle lorsque $z = 0$. Puisque la quantité z peut être quelconque, nous pouvons prendre l'équation prime relativement à z, et par les principes et la notation établis, il est facile de voir que la fonction prime de $f(x - xz, y - yz)$, prise relativement à z, sera $-xf'(x - xz, y - yz) - yf_{,}(x - xz, y - yz)$; donc, désignant par P' la fonction prime de P, prise aussi relativement à z, on aura, pour la détermination de P, l'équation du premier ordre

$$P' = xf'(x - xz, y - yz) + yf_{,}(x - xz, y - yz).$$

Considérons, en second lieu, les trois premiers termes du développement de $f(x, y)$, et faisons

$$f(x, y) = f(x - xz, y - yz) + xzf'(x - xz, y - yz) + yzf_{,}(x - xz, y - yz) + Q,$$

Q sera une fonction de z, qui devra, par la nature même de cette équation, devenir nulle lorsque $z = 0$. A cause de l'indétermination de z, on pourra prendre l'équation prime relativement à z; et désignant par Q' la fonction prime de Q, on trouvera, après avoir effacé les termes qui se détruisent dans l'équation prime, cette équation du premier ordre pour la détermination de Q,

$$Q' = x^2 zf''(x - xz, y - yz) + 2xyzf'_{,}(x - xz, y - yz) + y^2 zf_{,,}(x - xz, y - yz);$$

et ainsi de suite.

Pour déduire de ces équations les valeurs de P, Q, &c., il faudrait chercher les fonctions primitives des quantités P', Q', &c., relativement à z, et les prendre telles qu'elles soient nulles lorsque $z = 0$. Mais, comme nous n'avons pas besoin des expressions générales de ces quantités, mais seulement de leurs valeurs relatives à $z = 1$, que même il suffit d'avoir des limites de ces valeurs, on pourra faire usage de la méthode du n.° 49, pour parvenir à des conclusions semblables à celles du n.° 51.

Ainsi, en désignant par λ un nombre indéterminé, ou plutôt inconnu, toujours compris entre 0 et 1; et qui devra être par tout le même dans la même fonction, mais qui pourra être différent dans les différentes fonctions, on trouvera les expressions suivantes :

$$P = xf'(\lambda x, \lambda y) + yf_{,}(\lambda x, \lambda y),$$

$$Q = \tfrac{1}{2}[x^2 f''(\lambda x, \lambda y) + 2xyf'_{,}(\lambda x, \lambda y) + y^2 f_{,,}(\lambda x, \lambda y)];$$

et ainsi des autres.

Donc, enfin, substituant ces valeurs de P, Q, &c. dans les développemens de $f(x, y)$, et faisant $z = 1$, on aura ces formules générales qui renferment une extension du théorème du n.° 52,

$$\begin{aligned} f(x, y) &= f + xf'(\lambda x, \lambda y) + yf_{,}(\lambda x, \lambda y); \\ &= f + xf' + yf_{,} + \frac{x^2}{2} f''(\lambda x, \lambda y); \\ &\quad + xyf'_{,}(\lambda x, \lambda y) + \frac{y^2}{2} f_{,,}(\lambda x, \lambda y); \\ &= f + xf' + yf_{,} + \frac{x^2}{2} f'' + xyf'_{,} + \frac{y^2}{2} f_{,,}; \\ &\quad + \frac{x^3}{2.3} f'''(\lambda x, \lambda y) + \frac{x^2 y}{2} f''_{,}(\lambda x, \lambda y); \\ &\quad + \frac{xy^2}{2} f'_{,,}(\lambda x, \lambda y) + \frac{y^3}{2.3} f_{,,,}(\lambda x, \lambda y); \\ &= \&c. \end{aligned}$$

Donc, si l'on a la fonction $f(x + i, y + o)$ à développer suivant les puissances de i et de o, il n'y aura qu'à mettre i et o à la place de x et y dans les formules précédentes et les quantités f, f', $f_{,}$, &c., deviendront $f(x, y)$, $f'(x, y)$, $f_{,}(x, y)$, &c.; où les fonctions dérivées peuvent être prises relativement à x et y, puisque la fonction

$f(x+i, y+o)$ est telle que ses dérivées relativement à x et y sont les mêmes que les dérivées relativement à i et o. Ainsi on aura

$$f(x+i, y+o) = f(x, y) + if'(x+\lambda i, y+\lambda o) + of_{,}(x+\lambda i, y+\lambda o);$$
$$= f(x, y) + if'(x, y) + of_{,}(x, y) + \frac{i^2}{2}f''(x+\lambda i, y+\lambda o) + iof'_{,}(x+\lambda i, y+\lambda o) + \frac{o^2}{2}f_{,,}(x+\lambda i, y+\lambda o);$$
$$= f(x, y) + if'(x, y) + of_{,}(x, y) + \frac{i^2}{2}f''(x, y) + iof'_{,}(x, y) + \frac{o^2}{2}f_{,,}(x, y)$$
$$+ \frac{i^3}{2.3}f'''(x+\lambda i, y+\lambda o) + \frac{i^2 o}{2}f''_{,}(x+\lambda i, y+\lambda o) + \frac{io^2}{2}f'_{,,}(x+\lambda i, y+\lambda o) + \frac{o^3}{2.3}f_{,,,}(x+\lambda i, y+\lambda o);$$
$$= \&c.$$

La quantité λi répond, comme l'on voit, à la quantité que nous avons désignée par j dans les formules employées au commencement de cette seconde partie. Nous avons préféré l'expression λi, parce que le même coëfficient λ se trouve dans la quantité λo. De ces formules qu'il serait maintenant aisé d'étendre aux fonctions de trois ou d'un plus grand nombre de variables, on peut déduire la conclusion suivante:

Lorsque dans le développement d'une fonction suivant les puissances et les produits de certaines quantités, on veut s'arrêter aux termes d'un ordre donné, c'est-à-dire, dans lesquels ces quantités forment des dimensions d'un degré égal à l'exposant de cet ordre, on peut supposer le reste du développement égal aux seuls termes de l'ordre suivant, mais en y conservant ces mêmes quantités sous les fonctions, et les multipliant toutes par un coëfficient λ dont la valeur sera entre les limites o et 1, et qui sera la même dans la même fonction, mais qui pourra être différente dans les différentes fonctions.

148. Nous pouvons maintenant donner aux résultats de l'analyse du n.° 145 toute la rigueur qu'on peut désirer; pour cela, il n'y a qu'à développer la fonction $f(x+i, y+o)$, en s'arrêtant aux termes du premier ordre, on aura (n.° préc.)

$$f(x+i, y+o) = f(x, y) + if'(x, y) + of_{,}(x, y) + \frac{i^2}{2}f''(x+\lambda i, y+\lambda o) + iof'_{,}(x+\lambda i, y+\lambda o) + \frac{o^2}{2}f_{,,}(x+\lambda i, y+\lambda o);$$

et la valeur de la distance D se réduira à

$$D = \frac{i^2}{2}f''(x+\lambda i, y+\lambda o) + iof'_{,}(x+\lambda i, y+\lambda o) + \frac{o^2}{2}f_{,,}(x+\lambda i, y+\lambda o).$$

Pour tout autre plan représenté par l'équation $r = \alpha + \beta p + \gamma q$, et ayant le même point commun avec l'autre plan et la surface, cette distance, que j'appellerai Δ, contiendrait, outre les termes précédens, encore ceux-ci du premier ordre

$$i[f'(x, y) - \beta] + o[f_{,}(x, y) - \gamma];$$

d'où il est facile de conclure qu'on pourra toujours prendre i et o assez petits pour que cette distance Δ surpasse la distance D. Donc il sera impossible que ce dernier plan puisse passer entre la surface et le plan représenté par l'équation $r = a + bp + cq$; par conséquent celui-ci sera tangent de la surface donnée, en faisant, comme dans le n.° 145, $a = z - xz' - yz_{,}$, $b = z'$, $c = z_{,}$. D'où l'on voit que la position du plan tangent dépend des deux fonctions primes z' et $z_{,}$.

En effet, il est facile de trouver, d'après l'équation $r = a + bp + cq$, que si on nomme α l'inclinaison du plan représenté par cette équation sur le plan des coordonnées p et q, et β l'inclinaison de la ligne d'intersection de ces deux plans à l'axe des abscisses p, on aura $b = \sin. \beta$ $\text{tang.}\, \alpha$, $c = \cos. \beta\ \text{tang.}\, \alpha$, d'où l'on tire $\text{tang.}\, \alpha = \sqrt{(b^2 + c^2)}$ et $\text{tang.}\, \beta = \frac{b}{c}$. Donc, puisque les axes des coordonnées x, y, z sont les mêmes que ceux des coordonnées p, q, r, les angles α et β, relativement au plan tangent, seront pareillement déterminés par ces formules :

$$\text{tang. } \alpha = \sqrt{(z'^2 + z_i^2)} \text{ et tang. } \beta = \frac{z'}{z_i}.$$

149. En général, $z = f(x, y)$ étant l'équation de la surface proposée, et $r = F(p, q)$ celle d'une surface donnée, si on veut que ces deux surfaces aient un point commun qui réponde aux coordonnées x, y, z, il faudra que l'équation $r = F(p, q)$ ait lieu aussi en faisant $p = x$, $q = y$, $r = z$, ce qui donnera $z = F(x, y)$. Ensuite, si on considère les points des deux surfaces qui répondent aux mêmes coordonnées $x + i$ et $y + o$, et qu'on nomme D la distance entre l'un et l'autre, c'est-à-dire, la partie de l'ordonnée perpendiculaire qui se trouvera comprise entre les deux surfaces, il est visible qu'on aura

$$D = f(x + i, y + o) - F(x + i, y + o).$$

Développons ces deux fonctions par les formules du n.° 147, en nous arrêtant d'abord aux termes du premier ordre, nous aurons, en mettant z, z' et z_i à la place de $f(x, y)$, $f'(x, y)$, $f_i(x, y)$,

$$\begin{aligned} D = {} & i\,[z' - F'(x, y)] + o\,[z_i - F_i(x, y)] \\ & + \frac{i^2}{2}\,[f''(x + \lambda i, y + \lambda o) - F''(x + \lambda i, y + \lambda o)] \\ & + io\,[f'_i(x + \lambda i, y + \lambda o) - F'_i(x + \lambda i, y + \lambda o)] \\ & + \frac{o^2}{2}\,[f_{ii}(x + \lambda i, y + \lambda o) - F_{ii}(x + \lambda i, y + \lambda o)]. \end{aligned}$$

Supposons que les termes multipliés par i et par o disparaissent, ce qui a lieu en supposant $z' = F'(x, y)$ et $z_i = F_i(x, y)$, l'expression de D ne contiendra plus que des termes d'un ordre supérieur ; et il est facile de prouver qu'on pourra toujours prendre i et o assez petits pour que cette valeur de D devienne moindre que la valeur d'une pareille quantité pour une autre surface donnée, dans laquelle les termes multipliés par i et par o ne se détruiraient pas. Donc si l'équation $r = F(p, q)$

de

de la surface donnée contient trois constantes arbitraires a, b, c, et qu'on les détermine de manière à satisfaire aux trois équations

$$z = F(x, y), \quad z' = F'(x, y), \quad z_{,} = F_{,}(x, y);$$

il sera impossible qu'aucune autre surface qui ne satisferait pas aux mêmes conditions, puisse passer entre cette même surface et la surface proposée dont les coordonnées sont x, y, z.

Il est visible que les trois équations précédentes ne sont autre chose que l'équation même de la surface donnée, en y changeant les coordonnées p, q, r en x, y, z, et les deux équations primes de celle-ci prises suivant x et suivant y. D'où l'on peut conclure, en général, que si $F(p, q, r) = 0$ est l'équation de la surface donnée, les trois équations dont il s'agit seront renfermées dans celles-ci $F(x, y, z) = 0$, $F'(x, y, z) = 0$ et $F_{,}(x, y, z) = 0$, en regardant z comme fonction de x et y; de sorte que si on désigne simplement par $F'(x)$, $F'(y)$, $F'(z)$ les fonctions primes de $F(x, y, z)$ prises relativement à x, y, z seuls, les deux dernières équations deviendront (*n.*° 91)

$$F'(x) + z' F'(z) = 0, \quad F'(y) + z_{,} F'(z) = 0.$$

150. Reprenons l'expression générale de la distance D, et développons les deux fonctions qu'elle contient, en poussant le développement jusqu'aux secondes dimensions de i et o; si on suppose que les trois équations ci-dessus aient déjà lieu, on aura simplement

$$D = \frac{i^2}{2}[z'' - F''(x,y)] + io[z'_{,} - F'_{,}(x,y)] + \frac{o^2}{2}[z_{,,} - F_{,,}(x,y)]$$
$$+ \frac{i^3}{2 \cdot 3} A''' + \frac{i^2 o}{2} A''_{,} + \frac{i o^2}{2} A'_{,,} + \frac{o^3}{2 \cdot 3} A_{,,,},$$

en faisant, pour abréger,

$$A''' = f'''(x + \lambda i, y + \lambda o) - F'''(x + \lambda i, y + \lambda o),$$
$$A''_{,} = f''_{,}(x + \lambda i, y + \lambda o) - F''_{,}(x + \lambda i, y + \lambda o)$$

&c.

Donc, si l'équation $r = F(p, q)$ de la surface donnée est telle qu'on puisse encore satisfaire aux trois équations $z'' = F''(x, y)$, $z'_{,} = F'_{,}(x, y)$,

$z_{''} = F_{''}(x, y)$, les termes du second ordre disparaîtront aussi dans l'expression de D, et on prouvera aisément qu'il sera toujours possible de prendre les quantités i et o assez petites pour que la distance D soit plus petite que la distance Δ pour toute autre surface donnée qui ne satisferait pas aux mêmes conditions ; d'où il suit qu'il sera impossible que cette surface passe entre la surface donnée dont l'équation est $r = F(p, q)$, et la proposée dont l'équation est $z = f(x, y)$; et ainsi de suite.

Si on représente en général par $F(p, q, r) = o$ l'équation de la surface donnée, il est visible que les trois dernières équations seront renfermées dans celles-ci : $F''(x, y, z) = o$, $F'_{'}(x, y, z) = o$ et $F_{''}(x, y, z) = o$, en regardant z comme fonction de x et y ; et ainsi des autres.

On pourra donc étendre aux surfaces la théorie des contacts de différens ordres que nous avons exposée relativement aux lignes courbes, et en déduire des résultats semblables. Ainsi, pour le contact du premier ordre, on aura l'équation $F(x, y, z) = o$ avec ses deux équations primes suivant x et y ; pour le contact du second ordre, on aura, outre les trois équations précédentes, les trois équations secondes de $F(x, y, z) = o$ suivant x, suivant y, et suivant x et y ; et ainsi de suite.

151. Prenons, pour la surface donnée, la sphère dont l'équation la plus générale est

$$(p - a)^2 + (q - b)^2 + (r - c)^2 = d^2,$$

p, q, r étant les trois coordonnées d'un point quelconque de sa surface, a, b, c les trois coordonnées qui déterminent la position du centre, et d le demi-diamètre, ou le rayon.

En changeant dans cette équation p, q, r en x, y, z, et prenant ensuite les deux équations primes suivant x et y, on aura ces trois équations :

$$(x - a)^2 + (y - b)^2 + (z - c)^2 - d^2 = o,$$
$$x - a + z'(z - c) = o, \quad y - b + z_{'}(z - c) = o,$$

par lesquelles on pourra déterminer d'abord les trois constantes a, b, c; on trouvera ainsi

$$a = x + \frac{dz'}{\sqrt{(1 + z'^2 + z_,^2)}},$$

$$b = y + \frac{dz_,}{\sqrt{(1 + z'^2 + z_,^2)}},$$

$$c = z - \frac{d}{\sqrt{(1 + z'^2 + z_,^2)}},$$

et le rayon d sera encore arbitraire.

La sphère déterminée par ces élémens sera donc tangente de la surface, et par conséquent son rayon sera perpendiculaire à la même surface. Ainsi, en regardant la valeur de ce rayon comme indéterminée, les trois quantités a, b, c seront les coordonnées de la perpendiculaire à la surface, d étant variable, et x, y, z constantes.

152. Pour que la sphère devienne osculatrice de la surface, on aura encore trois autres équations, qui seront les trois équations secondes de la première équation ci-dessus; mais, comme il ne reste plus qu'une arbitraire d, il est clair qu'on ne pourra pas satisfaire à toutes ces équations; d'où il suit qu'il est impossible de trouver en général une sphère osculatrice d'une surface, comme on trouve le cercle osculateur d'une courbe.

Si, au lieu d'une sphère, on voulait employer la surface formée par la rotation d'un arc de cercle autour de sa corde; comme on aurait dans l'équation de cette surface six constantes arbitraires, on pourrait alors déterminer ces élémens de manière que le contact du second ordre eût lieu en général avec une surface quelconque. Il en serait de même pour toute autre surface dont l'équation renfermerait au moins six constantes arbitraires.

153. Mais si parmi toutes les sphères touchantes il ne peut y en avoir aucune qui devienne proprement osculatrice de la surface, on peut néanmoins déterminer celle qui sera osculatrice d'une courbe quelconque tracée sur la même surface. Pour cela, il n'y aura qu'à supposer y fonction de x, comme dans les courbes à double courbure, et prendre, dans cette

hypothèse, les équations primes et secondes de l'équation de la sphère

$$(x-a)^2+(y-b)^2+(z-c)^2-d^2=0.$$

L'équation prime sera

$$x-a+y'(y-b)+(z'+y'z_{,})(z-c)=0;$$

en regardant toujours z comme fonction de x et y, dont les deux fonctions primes sont z' et $z_{,}$, et ensuite y comme fonction de x, dont y' est la fonction prime. On trouvera, de la même manière, cette équation seconde

$$1+y'^2+y''(y-b)+(z'+y'z_{,})^2+(z''+2y'z'_{,}+y'^2z_{,,}+y''z_{,})$$
$$(z-c)=0.$$

L'équation prime est déjà remplie par les deux équations primes du n.° 151, $x-a+z'(z-c)=0$, $y-b+z_{,}(z-c)=0$. Ainsi il ne reste qu'à satisfaire à l'équation précédente, laquelle, à cause de $y-b+z_{,}(z-c)=0$, se réduit à celle-ci

$$1+y'^2+(z'+y'z_{,})^2+(z''+2y'z'_{,}+y'^2z_{,,})(z-c)=0.$$

Si donc on substitue dans cette équation la valeur de c trouvée ci-dessus (*n.° cité*), on en pourra tirer la valeur de d, et l'on aura

$$d=\frac{[1+y'^2+(z'+y'z_{,})^2]\sqrt{(1+z'^2+z_{,}^2)}}{z''+2y'z'_{,}+y'^2z_{,,}};$$

Connaissant ainsi le rayon d de la sphère osculatrice, on aura, par les formules du même numéro, les valeurs des coordonnées a, b, c du centre.

154. La quantité y', qui entre dans les expressions précédentes, dépend de la courbe qui est la projection de celle qu'on suppose tracée sur la surface. Cette courbe étant arbitraire, on peut chercher celle dans laquelle le rayon de courbure d sera un *maximum* ou un *minimum*; et pour cela, il n'y aura qu'à égaler à zéro la fonction prime de l'expression de d, regardée comme fonction de y' (*n.° 133*). Mais, pour simplifier le calcul, nous observerons que puisque $d=(z-c)\sqrt{(1+z'^2+z_{,}^2)}$, le *maximum* ou *minimum* de d, relativement à y', répondra au *maximum* ou *minimum* de c; ainsi il n'y aura qu'à prendre l'équation prime de

l'équation ci-dessus entre c et y', en supposant nulle la fonction prime de c, c'est-à-dire, en ne regardant que y' comme variable. On aura de cette manière l'équation

$$y' + z_{,}(z' + y'z_{,}) + (z'_{,} + y'z_{,,})(z - c) = 0,$$

qui, étant combinée avec la même équation, servira à déterminer y' et c.

Si on multiplie cette équation par y' et qu'on la retranche de l'équation dont il s'agit, on aura celle-ci plus simple

$$1 + z'^2 + y'z'z_{,} + (z'' + y'z'_{,})(z - c) = 0,$$

qu'on combinera avec la précédente.

Par l'élimination de $z - c$ on aura une équation en y' de cette forme : $Ay'^2 - By' - C = 0$, en faisant, pour abréger,

$$A = (1 + z_{,}^2)z'_{,} - z'z_{,}z_{,,}$$
$$B = (1 + z'^2)z_{,,} - (1 + z_{,}^2)z''$$
$$C = (1 + z'^2)z'_{,} - z'z_{,}z'';$$

et la résolution de cette équation donnera

$$y' = \frac{B \pm \sqrt{(B^2 + 4AC)}}{2A},$$

équation du premier ordre en x, y et y', puisque z étant, par la nature de la surface, une fonction donnée de x et y, les quantités A, B, C seront aussi des fonctions données de x et y. Donc l'équation primitive en x et y renfermera une constante arbitraire, et représentera une infinité de courbes qui seront les projections des lignes de plus grande et de moindre courbure de la surface proposée.

Si on combine les deux équations ci-dessus de manière à faire disparaître les termes où y' et $z - c$ se trouvent ensemble, on en tirera

$$z - c = \frac{(1 + z'^2)z_{,,} - z'z_{,}z'_{,} - Ay'}{z_{,}'^2 - z''z_{,,}}.$$

Donc, substituant la valeur de y', et faisant de plus

$$E = (1 + z'^2)z_{,,} + (1 + z_{,}^2)z'' + z'z_{,}z'_{,}$$

on aura $z - c = \frac{E \pm \sqrt{(B^2 + 4AC)}}{2(z''z_{,,} - z_{,}'^2)}$, et de-là

$$d = \frac{[E \pm \sqrt{(B^2 + 4AC)}]\sqrt{(1 + z'^2 + z_{,}^2)}}{2(z''z_{,,} - z_{,}'^2)},$$

d'où l'on voit que les deux valeurs du radical donnent, l'une le *maximum*, et l'autre le *minimum* du rayon d.

Il y a donc, à chaque point de la surface, deux branches qui se coupent et qui répondent, l'une à une ligne de plus grande, et l'autre à une ligne de moindre courbure; et l'angle sous lequel elles se coupent, dépend de la double valeur de la quantité y', qui est égale à la tangente de l'angle formé par la tangente de la courbe de projection sur le plan des x et y avec l'axe fixe des x. Or, comme la position de ce plan est arbitraire, on peut la prendre de manière qu'il coïncide avec le plan tangent de la surface, alors la projection de la courbe se confondra avec la courbe même, et les deux valeurs de y' deviendront les tangentes des angles que les tangentes des deux branches de plus grande et de moindre courbure feront avec une même ligne; par conséquent la différence de ces angles sera l'angle cherché sous lequel ces branches se coupent; donc, nommant α et β les deux valeurs de y', la tangente de cet angle sera, par les formules connues, $\frac{\alpha - \beta}{1 + \alpha\beta} = \frac{\sqrt{(B^2 + 4AC)}}{A - C}$. Mais il est facile de voir, par les formules du n.° 148, que, pour que le plan tangent d'une surface coïncide avec le plan des x et y, il faut que les valeurs de z' et $z_{,}$ soient nulles. Faisant donc dans les expressions de A, B, C, $z' = 0$, $z_{,} = 0$, on aura $A = z'_{,}$, $B = z_{,,} - z''$, $C = z'_{,}$, ce qui donne $A - C = 0$. Ainsi la tangente de l'angle dont il s'agit sera infinie, et par conséquent l'angle sera droit. D'où l'on doit conclure, en général, que les lignes de plus grande et de moindre courbure d'une surface quelconque se coupent toujours à angles droits.

155. La propriété du *maximum* et du *minimum* n'est pas la seule qui caractérise ces lignes, elles sont encore distinguées par rapport à leurs développées. En effet, si on cherche les conditions nécessaires pour que le rayon de courbure soit par tout tangent à la courbe des centres, on

trouvera, par des considérations semblables à celles du n.° 142, appliquées aux expressions des coordonnées a, b, c de cette courbe (n.° 151), que ces conditions se réduisent à ce que les valeurs des fonctions primes a', b', c' soient les mêmes, soit que la quantité d soit seule variable, ou que les quantités x, y, z varient en même temps que d. Ainsi, si on prend les équations primes des trois équations $(x-a)^2+(y-b)^2+(z-c)^2=d^2, x-a+z'(z-c)=0, y-b+z_{\prime}(z-c)=0$; du n.° 151, d'où dépendent les valeurs a, b, c, il faudra que la partie due à la seule variation de x, y, z soit nulle. Or, il est visible que la seconde et la troisième équation rendent nulle cette partie dans l'équation prime de la première équation; donc il suffira de prendre les équations primes des équations $x-a+z'(z-c)=0, y-b+z_{\prime}(z-c)=0$, en regardant b et c comme constantes. Ces équations seront donc, en regardant, comme ci-dessus (n.° 153), y comme fonction de x, et z comme fonction de x et y,

$$1+z'^2+y'z'z_{\prime}+(z''+y'z'_{\prime})(z-c)=0,$$
$$y'+z_{\prime}z'+y'z_{\prime}^2+(z'_{\prime}+y'z_{\prime\prime})(z-c)=0;$$

et si on les compare aux deux équations du n.° 154, qui déterminent le *maximum* et le *minimum* de d, on voit qu'elles sont identiquement les mêmes. D'où il suit que les lignes suivant lesquelles le rayon de courbure sera tangent de la courbe des centres, sont les mêmes que celles de la plus grande ou de la moindre courbure.

Mais les expressions de a, b, c du n.° 151 donnent, en ne faisant varier que d, $a'=\dfrac{d'z'}{\sqrt{(1+z'^2+z_{\prime}^2)}}$, $b'=\dfrac{d'z_{\prime}}{\sqrt{(1+z'^2+z_{\prime}^2)}}$, $c'=\dfrac{d'}{\sqrt{(1+z'^2+z_{\prime}^2)}}$; d'où l'on tire $a'^2+b'^2+c'^2=d'^2$, et par conséquent $d'=\sqrt{(a'^2+b'^2+c'^2)}$; d'où l'on conclura (n.° 144) que la quantité d sera égale à l'arc de la courbe dont a, b, c sont les coordonnées. Ainsi cette courbe sera la véritable développée des lignes de plus grande et de moindre courbure, et réciproquement il n'y aura sur une surface quelconque que ces lignes qui puissent avoir une développée formée par les rayons de courbure.

Ces propriétés des surfaces sont très-curieuses, et méritent toute l'attention des géomètres; elles donnent lieu sur-tout à des applications importantes pour les arts. Voyez les Mémoires présentés à l'Académie des Sciences, et *l'Application de l'analyse à la génération des surfaces courbes, par* Monge.

156. On peut proposer sur les différens contacts des surfaces des problèmes analogues à ceux qui nous ont occupés, relativement aux lignes courbes (*n.° 122 et suivans*), et les résoudre par des principes semblables. Nous nous contenterons ici de considérer les contacts du premier ordre.

Suivant les formules du n.° 150, si l'équation $F(p, q, r) = 0$, de la surface donnée, contient trois constantes arbitraires a, b, c, pour que cette surface ait un contact du premier ordre avec une surface quelconque rapportée aux coordonnées x, y, z, il faut déterminer a, b, c, en x, y, z, par les trois équations $F(x, y, z) = 0$, $F'(x, y, z) = 0$, $F_{,}(x, y, z) = 0$, dont les deux dernières se réduisent à la forme $F'(x) + z' F'(z) = 0$, et $F'(y) + z_{,} F'(z) = 0$. Donc, si la question est de trouver la surface pour laquelle les trois élémens du contact a, b, c, auront entr'eux une relation déterminée, il faudra substituer, dans l'équation qui exprime cette relation, les valeurs de a, b, c, et si cette équation est entre les quantités a, b, c et x, y, z, on aura une équation du premier ordre en x, y, z, z' et $z_{,}$, qu'on pourra traiter par la méthode générale du n.° 104.

Mais si l'équation dont il s'agit n'était qu'entre les trois quantités a, b, c, la solution du problème serait beaucoup plus simple. En effet, il est clair qu'on peut alors supposer que les quantités a, b, c soient constantes; et dans ce cas l'équation $F(x, y, z) = 0$ sera l'équation primitive de l'équation du premier ordre donnée par les conditions du problème, en y substituant pour une des trois constantes a, b, c, sa valeur tirée de l'équation donnée; on aura ainsi une équation primitive qui ne sera que particulière; mais comme elle renferme deux constantes arbitraires, on pourra, par la méthode du n.° 95, trouver l'équation primitive générale qui donnera la solution complète du problème. On fera donc, suivant cette méthode, $b = \varphi a$, si a et b sont les deux

deux constantes arbitraires ; on éliminera a au moyen de l'équation $F(x, y, z) = 0$ et de son équation prime, prise relativement à la seule quantité a, équation représentée par $F'(a) + \varphi' a \times F'(b) = 0$, en dénotant par $F'(a)$ et $F'(b)$ les fonctions primes de $F(x, y, z)$ relativement aux variables isolées a et b.

157. Pour voir comment le système de ces deux équations satisfait au problème, on observera d'abord que l'équation $F(x, y, z) = 0$; représente la courbe donnée avec laquelle la proposée doit avoir un contact du premier ordre; ainsi cette équation resout le problème, quelles que soient les constantes arbitraires a et b. Mais comme le contact demandé par le problème, exige seulement que les valeurs de z et de ses deux fonctions primes z' et $z_{,}$ soient les mêmes pour les deux courbes, il s'ensuit qu'il aura également lieu en supposant a et b variables, pourvu que ces fonctions primes soient encore les mêmes. Or, c'est précisement ce qui résulte du système des deux équations dont il s'agit, comme on peut s'en convaincre par le n.° 95.

Nous observerons ensuite que la surface représentée par le système de ces équations, ne sera autre chose que la surface formée par l'intersection continuelle des surfaces représentées par la même équation $F(x, y, z) = 0$, en y faisant varier le parametre a; de manière que cette surface touchera ou enveloppera à la fois toutes ces différentes surfaces particulières. En effet, si on représente, ce qui est permis, cette surface enveloppante, par l'équation $F(x, y, z) = 0$, dans laquelle a soit une quantité variable quelconque, et qu'on cherche à déterminer cette quantité, de manière que la même surface touche successivement toutes les surfaces données, il faudra satisfaire à l'équation $F'(a) + \varphi' a \times F'(b) = 0$ pour que les valeurs de z' et $z_{,}$ soient les mêmes que celles des surfaces enveloppées. Ceci répond à ce qu'on a trouvé plus haut (*n.° 126*), relativement aux lignes courbes.

158. Puisque l'équation $F(x, y, z) = 0$ renferme les trois arbitraires a, b, c qui doivent être déterminées par la combinaison de cette équation avec ses deux équations primes prises relativement à x et y;

en regardant a, b, c comme constantes (*n.°* 156); si on regarde maintenant ces quantités comme des fonctions de x et y, il est clair qu'on aura aussi séparément les deux équations primes de la même équation relativement à ces quantités. Ainsi, en désignant par $F'(a)$, $F'(b)$, $F'(c)$ les fonctions primes de la fonction $F(x, y, z)$ prises relativement aux seules quantités a, b, c considérées séparément, on aura encore ces deux équations primes

$$a' F'(a) + b' F'(b) + c' F'(c) = 0,$$
$$a_{i} F'(a) + b_{i} F'(b) + c_{i} F'(c) = 0.$$

Soit $c = f(a, b)$ l'équation qui exprime la relation donnée entre les quantités a, b, c, en prenant de même les deux équations primes, on aura

$$c' = a' f'(a) + b' f'(b),$$
$$c_{i} = a_{i} f'(a) + b_{i} f'(b);$$

$f'(a)$ et $f'(b)$ étant les deux fonctions primes de $f(a, b)$ prises relativement à a et b isolées. Substituant ces valeurs de c' et c_{i} dans les deux équations précédentes, on aura

$$a'[F'(a) + f'(a) \times F'(c)] + b'[F'(b) + f'(b) \times F'(c)] = 0;$$
$$a_{i}[F'(a) + f'(a) \times F'(c)] + b_{i}[F'(b) + f'(b) \times F'(c)] = 0,$$

d'où l'on tire cette équation $a' b_{i} - b' a_{i} = 0$, où la fonction désignée par la caractéristique f n'entre plus.

Si donc on substitue dans cette équation $a' b_{i} - b' a_{i} = 0$ les valeurs de a, b en x, y, z, z' et z_{i}, on aura une équation du second ordre, dont l'équation primitive du premier ordre sera $c = f(a, b)$, la fonction désignée par f étant arbitraire; et l'équation primitive de celle-ci entre x, y, z sera le système de l'équation $F(x, y, z) = 0$, et de son équation prime prise relativement à a, après y avoir substitué $f(a, b)$ pour c, et φa pour b, la fonction φa étant la seconde fonction arbitraire. Ainsi on pourra, de cette manière, trouver l'équation primitive de toute équation du second ordre réductible à la forme $a' b_{i} - b' a_{i} = 0$, les quantités a, b étant déduites d'une équation quelconque $F(x, y, z, a, b, c) = 0$ entre les quantités

x, y, z, a, b, c, et de ses deux équations primes prises dans l'hypothèse de a, b, c constantes ; ce qui fournit une méthode importante pour les progrès de l'analyse inverse des fonctions de deux variables.

159. Appliquons la théorie précédente aux plans tangens. Nous avons trouvé plus haut, que les élémens a, b, c du contact d'un plan représenté par l'équation $r = a + bp + cq$ sont exprimés ainsi : $a = z - xz' - yz_{,}$, $b = z'$, $c = z_{,}$. Donc si l'on a une équation quelconque entre ces trois quantités, laquelle donne, par exemple, $c = f(a, b)$, l'équation primitive de cette équation du premier ordre sera représentée par le système de ces deux équations,

$$z = a + x\varphi a + yf(a, \varphi a),$$
$$1 + x\varphi' a + yf(a)' = 0,$$

en dénotant par $\varphi' a$ et $f(a)'$ les fonctions primes de φa et de $f(a, \varphi a)$ relatives à a. La quantité a devra être éliminée pour avoir une équation en x, y, z; et la fonction φa sera la fonction arbitraire.

Cette équation sera donc celle de la surface formée par l'intersection continuelle de tous les plans représentés par l'équation $z = a + x\varphi a + yf(a, \varphi a)$, en faisant varier successivement le paramètre a (*n.°* 157); ce sera par conséquent une surface développable, puisqu'on peut concevoir que le même plan tangent, supposé flexible et inextensible, s'applique et se plie sur la surface, sans duplicature ni solution de continuité, et réciproquement que la surface s'applique et se développe sur le même plan sans se briser ou se replier.

Puisque $a = z - xz' - yz_{,}$, et $b = z'$, on aura $a' = -xz'' - yz'_{,}$, $a_{,} = -xz'_{,} - yz_{,,}$, $b' = z''$, $b_{,} = z'_{,}$, donc l'équation $a'b_{,} - a_{,}b' = 0$ (*n.° préc.*) deviendra $(xz'' + yz'_{,})z'_{,} - (xz'_{,} + yz_{,,})z'' = 0$; savoir, $z'^{2}_{,} - z''z_{,,} = 0$. Ce sera l'équation générale des surfaces développables, dont par conséquent l'équation primitive sera le système de ces deux-ci, $z = a + x\varphi a + yfa$, et $1 + x\varphi' a + yf' a = 0$; φa et fa dénotant deux fonctions arbitraires de a. Voyez les ouvrages déjà cités (*n.°* 155).

160. Si on demande les plus grandes ou les moindres ordonnées z

d'une surface donnée ; il est aisé de concevoir qu'elles ne peuvent répondre qu'aux points où le plan tangent devient parallèle au plan des x et y ; donc on aura dans ces points, tang. $\alpha = 0$, et par conséquent $z'^2 + z_{\prime}^2 = 0$ (*n°. 148*) ; ce qui ne peut avoir lieu qu'en faisant à la fois $z' = 0$ et $z_{\prime} = 0$. Ce sont-là les conditions nécessaires pour que l'ordonnée z devienne un *maximum* ou un *minimum*.

Puisque z peut représenter une fonction quelconque de x et y, on en conclura en général, que pour qu'une fonction de deux variables devienne un *maximum* ou *minimum*, il faut que ses deux fonctions primes relatives à chacune de ces variables, soient nulles.

Mais on peut parvenir directement à cette conclusion par la considération des fonctions d'une seule variable, suivant la théorie du n.° 132, et trouver en même temps les conditions nécessaires pour que le *maximum* ou *minimum* ait lieu. En effet, z étant fonction de x et y, on peut supposer d'abord x donné, et chercher le *maximum* ou *minimum* de z relativement à y ; on aura pour cela l'équation $z_{\prime} = 0$, et ensuite $z_{\prime\prime} < 0$ pour le *maximum* et > 0 pour le *minimum*. Si donc on substitue dans z la valeur de y tirée de l'équation $z_{\prime} = 0$, cette quantité z deviendra une simple fonction de x, et sera déjà un *maximum* ou *minimum* relativement à y. Il n'y aura donc qu'à la rendre encore un *maximum* ou *minimum* relativement à la quantité x qui avait été supposée constante ; or y devant maintenant être regardé comme une fonction de x donnée par l'équation $z_{\prime} = 0$, il est clair que la fonction prime de z relativement à x ne sera pas simplement z', mais $z' + y' z_{\prime}$, et sa fonction seconde relative aussi à x, sera $z'' + 2 y' z'_{\prime} + y'^2 z_{\prime\prime} + y'' z_{\prime}$, en désignant toujours par y' et y'', les fonctions primes et secondes de y relativement à x. On aura donc $z' + y' z_{\prime} = 0$; et comme on a déjà $z_{\prime} = 0$, cette seconde équation se réduira à $z' = 0$. De sorte qu'on aura pour la détermination de x et y, les deux conditions $z' = 0$, $z_{\prime} = 0$, comme plus haut.

Maintenant il faudra de plus que l'on ait $z'' + 2 y' z'_{\prime} + y'^2 z_{\prime\prime} + y'' z_{\prime} < 0$ pour le *maximum* et > 0 pour le *minimum* ; mais comme y doit être déterminé par l'équation $z_{\prime} = 0$, y' le sera par son équation prime $z'_{\prime} + y' z_{\prime\prime} = 0$, laquelle donne $y' = -\frac{z'_{\prime}}{z_{\prime\prime}}$. Ainsi on aura pour le *maximum* $z'' - \frac{z'^2_{\prime}}{z_{\prime\prime}} < 0$, et pour le *minimum* $z'' - \frac{z'^2_{\prime}}{z_{\prime\prime}} > 0$; ou bien, puisque $z_{\prime\prime}$ doit être aussi < 0 dans le premier cas, et > 0 dans le second, il faudra que l'on ait, tant pour le *maximum* que pour le *minimum*, $z'' z_{\prime\prime} - z'^2_{\prime} > 0$. D'où l'on peut conclure, que les valeurs de x et y tirées des équations $z' = 0$ et $z_{\prime} = 0$, donneront un *maximum* ou un *minimum*, suivant que l'on aura $z_{\prime\prime} <$ ou > 0, pourvu que l'on ait en même temps $z'' z_{\prime\prime} - z'^2_{\prime} > 0$, ce qui emporte, comme l'on voit, la condition que z'' et $z_{\prime\prime}$ soient de même signe.

Donc, si $z'' z_{\prime\prime} - z'^2_{\prime} = $ ou < 0, il n'y aura ni *maximum* ni *minimum*, à moins que les fonctions tierces ne disparaissent aussi, auquel cas le jugement dépendra des fonctions quartes, et ainsi de suite.

Il ne suffit donc pas pour l'existence du *maximum* ou *minimum*, que l'on ait $z'' < 0$ et $z_{\prime\prime} < 0$ ou $z'' > 0$ et $z_{\prime\prime} > 0$, comme on pourrait le conclure du chap. XI de la seconde partie du Calcul différentiel d'*Euler*.

161. Il est facile d'appliquer la méthode précédente aux fonctions de trois variables. Supposons que u soit fonction des variables x, y, z; regardant d'abord x et y comme constantes, et z seul comme variable, on aura, suivant la notation déjà adoptée (*n.° 103*), $_{\prime}u = 0$ pour la condition du *maximum* ou *minimum*; et ensuite $_{\prime\prime}u < 0$ pour le *maximum* et $_{\prime\prime}u > 0$ pour le *minimum*. L'équation $_{\prime}u = 0$ donnera la valeur de z en x et y, qu'on substituera ou qu'on supposera substituée dans la fonction u, moyennant quoi cette fonction ne contenant plus que les deux variables x et y, retombera dans le cas que nous venons de résoudre.

Pour construire des formules générales, on remarquera que si u n'était qu'une fonction de x et y, on aurait pour le *maximum* et *minimum* les conditions $u' = 0$ et $u_{\prime} = 0$; ensuite pour le *maximum* $u_{\prime\prime} < 0$ et pour le *minimum* $u_{\prime\prime} > 0$, et enfin $u'' u_{\prime\prime} - u'^2_{\prime} > 0$ pour les deux cas. Mais, puisque u contient de plus z qui est elle même une fonction de x et y, les valeurs des fonctions désignées par u', $u_{\prime}$, u'', &c., ne seront pas simplement exprimées par ces quantités, mais il y faudra ajouter les termes qui doivent provenir de la quantité z regardée comme fonction de x et y. Ainsi, en prenant les fonctions primes et secondes de u, on trouvera que la quantité u' devient $u' + {}_{\prime}u\,z'$, que la quantité $u_{\prime}$ devient $u_{\prime} + {}_{\prime}u\,z_{\prime}$, que la quantité u'' devient $u'' + 2\,{}_{\prime}u'\,z' + {}_{\prime}u\,z'' + {}_{\prime\prime}u\,z'^{2}$, que la quantité $u_{\prime\prime}$ devient $u_{\prime\prime} + 2\,{}_{\prime}u_{\prime}\,z_{\prime} + {}_{\prime}u\,z_{\prime\prime} + {}_{\prime\prime}u\,z_{\prime}^{2}$, et que la quantité $u'_{\prime}$ devient $u'_{\prime} + {}_{\prime}u_{\prime}\,z' + {}_{\prime}u'\,z_{\prime} + {}_{\prime}u\,z'_{\prime} + {}_{\prime\prime}u\,z'\,z_{\prime}$.

Donc on aura d'abord pour le *maximum* ou *minimum*, les deux conditions $u' + {}_{\prime}u\,z' = 0$, $u_{\prime} + {}_{\prime}u\,z_{\prime} = 0$; de sorte qu'à cause de ${}_{\prime}u = 0$, on aura ces trois équations $u' = 0$, $u_{\prime} = 0$ et ${}_{\prime}u = 0$; c'est-à-dire, les trois fonctions primes de u relatives à x, y, z, chacune égale à zéro.

Ensuite, à cause de ${}_{\prime}u = 0$, on aura $u_{\prime\prime} + 2\,{}_{\prime}u_{\prime}\,z_{\prime} + {}_{\prime\prime}u\,z_{\prime}^{2} < 0$ pour le *maximum* et > 0 pour le *minimum*, et pour l'un et l'autre,

$$(u'' + 2\,{}_{\prime}u'\,z' + {}_{\prime\prime}u\,z'^{2})\,(u_{\prime\prime} + 2\,{}_{\prime}u_{\prime}\,z_{\prime} + {}_{\prime\prime}u\,z_{\prime}^{2})$$
$$> (u'_{\prime} + {}_{\prime}u_{\prime}\,z' + {}_{\prime}u'\,z_{\prime} + {}_{\prime\prime}u\,z'\,z_{\prime})^{2}.$$

Mais comme la valeur de z en x et y dépend de l'équation ${}_{\prime}u = 0$, on prendra ses deux équations primes suivant x et y, pour avoir les valeurs de z' et de $z_{\prime}$; on aura donc ${}_{\prime}u' + {}_{\prime\prime}u\,z' = 0$ et ${}_{\prime}u_{\prime} + {}_{\prime\prime}u\,z_{\prime} = 0$; d'où l'on tire $z' = -\dfrac{{}_{\prime}u'}{{}_{\prime\prime}u}$, et $z_{\prime} = -\dfrac{{}_{\prime}u_{\prime}}{{}_{\prime\prime}u}$. On substituera donc ces valeurs, et comme l'on a déjà trouvé ${}_{\prime\prime}u < 0$ pour le *maximum* et > 0 pour le *minimum*, en multipliant la première condition par ${}_{\prime\prime}u$, on aura une quantité qui devra toujours être > 0. Donc les conditions pour le *maximum* ou *minimum* se réduiront à ces trois-ci,

${}_{\prime\prime}u < 0$ pour le *maximum* et > 0 pour le *minimum*,

$${}_{\prime\prime}u\,u_{\prime\prime} - {}_{\prime}u_{\prime}^{2} > 0, \text{ et}$$

$$({}_{\prime\prime}u\,u'' - {}_{\prime}u'^{2})\,({}_{\prime\prime}u\,u_{\prime\prime} - {}_{\prime}u_{\prime}^{2}) > ({}_{\prime\prime}u\,u'_{\prime} - {}_{\prime}u'\,{}_{\prime}u_{\prime})^{2}.$$

On voit par la marche de cette méthode, comment elle peut s'étendre à un plus grand nombre de variables, et on en peut d'abord conclure en général, que l'on aura les équations du *maximum* ou *minimum* d'une fonction quelconque de plusieurs variables, en égalant à zéro les fonctions primes de cette fonction, prises relativement à chacune de ces variables; ce qui donnera autant d'équations que de variables. A l'égard des autres conditions nécessaires pour l'existence du *maximum* ou *minimum*, on les trouvera successivement par les principes et les formules que nous venons d'exposer.

162. Pour donner un exemple de la méthode *de maximis et minimis*, supposons qu'on demande la plus courte distance entre deux lignes droites données de position dans l'espace. Soit pour l'une des droites l'abscisse x, les deux ordonnées seront de la forme $a + bx$ et $c + dx$; soit pareillement pour l'autre droite l'abscisse y prise sur le même axe, les deux ordonnées rapportées aussi aux mêmes axes que celles de la première droite seront de la forme $A + By$, et $C + Dy$; donc, le carré de la distance entre les deux points qui répondent aux abscisses x et y, sera exprimé par cette formule,

$$(x - y)^2 + (a - A + bx - By)^2 + (c - C + dx - Dy)^2,$$

que nous ferons, pour plus de simplicité, égale à $2z$.

En prenant les fonctions dérivées, on aura

$$z' = x - y + b(a - A + bx - By) + d(c - C + dx - Dy),$$

$$z_{,} = -(x - y) - B(a - A + bx - By) - D(c - C + dx - Dy),$$

$$z'' = 1 + b^2 + d^2, \quad z_{,,} = 1 + B^2 + D^2, \quad z'_{,} = -1 - bB - dD.$$

Donc, 1.° on aura, pour la détermination des deux inconnues x et y, les équations

$$x - y + b(a - A + bx - By) + d(c - C + dx - Dy) = 0,$$

$$x - y + B(a - A + bx - By) + D(c - C + dx - Dy) = 0.$$

2.° Puisque la valeur de z'' est nécessairement positive, il ne pourra y avoir que le *minimum*, mais il faudra de plus que l'on ait la condition $z'' z_{,,} - z'^2_{,} > 0$; savoir

$$(1 + b^2 + d^2)(1 + B^2 + D^2) - (1 + bB + dD)^2 > 0.$$

Or, c'est ce qui a lieu, quelles que soient les valeurs de b, d, B, D; car la condition précédente peut se mettre sous cette forme

$$(b - B)^2 + (d - D)^2 + (bD - dB)^2 > 0.$$

Comme les équations en x et y sont linéaires, la détermination de ces quantités n'a aucune difficulté; nous ne nous y arrêterons pas, d'autant que ce problème est susceptible d'une solution géométrique fort élégante.

163. On peut encore, dans la recherche des *maxima* et *minima* des fonctions de plusieurs indéterminées, considérer toutes les variables à la fois, ce qui est plus direct et plus lumineux. Soit, en effet, $f(x, y, z, u \ldots)$ la fonction proposée, si on suppose que les quantités x, y, z, u, &c. aient déjà les valeurs convenables pour le *maximum* ou *minimum*, il faudra qu'en substituant $x+p$, $y+q$, $z+r$, $u+s$, &c., à la place de x, y, z, u, &c. dans la fonction dont il s'agit, sa valeur devienne toujours plus petite dans le cas du *maximum*, et toujours plus grande dans le cas du *minimum*, quelles que soient les valeurs de p, q, r, s, &c., et quelque petites qu'elles soient; c'est ce qui résulte de la nature même du *maximum* ou *minimum* (n.° 132).

Développons la fonction $f(x+p, y+q, z+r, u+s \ldots)$ suivant les puissances et les produits des quantités p, q, r, s, &c., par les formules du théorème général (n.° 147), et arrêtons-nous aux premiers termes de ce développement.

Si on désigne simplement (ainsi que nous l'avons pratiqué jusqu'ici) par $f'(x)$, $f'(y)$, $f'(z)$, $f'(u)$, &c., les fonctions primes de la fonction $f(x, y, z, u \ldots)$, prises relativement à x, y, z, u, &c. considérés séparément, et qu'on désigne de plus par $f''(x)$, $f''(x,y)$, $f''(y)$, $f''(x,z)$, $f''(y,z)$, $f''(z)$, &c. les fonctions secondes de la fonction

$$f(x+\lambda p, y+\lambda q, z+\lambda r, u+\lambda s \ldots),$$

prises relativement à x seul, à x et y, à y seul, à x et z, à y et z, et ainsi de suite, on aura

$$\begin{aligned} f(x+p, y+q, z+r, u+s \ldots) &= f(x, y, z, u \ldots) \\ &+ pf'(x) + qf'(y) + rf'(z) + sf'(u) + \&c. \\ + \tfrac{1}{2}p^2 f''(x) + pqf''(x,y) &+ \tfrac{1}{2}q^2 f''(y) + prf''(x,z) \\ &+ qrf''(y,z) + \&c. \end{aligned}$$

Le coëfficient λ désigne un nombre indéterminé compris entre 0 et 1,

et

et qui sera le même dans la même fonction, mais pourra être différent dans les différentes fonctions.

Donc, il faudra que la quantité

$$pf'(x) + qf'(y) + rf'(z) + sf'(u) + \&c. + \frac{1}{2}p^2f''(x) + pqf''(x, y) + \frac{1}{2}q^2f''(y) + \&c.$$

soit toujours positive pour le *minimum* et négative pour le *maximum*, en donnant à p, q, r, &c., des valeurs quelconques aussi petites qu'on voudra. D'où l'on conclura d'abord, par un raisonnement analogue à celui du n.° 132, que cette condition ne pourra être remplie, à moins que les termes multipliés par les premières puissances de p, q, r, &c., ne soient nuls chacun en particulier, ce qui donnera les équations

$$f'(x) = 0, f'(y) = 0, f'(z) = 0, f'(u) = 0, \&c.$$

qui sont communes au *maximum* et au *minimum*, et qui étant en même nombre que les indéterminées p, q, r, s, &c., serviront à déterminer leurs valeurs.

164. Mais pour que ces valeurs donnent en effet un *maximum* ou un *minimum*, il faudra encore que la quantité restante

$$\frac{1}{2}p^2f''(x) + pqf''(x, y) + \frac{1}{2}q^2f''(y) + prf''(x, z) + qrf''(y, z) + \frac{1}{2}r^2f''(z) + \&c.$$

soit toujours positive pour le *minimum* et négative pour le *maximum*, quelles que soient les valeurs de p, q, r, &c., et quelque petites qu'elles puissent être.

Comme les fonctions $f''(x)$, $f''(x, y)$, &c., qui multiplient les carrés et les produits des quantités p, q, r, &c., renferment elles-mêmes ces quantités, il pourrait être difficile, et peut-être impossible de déterminer les caractères nécessaires pour que la condition dont il s'agit ait lieu rigoureusement; mais j'observe que si on suppose $\lambda = 0$, ces fonctions deviennent indépendantes de p, q, r, &c., et ont des valeurs déterminées; et l'on trouve alors, comme on le verra dans un moment, des conditions entre ces mêmes fonctions, qui ne consistent que dans des inégalités entre des quantités composées de ces fonctions. Ces inégalités étant supposées avoir lieu pour des valeurs déterminées de x, y, z, &c., auront lieu encore pour les valeurs peu différentes $x + \lambda p, y + \lambda q, y + \lambda r$, &c., tant que les quantités $\lambda p, \lambda q, \lambda r$, &c., ne passeront pas certaines limites qui pourront être aussi peu étendues qu'on voudra. Donc, puisque la condition exigée pour le *maximum* ou *minimum*, n'a besoin d'être remplie que pour des valeurs quelconques de p, q, r, &c., aussi petites qu'on voudra, il s'ensuit qu'il suffira de satisfaire à cette condition dans le cas de $\lambda = 0$; par conséquent on pourra supposer tout de suite $\lambda = 0$, ce qui réduira les fonctions $f''(x)$, $f''(x, y)$, $f''(y)$, &c., qui entrent dans la quantité ci-dessus $\frac{1}{2}p^2 f''(x) + pqf''(x, y) +$ &c., à n'être que les fonctions secondes de la fonction donnée $f(x, y, z, u \ldots)$ prises relativement à x seul, à x et y, &c.

165. Tout se réduit donc à trouver les conditions pour qu'une quantité de la forme

$$Ap^2 + Bpq + Cq^2 + Dpr + Eqr + Fr^2 + \&c.,$$

dans laquelle A, B, C, &c. sont des quantités données, et p, q, r, &c. dénotent des quantités indéterminées, soit toujours nécessairement positive ou négative, quelles que soient les valeurs de p, q, r, &c.

Supposons qu'elle doive être toujours positive, il est évident que, pour le cas contraire, il suffira de prendre négativement les coëfficiens A, B, C, &c. Puisque cette quantité ne peut jamais devenir négative, il s'ensuit qu'elle doit avoir un *minimum* positif; et réciproquement, si elle n'a que des *minima* positifs, elle ne pourra jamais devenir négative. Il n'y a donc qu'à chercher les conditions nécessaires pour que la quantité dont il s'agit ait des *minima* tous positifs.

Suivant l'esprit de la méthode exposée ci-dessus (n.° 161), on prendra les fonctions primes et secondes de la quantité proposée relativement à une seule variable, comme p, et on supposera la fonction prime égale à zéro, et la fonction seconde positive. On aura ainsi l'équation $2Ap + Bq + Dr +$ &c. $= 0$, et la condition $A > 0$,

On substituera la valeur de p, tirée de l'équation précédente, dans la quantité proposée, laquelle deviendra ainsi de la forme

$$Lq^2 + Mqr + Nr^2 + Pqs + \&c.,$$

où $L = C - \frac{B^2}{4A}$, $M = E - \frac{BD}{2A}$, $N = F - \frac{D^2}{4A}$, &c.

On prendra, de la même manière, les fonctions primes et secondes de cette transformée relativement à une seule variable q, et faisant la fonction prime égale à zéro, et la fonction seconde positive, on aura de nouveau l'équation $2Lq + Mr + Ps + \&c. = 0$, et la condition $L > 0$.

On substituera pareillement dans la transformée précédente la valeur de q, tirée de cette équation; on aura la nouvelle transformée $Tr^2 + Vrs + Xs^2 + \&c.$, dans laquelle les coëfficiens T, V, X, &c. seront donnés en L, M, N, &c., comme ceux-ci le sont en A, B, C, &c.; et continuant le même procédé, on aura l'équation $2Tr + Vs + \&c. = 0$, et la condition $T > 0$; et ainsi de suite.

Maintenant il est aisé de voir que la dernière de ces transformées, celle qui ne contiendra plus qu'une seule des indéterminées p, q, r &c., et qui sera par conséquent de la forme Zs^2, sera elle même le *minimum* de la quantité proposée; d'où il s'ensuit que les conditions pour que cette quantité ait un *minimum* positif, seront $A > 0$, $L > 0$, $T > 0 \ldots Z > 0$; et comme les équations qui déterminent les valeurs de p, q, r, &c., sont toutes linéaires, on en conclura que ce *minimum* sera le seul qui puisse avoir lieu. Ainsi le problème est résolu rigoureusement.

Au reste, il est facile de voir que par ces différentes transformations, la quantité proposée deviendra de la forme

$$A\left(p + \frac{Bq + Dr + \&c.}{2A}\right)^2 + L\left(q + \frac{Mr + Ps + \&c.}{2L}\right)^2$$

$$+ T\left(r + \frac{Vs + \&c.}{2T}\right)^2 + \&c.;$$

laquelle sera évidemment toujours positive ou négative, suivant que les coëfficiens A, L, T, &c. le seront tous à la fois; et l'on voit en même temps par cette forme, que les quantités A, L, T, &c. pourront être nulles, pourvu qu'elles ne le soient pas toutes à la fois.

Les conditions que nous venons de trouver deviendront donc celles du *maximum* ou *minimum* de la fonction $f(x, y, z, u \ldots)$, en faisant pour le *minimum* $A = f''(x)$, $B = f''(x, y)$, $C = f''(y)$ &c., et pour le *maximum* $A = -f''(x)$, $B = -f''(x, y)$, $C = -f''(y)$ &c. Il est facile de voir l'accord de ces résultats avec ceux du n.° 161 ; mais la méthode précédente a l'avantage de fournir un moyen simple d'étendre ces résultats à un nombre quelconque de variables.

166. Les principes exposés jusqu'ici sur la théorie *de maximis et minimis*, conduisent à cette conclusion générale : Si dans une fonction quelconque des variables x, y, z &c., on substitue à la place de ces variables les quantités $x + p$, $y + q$, $z + r$ &c., et qu'on développe la fonction suivant les puissances et les produits des quantités p, q, r &c., les termes où ces quantités ne se trouveront qu'à la première dimension, étant égalés chacun séparément à zéro, donneront les équations nécessaires pour que la fonction proposée devienne un *maximum* ou *minimum* ; ensuite on considérera la quantité composée de tous les termes où p, q, r &c. formeront deux dimensions, et il faudra pour le *minimum* que cette quantité soit toujours positive, et pour le *maximum* toujours négative, quelles que puissent être les valeurs de p, q, r, &c.

Si tous ces termes s'évanouissaient à la fois, il faudrait alors pour l'existence du *maximum* ou *minimum*, que tous les termes où p, q, r, &c. formeraient trois dimensions, disparussent aussi à la fois, et que la quantité composée des termes où p, q, r, &c. formeraient quatre dimensions, fût toujours positive pour le *minimum* et toujours négative pour le *maximum*, p, q, r, &c. ayant des valeurs quelconques ; et ainsi de suite. Ce qui répond, comme l'on voit, au théorème du n.° 132.

Nous avons donné ci-dessus un moyen simple pour trouver les conditions qui rendent une quantité de la forme $Ap^2 + Bpq +$ &c. toujours positive ou négative ; on pourrait, de la même manière, chercher celles qui rendraient toujours positives ou négatives des quantités de la forme $Ap^4 + Bp^3q +$ &c. ; mais l'application de la méthode générale à ce cas serait sujette à des difficultés de calcul qui pourraient la rendre impraticable; et c'est là un problème d'algèbre dont il serait à désirer qu'on pût avoir une solution complète.

167. Nous avons supposé jusqu'ici que les variables qui entrent dans la fonction sont indépendantes les unes des autres; mais s'il y avait entre elles une ou plusieurs équations, il faudrait commencer par éliminer, au moyen de ces équations, autant de variables dans la fonction proposée, on chercherait ensuite les conditions du *maximum* ou *minimum* par rapport aux variables qui seraient restées dans la fonction. C'est la méthode qui se présente naturellement; mais on peut la simplifier beaucoup, en conservant toutes les variables, et réduisant l'élimination aux seules quantités p, q, r, &c.

En effet, supposons qu'on ait entre les variables x, y, z, &c. l'équation $\varphi(x, y, z \ldots) = 0$; comme cette équation doit avoir lieu quelles que soient les valeurs de x, y, z, &c., elle aura donc lieu aussi en mettant $x + p$, $y + q$, $z + r$, &c. à la place de x, y, z, &c.; par conséquent on aura, par un développement semblable à celui du n.° 163, l'équation

$$p\varphi'(x) + q\varphi'(y) + r\varphi'(z) + \&c.$$
$$+ \tfrac{1}{2}p^2\varphi''(x) + pq\varphi''(x, y) + \tfrac{1}{2}q^2\varphi''(y) + \&c. = 0;$$

d'où l'on pourra tirer la valeur de p en série, qu'on substituera dans le développement de la fonction qui doit être un *maximum* ou un *minimum*; ou bien on ajoutera simplement à ce développement la quantité qui forme le premier membre de l'équation précédente, multipliée par une quantité quelconque indéterminée qui pourra même être de la forme

$$a + bp + cq + dr + \&c. + lp^2 + mpq + \&c.,$$

les coëfficiens a, b, c, &c. étant indéterminés, et on égalera à zéro tous les termes qui contiendront la quantité p, ce qui servira à déterminer les inconnues a, b, c, &c.

Comme les équations du *maximum* ou *minimum* résultent de l'évanouissement des termes où les quantités p, q, r, &c. ne sont qu'à la première dimension, il suffira d'égaler à zéro chacun de ces termes, ce qui donnera sur-le-champ les équations $f'(x) + a\varphi'(x) = 0$, $f'(y) + a\varphi'(y) = 0$, $f'(z) + af'(z) = 0$, &c., qu'on réduira ensuite à une de moins par l'élimination de l'inconnue a. A l'égard des termes où les quantités p, q, r, &c. formeront deux dimensions, on déterminera, par les méthodes exposées ci-dessus, les conditions qui doivent avoir lieu entre les coëfficiens de ces termes, et on cherchera à satisfaire à ces conditions de la manière la plus générale, au moyen des quantités arbitraires b, c, d, &c.

Nous ne faisons ici qu'indiquer ces procédés dont il sera facile de faire l'application ; mais on peut les réduire à ce principe général : Lorsqu'une fonction de plusieurs variables doit être un *maximum* ou *minimum*, et qu'il y a entre ces variables une ou plusieurs équations, il suffira d'ajouter à la fonction proposée les fonctions qui doivent être nulles, multipliées chacune par une quantité indéterminée, et de chercher ensuite le *maximum* ou *minimum*, comme si les variables étaient indépendantes ; les équations qu'on trouvera combinées avec les équations données, serviront à déterminer toutes les inconnues.

168. On peut résoudre, par les mêmes principes, les questions où il s'agit de trouver des courbes qui jouissent, dans chacun de leurs points, de quelque propriété donnée de *maximum* ou *minimum*.

Supposons, par exemple, qu'on demande la courbe dans laquelle la quantité que nous avons nommée K, dans le problème du n.° 122, soit un *maximum* ou *minimum* à chaque point de la courbe. Cette quantité est exprimée par la fonction $[y+(m-x)y']\ [y+(n-x)y']$; et la question consiste à trouver la valeur de y en x, qui rendra cette fonction un *maximum* ou *minimum*. Si les deux quantités y et y' étaient indépendantes l'une de l'autre, on pourrait déterminer le *maximum* ou *minimum* relativement à chacune de ces variables (n.° 160) ; mais comme ces quantités dérivent l'une de l'autre, et que leur relation demeure inconnue tant que l'une d'elles n'est pas une fonction déterminée de x, on ne peut chercher le *maximum* ou *minimum* que par rapport à une de ces quantités ; et il est naturel de prendre pour variable la quantité y' qui détermine la position de la tangente, en regardant les coordonnées x et y comme données pour chaque point de la courbe.

On prendra donc les fonctions primes et secondes de la fonction proposée, relativement à la quantité y' regardée comme seule variable ;

et égalant à zéro la fonction prime, on aura sur-le-champ l'équation $[y + (n - x)y'](m - x) + [y + (m - x)y'](n - x) = 0$, laquelle donne, comme dans le n.° 122,

$$y' = \frac{(2x - m - n)y}{2(m - x)(n - x)}$$

pour l'équation de la courbe cherchée.

Ensuite on aura la fonction seconde $2(m - x)(n - x)$, laquelle fait voir que le *maximum* aura lieu dans toute la partie de la courbe pour laquelle les deux quantités $m - x$ et $n - x$ seront de signes différens, et que le *minimum* aura lieu pour la partie où $m - x$ et $n - x$ seront de même signe (*n.° 160*); de sorte que le *maximum* aura lieu pour toutes les valeurs de x comprises entre les limites m et n, et le *minimum* pour les valeurs de x qui tomberont hors de ces limites.

L'équation trouvée pour la courbe étant du premier ordre, elle est susceptible d'une équation primitive avec une constante arbitraire; et si on la met sous la forme $\frac{2y'}{y} = \frac{1}{x - m} + \frac{1}{x - n}$, on en déduira sur-le-champ cette équation primitive, $2 \log. y = \log. (x - m) + \log. (x - n) + \log. h$, et passant des logarithmes aux nombres, $y^2 = h(x - m)(x - n)$, où h est une constante arbitraire. Cette équation est de la même forme que celle que nous avons trouvée dans l'endroit cité (*n.° 122*); ce qui doit être, puisqu'elles viennent l'une et l'autre de la même équation du premier ordre. En effet, l'équation trouvée ci-dessus pour le *maximum* ou *minimum*, étant multipliée par y'', a pour équation primitive $[y + (m - x)y'][y + (n - x)y'] = K$, K étant une constante arbitraire; et celle-ci combinée avec la même équation pour en éliminer y', donnera le résultat trouvé dans le même endroit.

Donc, rapprochant cette solution de celle du n.° 122, on en conclura, en général, que les sections coniques ont non-seulement la propriété déjà trouvée, que chaque tangente coupe sur les perpendiculaires élevées aux deux extrémités de l'axe, des parties dont le produit est constant; mais encore celle-ci, que la position de la tangente à chaque point de la courbe, regardé comme donné, est telle que ce même produit est un *maximum* pour l'ellipse, et un *minimum* ou plutôt un *maximum* négatif pour l'hyperbole.

169. En général, si on demande la courbe dans laquelle une fonction donnée de x, y, y', y'', &c. sera un *maximum* ou un *minimum*, on pourra chercher le *maximum* ou *minimum* relativement à chacune des quantités y, y', y'' &c., ce qui donnera autant de solutions différentes ; et l'on aura toujours, généralement parlant, pour la courbe cherchée, une équation du même ordre que la fonction proposée.

Si cette fonction était une simple fonction des élémens a, b, c, &c. du contact (*n.°* 117), en cherchant le *maximum* ou *minimum* relativement à la dernière des quantités y, y', y'' &c., on trouverait nécessairement la même équation que l'on aurait pour le problème dans lequel on supposerait cette même fonction égale à une constante; c'est de quoi il est facile de se convaincre par l'analyse des n.os 125 et 127. En effet, en égalant à zéro la fonction prime de $f(a, b, c \ldots)$, prise relativement à la plus haute des fonctions dérivées y', y'' &c., on aura la même équation que si on prenait, en général, la fonction prime de l'équation $f(a, b, c \ldots) = const.$ relativement à x, y, y', &c. D'où l'on voit que ces deux genres de problèmes, quoique fort différens dans le fond, conduisent néanmoins aux mêmes résultats, et sont par conséquent susceptibles des mêmes solutions. Ainsi, on pourra appliquer ici tout ce qui a été dit dans les endroits cités. L'exemple du numéro précédent est, comme l'on voit, un cas particulier de ces mêmes problèmes.

170. Mais si on demandait la courbe dans laquelle le *maximum* ou *minimum* ne serait pas la fonction donnée de x, y, y', y'', &c., mais la fonction primitive de celle-ci, regardée comme une fonction prime, alors il ne serait plus permis de traiter les quantités y, y', y'', &c., comme indépendantes et isolées, parce que la fonction primitive d'une fonction de ces quantités dépend elle-même de la relation qu'elles peuvent avoir entre elles. Les problèmes de ce genre sont ceux qui se rapportent au calcul connu sous le nom de *Calcul des variations ;* ils ne demandent pas une analyse

analyse nouvelle, mais une application spéciale de l'analyse des fonctions, que nous croyons devoir exposer ici, à cause de l'importance de la matière.

Soit donnée la fonction $f(x, y, y', y'' \ldots)$ dans laquelle y est supposé une fonction de x, il est évident qu'on ne peut, généralement parlant, avoir la fonction primitive de cette fonction donnée, sans connaître la valeur de y en x. Mais on peut chercher quelle devrait être cette valeur, pour que la fonction primitive de $f(x, y, y', y'' \ldots)$, fût un *maximum* ou un *minimum*, en supposant que cette fonction soit nulle lorsque x aura une valeur donnée a, et qu'elle devienne un *maximum* ou un *minimum* lorsque x aura une autre valeur donnée b. Il est évident qu'en prenant y pour la valeur cherchée, il faudra, par la nature du *maximum* ou *minimum*, que la fonction primitive de la fonction $f(x, y + \omega, y' + \omega', y'' + \omega'' \ldots)$ qui résulte de la fonction donnée, en mettant $y + \omega$ à la place de y, soit toujours, entre les mêmes limites de x, moindre dans le cas du *maximum*, et plus grande dans le cas du *minimum*, que la fonction primitive de $f(x, y, y', y'' \ldots)$, quelle que soit la valeur de ω, qu'on pourra regarder comme une fonction quelconque de x, et quelque petite que cette valeur puisse être.

La fonction $f(x, y + \omega, y' + \omega', y'' + \omega'' \ldots)$ étant développée suivant les puissances et les produits de ω, ω', ω'', &c., d'une manière semblable à celle du n.° 163, deviendra

$$f(x, y, y', y'' \ldots) + \omega f'(y) + \omega' f'(y') + \omega'' f'(y'') + \&c.$$
$$+ \tfrac{1}{2}\omega^2 f''(y) + \omega\omega' f''(y, y') + \tfrac{1}{2}\omega'^2 f''(y') + \&c.,$$

où les quantités $f'(y)$, $f'(y')$, $f'(y'')$ &c. dénotent les fonctions primes de $f(x, y, y', y'' \ldots)$ prises suivant y, y', y'', &c., et les quantités $f''(y)$, $f''(y, y')$, $f''(y')$, &c. dénotent les fonctions secondes de la fonction $f(x, y + \lambda\omega, y' + \lambda\omega', y'' + \lambda\omega'' \ldots)$, prises relativement à y seul, à y et y', à y' seul, et ainsi de suite; le nombre λ est indéterminé, ou plutôt inconnu, et peut être différent dans les différentes fonctions, mais il doit être le même dans la même fonction, et il doit toujours être renfermé entre les limites 0 et 1.

Donc il faudra que la fonction primitive de la quantité

$$\omega f'(y) + \omega' f'(y') + \omega'' f''(y'') + \&c.$$
$$+ \frac{\omega^2}{2} f''(y) + \omega\omega' f''(y, y') + \frac{\omega'^2}{2} f''(y') + \&c.$$

ait toujours une valeur négative pour le *maximum*, et une valeur positive pour le *minimum*, quelque valeur qu'on donne à la fonction ω, et aussi petite que cette valeur puisse être, en prenant cette fonction primitive de manière qu'elle soit nulle lorsque $x = a$, et y faisant ensuite $x = b$.

Or, sans connaître la quantité ω, on peut prouver qu'il est toujours possible de la prendre assez petite pour que la fonction primitive de la partie qui ne contient que les premières dimensions de ω, ω', ω'', &c., ait une valeur plus grande, positive ou négative, que la fonction primitive de l'autre partie. Car en substituant $i\alpha$ à la place de ω, α étant une quantité variable quelconque, et i un coëfficient constant, la première partie se trouvera toute multipliée par i, et la seconde le sera par i^2, et leurs fonctions primitives seront aussi multipliées par i et par i^2; et il est visible qu'on pourra toujours donner à i une valeur assez petite pour que la première de ces fonctions surpasse la seconde, du moins tant qu'elle ne sera pas nulle. D'où l'on conclura qu'on pourra toujours prendre la quantité ω assez petite pour que la valeur totale de la fonction primitive dont il s'agit soit nécessairement positive ou négative, suivant que celle de la première partie de cette fonction le sera. Mais il est visible que celle-ci doit changer de signe, en changeant le signe de la quantité ω. Donc, il sera impossible que la fonction entière soit constamment positive ou négative, indépendamment de la valeur de ω, à moins que la fonction primitive de la partie qui ne contient que les premières dimensions de ω, ω', ω'', &c. ne soit nulle, quelle que soit la valeur de ω. Donc, le *maximum* ou *minimum* ne pourra avoir lieu, à moins que la fonction primitive de la fonction $\omega f'(y) + \omega' f'(y') + \omega'' f'(y'') +$ &c. ne soit nulle, quelle que soit la valeur de ω.

Cette fonction étant nulle, il faudra alors que la fonction primitive de l'autre partie

$$\tfrac{1}{2}\omega^2 f''(y) + \omega\omega' f''(y, y') + \tfrac{1}{2}\omega'^2 f''(y') + \&c.$$

soit positive pour le *minimum*, et négative pour le *maximum*, en donnant à ω une valeur quelconque aussi petite qu'on voudra.

171. Pour satisfaire à la première de ces conditions de la manière la plus générale, nous remarquerons que, puisque la quantité ω doit demeurer indéterminée, la fonction primitive de la fonction $\omega f'(y) + \omega' f'(y') + \omega'' f'(y'') +$ &c. ne peut être que de la forme $\alpha + \omega\beta + \omega'\gamma + \omega''\delta +$ &c., où la plus haute des fonctions dérivées ω', ω'', &c. sera d'un ordre moindre que dans la fonction proposée; c'est de quoi il est facile de se convaincre avec un peu de réflexion sur la forme des fonctions dérivées. Prenant donc la fonction prime de cette quantité, en regardant α, β, γ, &c. comme des fonctions de x, y étant supposé aussi fonction de x, on aura

$$\alpha' + \omega\beta' + \omega'(\beta + \gamma') + \omega''(\gamma + \delta') + \&c.,$$

et comparant avec la fonction proposée, on aura

$$\alpha' = 0,\ \beta' = f'(y),\ \beta + \gamma' = f'(y'),\ \gamma + \delta' = f'(y''),\ \&c.$$

La première équation donne α égal à une constante arbitraire; les autres équations serviront à déterminer β, γ, δ, &c.; et comme il est facile de voir que le nombre de ces quantités est nécessairement moindre d'une unité que celui des équations, il en résultera une équation de condition, qui devra être satisfaite pour que le *maximum* ou *minimum* ait lieu.

Pour cela, il n'y a qu'à mettre ces équations sous cette forme,

$$\beta' = f'(y),\ \beta' + \gamma'' = [f'(y')]',\ \gamma'' + \delta''' = [f'(y'')]''\ \&c.,$$

en prenant les fonctions primes de la seconde, les fonctions secondes de la troisième, et ainsi de suite; retranchant ensuite alternativement l'une de l'autre, on aura

$$f'(y) - [f'(y')]' + [f'(y'')]'' - [f'(y''')]''' + \&c. = 0,$$

où les traits appliqués aux parenthèses dénotent les fonctions primes, secondes, &c. des quantités renfermées entre ces parenthèses.

Cette équation sera donc commune au *maximum* et au *minimum*, et servira à déterminer la valeur de y en fonction de x; elle sera, comme il est aisé de le voir, d'un ordre double de celui de la fonction $f(x, y, y', y'' \ldots)$.

172. Les mêmes équations $\beta + \gamma' = f'(y')$, $\gamma + \delta' = f'(y'')$, &c. donneront, par un procédé semblable,

$$\beta = f'(y') - [f'(y'')]' + [f'(y''')]'' - \&c.,$$
$$\gamma = f'(y'') - [f'(y''')]' + \&c.,$$
$$\delta = f'(y''') - \&c.,$$
&c.

Soit, pour abréger,

$$\Omega = \omega\beta + \omega'\gamma + \omega''\delta + \&c.;$$

la fonction primitive de la quantité $\omega f'(y) + \omega' f'(y') + \&c.$ sera $\alpha + \Omega$; et comme cette fonction doit être nulle lorsque $x = a$, si on dénote par A la valeur de Ω qui répondra à $x = a$, on aura, puisque α est une constante arbitraire, $\alpha + A = 0$, et par conséquent $\alpha = -A$.

On aura donc $\Omega - A$ pour la fonction primitive, qui doit être nulle en vertu du *maximum* ou *minimum*, lorsque $x = b$. Si donc on dénote encore par B la valeur de Ω, qui répondra à $x = b$, on aura l'équation $B - A = 0$, à laquelle il faudra satisfaire par le moyen des constantes arbitraires qui entreront dans l'expression de y qu'on déduira de l'équation trouvée ci-dessus, en ayant égard d'ailleurs aux conditions spéciales du problème.

Ainsi, par exemple, si la valeur de y est donnée pour les valeurs a, b de x, alors la valeur de ω sera nulle dans les deux quantités A et B; si, de plus, la valeur de y' était aussi donnée pour les mêmes valeurs de x, les valeurs de ω' seraient aussi nulles dans A et B; et ainsi de suite.

Les quantités ω, ω', ω'', &c. étant réduites au plus petit nombre possible, tant dans l'expression de A que dans celle de B, on égalera à zéro le coëfficient de chacune de celles qui resteront pour satisfaire à l'équation $B - A = 0$, indépendamment de ces quantités.

173. Ayant ainsi satisfait à la première condition, il ne restera plus qu'à remplir l'autre condition, qui consiste en ce que la fonction primitive de la quantité

$$\tfrac{1}{2}\omega^2 f''(y) + \omega\omega' f''(y, y') + \tfrac{1}{2}\omega'^2 f''(y') + \&c.,$$

doit être entre les mêmes limites a et b de x toujours positive pour le *minimum*, et négative pour le *maximum*, en supposant que la valeur de ω soit quelconque et aussi petite qu'on voudra.

Je remarquerai d'abord ici que, quoique les fonctions $f''(y)$, $f''(y, y')$ &c. renferment essentiellement les quantités ω, ω' &c. (*n.*° 170), on peut prouver par un raisonnement semblable à celui du n.° 164, qu'il suffira pour le *maximum* ou *minimum*, que la condition dont il s'agit soit remplie, en supposant le coëfficient λ égal à zéro, ce qui fait disparaître ces quantités des fonctions dont il s'agit, en sorte que ces fonctions ne seront plus alors que les fonctions secondes de la fonction $f(x, y, y', y'' \ldots)$, prises relativement à y seul, à y et y', à y' seul, &c., et auront par conséquent des valeurs déterminées en x, y, y' &c.

Cela posé, si on rappelle ici ce que nous avons démontré dans la première partie (*n.*° 48), on en conclura que la condition dont il s'agit serait satisfaite si la quantité proposée $\tfrac{1}{2}\omega^2 f''(y) + \omega\omega' f''(y, y') + \&c.$, était telle qu'elle fût constamment positive ou négative pour toutes les valeurs de x, depuis $x = a$ jusqu'à $x = b$, indépendamment des quantités ω, ω', ω'' &c.; et comme nous avons donné plus haut (*n.*° 165) les conditions les plus générales pour qu'une quantité de la forme dont il s'agit soit nécessairement positive ou négative, il n'y aura qu'à examiner si ces conditions ont lieu dans la quantité dont il s'agit. Si elles n'avaient pas lieu, ou si elles n'avaient lieu que dans une partie de cette quantité, il faudrait alors chercher la fonction primitive de l'autre partie, et la rendre nulle, ou au moins positive pour le *minimum*, et négative pour le *maximum*, indépendamment des quantités ω, ω', ω'' &c.

174. Pour simplifier la solution de cette question, nous supposerons d'abord que la quantité proposée ne renferme que les carrés et les

produits des deux quantités ω, ω'; on verra aisément que la même méthode s'étend aux cas plus compliqués; et nous représenterons par cette formule $\omega^2 M + \omega\omega' N + \omega'^2 P$, la partie de la même quantité pour laquelle les conditions dont nous venons de parler ont lieu. Il s'agira donc de chercher la fonction primitive de la quantité

$$\omega^2 [\tfrac{1}{2}f''(y) - M] + \omega\omega' [f'(y,y') - N] + \omega'^2 [\tfrac{1}{2}f''(y') - P],$$

et il est facile de s'assurer d'avance, que pour que la quantité ω demeure indéterminée, cette fonction ne pourra être que de la forme $\mu + \omega^2 \nu$; prenant donc sa fonction prime et comparant terme à terme avec la précédente, on aura

$$\mu' = 0, \nu' = \tfrac{1}{2}f''(y) - M, 2\nu = f''(y,y') - N, \text{ et } 0 = \tfrac{1}{2}f''(y') - P.$$

La première de ces équations donne μ égale à une constante arbitraire, et les trois autres serviront à déterminer les valeurs de M, N, P, qui seront

$$M = \tfrac{1}{2}f''(y) - \nu', N = f''(y,y') - 2\nu, P = \tfrac{1}{2}f''(y'),$$

et il faudra que ces valeurs satisfassent aux conditions qui résultent des formules du n.° 165. Or, en prenant les quantités ω' et ω à la place des quantités p et q, et par conséquent P, N, M à la place de A, B, C, et faisant $T = M - \frac{N^2}{4P}$, on aura pour le *minimum* les deux conditions $P > 0$, et $T > 0$, et pour le *maximum* les conditions opposées $P < 0$ et $T < 0$; ou bien l'une des deux quantités P, T égale à zéro, tant pour le *minimum* que pour le *maximum*, et ces conditions devront avoir lieu pour toutes les valeurs de x, depuis $x = a$ jusqu'à $x = b$, pour que la quantité $\omega'^2 P + \omega\omega' N + \omega^2 M$ soit constamment positive dans le premier cas, et négative dans le second, entre ces mêmes limites. Comme la quantité P est donnée, elle indiquera tout de suite le *maximum* ou *minimum*; mais on n'en sera assuré que par l'autre condition $T >$ ou < 0, ou bien $= 0$ pour les deux cas.

De plus, et c'est ici une condition bien essentielle, il faudra que les quantités M, N, P ne deviennent point infinies entre les mêmes limites, pour qu'on puisse être assuré que la fonction primitive de la quantité dont il s'agit, sera nécessairement positive ou négative, d'après le théorème du n.° cité 48 ; car ce théorème étant fondé sur le développement des fonctions en série, est nécessairement sujet aux exceptions attachées à la forme de ce développement, que nous avons examinées dans les n.os 42 et 120 ; il pourra donc être en défaut, si les fonctions dérivées de la fonction primitive deviennent infinies, parce qu'alors le développement n'aura plus la même forme ; c'est ce qui arrivera nécessairement, lorsque la fonction primitive passera du positif au négatif par l'infini, comme les tangentes des angles ; alors pour la valeur de x répondant à ce passage, le développement de la fonction de $x + i$ aura son premier terme de la forme $A\, i^m$, m étant un nombre impair négatif, et la fonction prime, ainsi que toutes les suivantes, seront infinies (n.° 41). Dans ce cas, la fonction primitive pourra changer de signe, quoique sa fonction prime conserve toujours le même signe. Pour en voir un exemple bien simple, il n'y a qu'à considérer la fonction $\frac{x}{1-x}$, qui est $= 1$ lorsque $x = \frac{1}{2}$, et $= -2$ lorsque $x = 2$; cependant sa fonction prime $\frac{1}{(1-x)^2}$ est toujours positive tant que x a une valeur réelle. Ici la fonction primitive et toutes ses dérivées deviennent infinies lorsque $x = 1$. C'est une modification à apporter à la théorie exposée dans le n.° 48.

175. Ayant satisfait à ces conditions, on aura la fonction primitive $\mu + \omega^2 \nu$, dans laquelle μ est une constante arbitraire qu'on déterminera, en sorte que la fonction primitive soit nulle lorsque $x = a$. Supposons $\omega^2 \nu = (\Omega)$, et soit (A) la valeur de (Ω) lorsque $x = a$, on aura $\mu = -(A)$, ainsi la fonction primitive dont il s'agit, sera $(\Omega) - (A)$, laquelle devra être nulle, ou positive pour le *minimum* et négative pour le *maximum*, en faisant $x = b$; soit donc (B) la valeur de (Ω) lorsque $x = b$, il faudra que l'on ait $(B) - (A) >$ ou < 0 pour le *minimum* ou le *maximum*, ou $= 0$ pour les deux cas, indépendamment de la valeur de ω qui doit demeurer indéterminée. Ainsi, si la valeur de y est donnée pour les valeurs a et b de x, la valeur correspondante de ω étant alors nulle, on aura $(A) = 0$, $(B) = 0$, et

la condition précédente sera remplie, tant pour le *maximum* que pour le *minimum*. Si les valeurs de y ne sont pas données, alors il faudra que l'on ait pour le *minimum* $v =$ ou > 0 lorsque $x = b$, et $v =$ ou < 0 lorsque $x = a$; et pour le *maximum* $v = 0$ ou < 0 dans le premier cas, et $v = 0$ ou > 0 dans le second.

176. A l'égard de la valeur de la quantité v, elle dépend simplement de la condition T ou $M - \frac{N^2}{4P} > 0$ pour le *minimum* et < 0 pour le *maximum*. Cette condition sera donc, en substituant les valeurs de M, N, P,

$$\tfrac{1}{2} f''(y) - v' - \frac{[f''(y, y') - 2v]^2}{2 f''(y')} > \text{ ou } < 0,$$

et on pourra prendre pour v une fonction quelconque de x qui y satisfasse.

Ce qu'il y aurait de plus simple, ce serait de supposer cette quantité nulle (*n.*° 174), ce qui donnerait l'équation $4MP - N^2 = 0$; savoir,

$$f''(y')\,[f''(y) - 2v'] - [f''(y, y') - 2v]^2 = 0,$$

par laquelle on pourrait déterminer la valeur de v; et le *maximum* ou *minimum* dépendrait simplement du signe de la quantité P ou $\frac{1}{2} f''(y')$. On aurait de cette manière le même résultat que donne la méthode proposée dans les Mémoires de l'Académie des sciences de 1786, pour distinguer les *maxima* des *minima* dans le Calcul des variations. Mais, d'après ce que nous avons dit ci-dessus, il faudrait, pour l'exactitude de ce résultat, qu'on pût s'assurer que la valeur de v ne deviendra point infinie pour une valeur de x comprise entre les valeurs données a et b; ce qui sera le plus souvent impossible, par l'impossibilité de trouver l'équation primitive en v et x. Sans cette condition, quoique la quantité $\omega^2 M + \omega\omega' N + \omega'^2 P$ devienne alors de la forme $P(\omega' + \frac{\omega N}{2})^2$, et qu'elle soit par conséquent toujours positive ou négative, suivant que la valeur de P le sera, on ne sera jamais certain de l'état positif ou négatif de sa fonction primitive.

177. Pour en donner un exemple qui pourra servir en même temps d'application de la méthode que nous venons d'exposer; supposons que

que la fonction $f(x, y, y' \ldots)$, dont la fonction primitive doit être un *maximum* ou un *minimum*, soit $y'^2 + 2my'y + ny^2$, en prenant les fonctions primes et secondes, on aura $f'(y) = 2(my' + ny)$, $f'(y') = 2(y' + my)$, $f''(y) = 2n$, $f''(y, y') = 2m$, $f''(y') = 2$; substituant ces valeurs dans l'équation générale du n.° 171, qui, dans ce cas, se réduit à $f'(y) - [f'(y')]' = 0$, on aura $2(my' + ny) - 2(y'' + my') = 0$; savoir, $y'' - ny = 0$, pour l'équation du *maximum* ou *minimum*. Cette équation est susceptible de la méthode du n.° 67 et donne sur-le-champ

$$y = ge^{x\sqrt{n}} + he^{-x\sqrt{n}},$$

g et h étant deux constantes arbitraires; si n était une quantité négative $= -k^2$, alors on aurait, en prenant d'autres constantes arbitraires, g et h, $y = g \sin.(kx + h)$. Supposons, pour plus de simplicité, que les valeurs de y soient données pour les deux valeurs extrêmes a et b de x, les quantités A et B seront nulles d'elles-mêmes, et l'équation $B - A$ sera satisfaite (*n.° 172*); on déterminèra donc les constantes a et b de manière que y ait les valeurs données lorsque $x = a$ et $= b$.

Maintenant, nous aurons, par les formules du n.° 174,

$$M = n - v', \; N = 2(m - v), \; P = 1;$$

d'où l'on voit que, puisque P est > 0, il n'y a que le *minimum* qui puisse avoir lieu. Mais cette condition ne suffit pas pour assurer l'existence du *minimum*; il faudra de plus que l'on ait $M - \frac{N^2}{4P} > 0$; savoir, $n - v' - (m - v)^2 > 0$, en prenant pour v une quantité qui ne devienne point infinie entre les limites a et b de x. Si la valeur de n est positive, il est clair qu'on peut satisfaire à cette condition, en faisant $v = m$. Ainsi on sera assuré, dans ce cas, de l'existence du *minimum*, puisque les deux quantités (A) et (B) sont d'ailleurs nulles par l'hypothèse que les valeurs de y sont données pour $x = a$ et $= b$ (*n.° 175*); mais si n est négative et $= -k^2$, on aura alors la condition $-v' > k^2 + (m - v)^2$, et il n'est pas aisé de trouver une valeur satisfaisante de v, ni même de s'assurer qu'on pourra la trouver.

Si, suivant la méthode dont nous avons parlé dans le dernier numéro, on faisait $-\nu' = k^2 + (m - \nu)^2$, en supposant $m - \nu = k\rho$, on aurait $k\rho' = 1 + \rho^2$; savoir, $\frac{\rho'}{1+\rho^2} = \frac{1}{k}$, et prenant les fonctions primitives des deux membres, *angle tang.* $\rho = \frac{x}{k} + d$; savoir, $\rho =$ tang. $\left(\frac{x}{k} + d\right)$, d étant une constante arbitraire. Cette valeur devient infinie lorsque $\frac{x}{k} + d =$ à l'angle droit, ou à trois angles droits, ou &c. Donc, on ne sera pas assuré de l'existence du *minimum*, si la différence $b - a$ est plus grande que la valeur de k multipliée par deux angles droits.

En effet, pour que le *minimum* ait lieu en général, il faut (*n.° 173*) que la fonction primitive de la quantité $n\omega^2 + 2m\omega\omega' + \omega'^2$ soit positive, quelle que puisse être la valeur de ω. Supposons $\omega = i$ sin. x, cette quantité deviendra i^2 (n sin. $x^2 + 2m$ sin. x cos. $x +$ cos. x^2) $= i^2 \left(\frac{1+n}{2} + \frac{1-n}{2} \text{cos. } 2x + m \text{ sin. } 2x\right)$, dont la fonction primitive est $i^2 \left(\frac{1+n}{2} x + \frac{1-n}{4} \text{sin. } 2x - \frac{m}{2} \text{cos. } 2x\right) + c$, c étant la constante arbitraire qu'on déterminera de manière que la fonction primitive soit nulle lorsque $x = a$, ensuite on fera $x = b$. Donc si on suppose $a = 0$ et b égal à deux angles droits, afin que la valeur de ω soit nulle lorsque $x = a$ et $= b$ suivant l'hypothèse, la valeur complète de la fonction primitive dont il s'agit, sera $i^2 (1 + n) D$, D représentant l'angle droit; et il est visible que cette valeur pourra devenir négative lorsque $n = -k^2$, en prenant $k > 1$.

178. Supposons maintenant que la quantité qui renferme les secondes dimensions de ω, ω' &c. contienne aussi ω'', en sorte qu'elle soit de la forme (*n.° 173*)

$$\tfrac{1}{2}\omega^2 f''(y) + \omega\omega' f''(y, y') + \tfrac{1}{2}\omega'^2 f''(y') + \omega\omega'' f''(y, y'') + \omega'\omega'' f''(y', y'') + \tfrac{1}{2}\omega''^2 f''(y'');$$

nous prendrons $\omega^2 M + \omega\omega' N + \omega'^2 P + \omega\omega'' Q + \omega'\omega'' R$

$+ \omega''^2 S$ pour la partie de cette quantité qui doit être assujettie aux conditions de la formule du n.° 165, et il faudra que la différence de ces deux quantités soit susceptible d'une fonction primitive indépendamment de la quantité ω. Cette fonction ne pourra donc être que de la forme $\mu + \omega^2 \nu + \omega\omega' \pi + \omega'^2 \varrho$, et on trouvera par la comparaison des termes, les équations $\mu' = 0$, $\nu' = \frac{1}{2} f''(y) - M$, $2\nu + \pi' = f''(y, y') - N$, $\pi + \varrho' = \frac{1}{2} f''(y') - P$, $\pi = f''(y, y'') - Q$, $2\varrho = f''(y', y'') - R$, $0 = \frac{1}{2} f''(y'') - S$; lesquelles donnent μ égale à une constante arbitraire, ensuite

$$M = \tfrac{1}{2} f''(y) - \nu', \qquad N = f''(y, y') - 2\nu - \pi',$$
$$P = \tfrac{1}{2} f''(y') - \pi - \varrho', \; Q = f''(y, y'') - \pi,$$
$$R = f''(y', y'') - 2\varrho, \qquad S = \tfrac{1}{2} f''(y'');$$

où les trois quantités ν, π, ϱ demeurent indéterminées; mais il faudra les prendre telles qu'elles satisfassent aux conditions auxquelles doivent être assujetties les quantités M, N, P &c., et qu'on peut déduire des formules du n.° 165, en prenant les quantités ω'', ω', ω à la place des quantités p, q, r. Ainsi, si on fait

$$T = P - \frac{R^2}{4S}, \; V = N - \frac{QR}{2S}, \; X = M - \frac{Q^2}{4S},$$
$$\text{et } Y = X - \frac{V^2}{4T},$$

les conditions pour le *minimum* seront $S > 0$, $T > 0$ et $Y > 0$, et pour le *maximum* $S < 0$, $T < 0$, $Y < 0$; et ces conditions devront avoir lieu pour toutes les valeurs de x, depuis $x = a$ jusqu'à $x = b$. La valeur de S indiquera le *maximum* ou *minimum*; mais on n'en pourra être assuré que par le concours des deux autres conditions. De plus, il faudra que les quantités M, N, P, Q, R, S ne deviennent jamais infinies entre les mêmes limites, par les raisons exposées plus haut, n.° 174.

Enfin, il faudra qu'en supposant $(\Omega) = \omega^2 \nu + \omega\omega' \pi + \omega'^2 \varrho$, et prenant (A) et (B) pour les valeurs de (Ω) qui répondent à $x = a$ et $x = b$, la quantité $(B) - (A)$ soit positive pour le *minimum* et négative pour le *maximum*; indépendamment des valeurs de ω et de ω', (n.° 175).

On suivra les mêmes procédés pour les fonctions plus compliquées.

179. Si les valeurs de y, y', &c. n'étaient pas données pour les valeurs a et b de x, mais qu'il y eût seulement, par la nature du problème, une relation entre ces quantités, représentée par l'équation $\varphi(x, y, y' \ldots) = 0$; alors, suivant les principes du n.° 167, il n'y aurait qu'à ajouter à la fonction qui doit être positive pour le *minimum*, et négative pour le *maximum*, la quantité

$$\omega\varphi'(y) + \omega'\varphi'(y') + \omega''\varphi'(y'') + \&c. + \tfrac{1}{2}\omega^2\varphi''(y) + \omega\omega'\varphi''(y, y') + \tfrac{1}{2}\omega'^2\varphi''(y') + \&c.$$

multipliée par un coëfficient indéterminé Γ, et traiter ensuite les quantités ω, ω' comme indépendantes. Ainsi, si la condition dont il s'agit doit avoir lieu pour la valeur de $x = a$, on ajoutera aux deux quantités A et (A) (n.os 172, 175) les quantités $\Gamma[\omega\varphi'(y) + \omega'\varphi'(y') + \&c.]$ et $\Gamma[\frac{1}{2}\omega^2\varphi''(y) + \omega\omega'\varphi''(y, y') + \&c.]$, rapportées à la même valeur de x; et si cette condition devait avoir lieu pour la valeur $x = b$, on ajouterait aux valeurs de B et de (B) les mêmes quantités rapportées à $x = b$.

On suivrait le même procédé pour chacune des conditions données, s'il y en avait plusieurs.

180. La fonction proposée, dont la fonction primitive doit être un *maximum* ou un *minimum*, pourrait encore contenir, outre les variables x et y, une troisième variable z, indépendante des deux autres; alors on opérerait, relativement à cette variable, comme on a fait relativement à y. Ainsi, en désignant la fonction proposée par $f(x, y, y', y'' \ldots z, z', z'' \ldots)$, on y substituera à la fois les quantités $y + \omega$ et $z + \zeta$ à la place de y et z, et il faudra, après le développement, que la fonction primitive de la partie qui ne contiendra que les premières dimensions de ω, ω', ω'', &c., ζ, ζ', ζ'', &c., soit nulle, et que la fonction primitive de la partie qui contiendra les secondes dimensions de ces mêmes quantités, soit positive pour le *minimum*, et négative pour le *maximum*, indépendamment des quantités ω et ζ (n.° 170).

De-là, par une analyse semblable à celle du n.° 171, et en conservant aussi pour les fonctions primes relatives à z, z', z'', &c. une notation semblable à celle que nous avons employée relativement à y, y', y'', &c., on aura ces deux équations

$$f'(y) - [f'(y')]' + [f'(y'')]'' - \&c. = 0,$$
$$f'(z) - [f'(z')]' + [f'(z'')]'' - \&c. = 0,$$

qui serviront à déterminer les quantités y et z en fonctions de x. Ensuite il faudra, relativement aux quantités z et ζ, satisfaire à des conditions semblables à celles qu'on a trouvées par rapport à y et ω; c'est un détail qui nous menerait trop loin, et que le lecteur peut suppléer.

On voit par-là que, s'il y avait une quatrième variable u, on aurait, relativement à cette variable, une équation semblable à celles qui répondent aux variables y et z; et ainsi de suite.

181. Mais si, dans la fonction $f(x, y, y' \ldots z, z' \ldots)$, la quantité z dépendait des quantités x et y d'une manière quelconque donnée par l'équation $\varphi(x, y, y' \ldots z, z' \ldots) = 0$, alors, suivant les mêmes principes du n.° 167, on ajouterait simplement la fonction $\varphi(x, y, y' \ldots z, z' \ldots)$, multipliée par un coëfficient indéterminé et variable Δ à la fonction proposée $f(x, y, y' \ldots z, z' \ldots)$, et on chercherait, par les méthodes exposées, le *maximum* ou *minimum* de la fonction primitive de cette fonction composée, en regardant les quantités y et z comme indépendantes. Ainsi on trouvera d'abord, pour le *maximum* et *minimum*, les deux équations

$$f'(y) - [f'(y')]' + [f'(y'')]'' - \&c. + \Delta\varphi'(y) - [\Delta\varphi'(y')]' + [\Delta\varphi'(y'')]'' - \&c. = 0;$$

$$f'(z) - [f'(z')]' + [f'(z'')]'' - \&c. + \Delta\varphi'(z) - [\Delta\varphi'(z')]' + [\Delta\varphi'(z'')]'' - \&c. = 0;$$

d'où éliminant la quantité Δ, on aura une équation qui, combinée avec l'équation donnée $\varphi(x, y, y' \ldots z, z' \ldots) = 0$, servira à déterminer les valeurs de y et z en fonctions de x.

Enfin, si la fonction primitive de la fonction $f(x, y, y' \ldots)$ ne devait être un *maximum* ou un *minimum* qu'autant que la fonction primitive d'une autre fonction $\varphi(x, y, y' \ldots)$ serait donnée entre les mêmes valeurs a et b de x, il n'y aurait qu'à chercher le *maximum* ou *minimum* de la somme des deux fonctions primitives, après avoir multiplié la seconde par un coëfficient indéterminé indépendant de x, c'est-à-dire, de la fonction primitive de $f(x, y, y' \ldots) + \Delta\varphi(x, y, y' \ldots)$, en regardant Δ comme une quantité constante. De cette manière, on aurait d'abord, pour le *maximum* et *minimum*, l'équation

$$f'(y) - [f'(y')]' + [f'(y'')]'' - \&c. + \Delta\varphi'(y) - \Delta[\varphi'(y')]' + \Delta[\varphi'(y'')]'' - \&c. = 0,$$

et on déterminera la constante Δ de manière que la fonction primitive de $\varphi(x, y, y' \ldots)$, prise depuis $x = a$ jusqu'à $x = b$, soit donnée; et ainsi du reste.

182. Les problèmes de la *brachystochrone* et des *isoperimètres* proposés et résolus d'abord par les deux frères *Bernoulli*, ont ouvert la route pour traiter ce nouveau genre de questions *de maximis* et *minimis*. On a trouvé ensuite successivement des méthodes plus générales et plus simples, et on est parvenu enfin au calcul des *variations*, qui paraît ne rien laisser à désirer sur cet sujet. Comme les équations trouvées plus haut (*n.*[os] *171*, *180*) sont les mêmes, à la notation près, que celles qui résultent de ce calcul, nous pourrions nous dispenser de les appliquer à des exemples; mais il ne sera pas inutile de montrer encore par un exemple connu, l'usage des règles pour distinguer les *maxima* des *minima*, et s'assurer de leur existence.

Nous reprendrons pour cela le problème de la brachystochrone, ou ligne de la plus vîte descente, à cause de sa célébrité; il consiste, comme l'on sait, à trouver la courbe le long de laquelle un corps pesant descendrait dans le moindre temps d'un point donné à un autre point donné, et placé dans une verticale différente. Comme, par les principes de la mécanique, la fonction prime du temps est égale à la fonction prime de l'espace divisée par la vîtesse, et que dans les corps qui tombent par la pesanteur, la vîtesse est toujours proportionnelle à la racine carrée de la hauteur d'où ils sont censés être descendus, si on rapporte aux trois coordonnées rectangulaires x, y, z la courbe décrite par le corps, et qu'on prenne les abscisses x verticales, on aura $\sqrt{(h+x)}$ pour l'expression générale de la vîtesse, et $\sqrt{(1+y'^2+z'^2)}$ pour la fonction prime de l'arc de la courbe (*n.*° 144); ainsi $\frac{\sqrt{(1+y'^2+z'^2)}}{\sqrt{(h+x)}}$ sera la fonction prime du temps, dont la fonction primitive devra être un *minimum*. On aura donc $f(x, y, y' \ldots z, z' \ldots) = \frac{\sqrt{1+y'^2+z'^2)}}{\sqrt{(h+x)}}$; donc, prenant les fonctions primes, on aura $f'(y) = 0$, $f'(y') = \frac{y'}{\sqrt{(h+x)}\sqrt{(1+y'^2+z'^2}}$, $f'(z) = 0$, $f'(z') = \frac{z'}{\sqrt{(h+x)}\sqrt{(1+y'^2+z'^2)}}$; et l'on aura (*n.*° 180) les deux équations

$$\left[\frac{y'}{\sqrt{(h+x)}\sqrt{(1+y'^2+z'^2)}}\right]' = 0, \text{ et } \left[\frac{z'}{\sqrt{(h+x)}\sqrt{(1+y'^2+z'^2)}}\right]' = 0;$$

lesquelles donnent d'abord ces deux-ci du premier ordre

$$\frac{y'}{\sqrt{(h+x)}\sqrt{(1+y'^2+z'^2)}} = m, \quad \frac{z'}{\sqrt{(h+x)}\sqrt{(1+y'^2+z'^2)}} = n,$$

m et n étant deux constantes arbitraires.

En divisant ces deux équations l'une par l'autre, on aura $\frac{y'}{z'} = \frac{m}{n}$; savoir $z' = \frac{ny'}{m}$, et prenant l'équation primitive $z = \frac{ny}{m} + l$, l étant une nouvelle constante arbitraire. Cette équation étant à un plan vertical, puisque l'abscisse verticale x ne s'y trouve pas, fait voir que la courbe cherchée est toute dans ce plan; ainsi, en prenant l'axe des y dans ce même plan, on pourra supposer $z = 0$, en faisant $n = 0$; et l'on aura pour la courbe cette équation unique entre les coordonnées x et y
$\frac{y'}{\sqrt{(h+x)}\sqrt{(1+y'^2)}} = m$, d'où l'on tire $y' = \frac{m\sqrt{(h+x)}}{\sqrt{[1+m^2(h+x)]}}$, équation à la cycloïde, les abscisses x étant prises sur le diamètre du cercle générateur, et les ordonnées y perpendiculairement à ce diamètre.
Puisqu'on suppose que les deux points extrêmes de la courbe sont donnés, les quantités ω et ζ répondant à ces points, seront nulles, et les valeurs des quantités A et B seront nulles aussi en prenant a et b pour les valeurs

de x qui répondent à ces points ; ainsi la condition $B = A$ sera remplie. Si on faisait d'autres hypothèses relativement à ces points, on trouverait d'autres résultats ; nous ne nous y arrêterons pas, parce que ces différentes questions ont été déjà discutées et résolues par les principes du calcul des variations. Mais il faut voir de plus ce que donnent les termes où les quantités ω et ζ monteront à la seconde dimension, et dont la fonction primitive doit être positive pour que le *minimum* ait effectivement lieu.

Puisque la fonction proposée $f(x, y, y' \ldots z, z' \ldots)$ ne contient point, dans le cas présent, les variables y et z, mais seulement leurs fonctions primes y' et z', il est facile de voir que les termes dont il s'agit seront simplement de la forme

$$\tfrac{1}{2}\omega'^2 f''(y') + \omega'\zeta' f''(y', z') + \tfrac{1}{2}\zeta'^2 f''(z');$$

et l'on trouve, en prenant les fonctions primes des quantités $f'(y')$, et $f'(z')$ relativement à y' et z', $f''(y') = \dfrac{1 + z'^2}{\sqrt{(h+x)}\,(1 + y'^2 + z'^2)^{\frac{3}{2}}}$,

$$f''(y', z') = -\frac{y'z'}{\sqrt{(h+x)}\,(1+y'^2+z'^2)^{\frac{3}{2}}}, \quad f''(z') = \frac{1 + y'^2}{\sqrt{(h+x)}\,(1+y'^2+z'^2)^{\frac{3}{2}}},$$

de sorte que la quantité dont il s'agit deviendra

$$\frac{\omega'^2(1 + z'^2) - 2\omega'\zeta' y' z' + \zeta'^2(1 + y'^2)}{\sqrt{(h+x)}\,(1 + y'^2 + z'^2)^{\frac{3}{2}}},$$

laquelle peut se mettre sous cette forme

$$\frac{\omega'^2 + \zeta'^2 + (\omega' z' - \zeta' y')^2}{\sqrt{(h+x)}\,(1 + y'^2 + z'^2)^{\frac{3}{2}}},$$

d'où l'on voit que cette quantité a d'elle-même la propriété d'être toujours nécessairement positive, quelles que soient les valeurs de ω et ζ. Et comme d'ailleurs elle ne saurait jamais devenir infinie tant que y' et z' ne seront pas infinies, il s'ensuit que le *minimum* aura nécessairement lieu dans la cycloïde.

Nous n'entrerons pas dans d'autres détails sur ce problème qui offre différens cas à examiner, suivant les conditions qu'on peut demander relativement au premier et au dernier point de la courbe, et par rapport à la courbe même qu'on peut supposer devoir être tracée sur une surface donnée.

donnée. La solution de tous ces cas peut se tirer aisément des principes établis ci-dessus.

183. L'analyse que nous avons employée pour trouver les *maxima* et *minima* des fonctions primitives, donne lieu à une observation importante. Nous avons trouvé (*n.° 171*) que, pour que la quantité $\omega f'(y) + \omega' f'(y') + \omega'' f''(y'') +$ &c. ait une fonction primitive, quelle que soit la valeur de ω, il faut satisfaire à l'équation

$$f'(y) - [f'(y')]' + [f'(y'')]'' - \&c. = 0.$$

Donc, si cette quantité était d'elle-même la fonction prime d'une fonction de x, y, y', &c., ω, ω', &c., l'équation précédente aurait aussi lieu d'elle-même et serait par conséquent identique.

Or, on voit par le n.° 170, que la quantité dont il s'agit n'est autre chose que la partie du développement de la fonction $f(x, y + \omega, y' + \omega', y'' + \omega'' \ldots)$, qui ne contient que les premières dimensions de ω, ω' ω'', &c.; et je vais prouver que cette quantité sera nécessairement une fonction prime, si la fonction $f(x, y, y', y'' \ldots)$ est elle-même une fonction prime d'une fonction de x, y, y' ...

En effet, si cette fonction est une fonction prime, quelle que soit la valeur de y en x, elle le sera encore en mettant $y + \omega$ au lieu de y, quelle que soit la quantité ω; donc la fonction $f(x, y + \omega, y' + \omega' \ldots)$ sera aussi nécessairement une fonction prime, en prenant pour ω une fonction quelconque de x. Supposons que cette fonction soit développée suivant les puissances et les produits de ω, ω', ω'', &c., et dénotons respectivement par P, Q, R, &c. les parties de ce développement qui contiendront les premières dimensions, les secondes dimensions, les troisièmes &c. des mêmes quantités, on aura $f(x, y + \omega, y' + \omega', y'' + \omega'' \ldots) = f(x, y, y', y'' \ldots) + P + Q + R +$ &c. Ainsi, il faudra que la quantité $P + Q + R +$ &c. soit la fonction prime d'une fonction de x, y, y', &c. et de ω, ω' ω'', &c.; et il est facile de voir que chacune des quantités P, Q, R, &c. devra être en particulier une fonction prime, puisque ces quantités renfermant des dimensions différentes de l'indéterminée ω et de ses fonctions dérivées ω', ω''., &c., il est impossible, par la nature des fonctions dérivées, que les fonctions primitives de P, Q, R, &c. dépendent les unes des autres. Or, on a $P = \omega f'(y) + \omega' f'(y') + \omega'' f''(y'') +$ &c. (*n.° 170*); donc cette quantité sera d'elle-même une fonction prime. Donc, enfin, si la fonction $f(x, y, y', y'' \ldots)$ est une fonction prime, l'équation

$$f'(y) - [f'(y')]' + [f'(y'')]'' - [f'(y''')]''' + \&c. = 0$$

sera nécessairement identique.

Réciproquement, on peut démontrer que si cette équation est identique, la fonction $f(x, y, y', y'' \ldots)$ sera nécessairement une fonction prime; car nous avons vu que si cette équation est vraie, la quantité P est une fonction prime, quelles que soient les valeurs de y et de ω; donc elle sera encore une fonction prime, si à la place de y on met $y + \omega$. Supposons que par cette substitution, et par le développement suivant les dimensions de ω, ω', ω'', &c., la quantité P devienne $P + p +$ &c.; la quantité p contenant les premiers termes du développement dans lesquels ω, ω', ω'', &c., ne formeront que deux dimensions, on en conclura, comme plus haut, que la quantité p sera en particulier, la fonction prime d'une fonction de x, y, y', &c., ω, ω', &c.; mais par la théorie générale du développement des fonctions de plusieurs variables (*n.° 85*), il est facile de voir qu'on a généralement $p = 2\,Q$; donc, la quantité Q sera une fonction prime, y et ω étant quelconques; donc elle sera encore une fonction prime en y substituant $y + \omega$ pour y. Et si l'on suppose que par cette substitution, et par le développement suivant les puissances et les produits de ω, ω', &c., cette fonction devienne $Q + q +$ &c., la quantité q renfermant les premiers termes du développement où les ω, ω', ω'', &c. ne formeront que trois dimensions, on en conclura aussi, comme ci-dessus, que la quantité q sera elle-même une fonction prime; mais par la théorie du développement, on trouve aisément $q = 3\,R$; donc la quantité R sera elle-même aussi une fonction prime, et ainsi de suite. En effet, si r, s, &c., sont les premiers termes du développement des quantités R, S, &c.; après la substitution de $y + \omega$ à la place de ω, cette théorie donnera $r = 4\,S$, $s = 5\,T$, &c.; d'où l'on conclura, en suivant le même raisonnement, que les quantités

S, T, &c., seront aussi, chacune en particulier, des fonctions primes.

Donc, toute la série $P + Q + R +$ &c. sera nécessairement la fonction prime d'une fonction de x, y, y', &c., ω, ω', &c., quelles que soient les valeurs de y et ω en x. Donc la quantité $f(x, y + \omega, y' + \omega' \ldots) - f(x, y, y' \ldots)$, qui est égale à cette série, sera une fonction prime en donnant à ω une valeur quelconque, et par conséquent aussi en faisant $\omega = -y$; or, dans ce cas, la fonction $f(x, y + \omega, y' + \omega' \ldots)$ ne sera plus qu'une simple fonction de x sans y ni ω, qui pourra être censée la fonction prime d'une fonction de x. Donc la fonction $f(x, y, y', y'' \ldots)$ sera elle-même nécessairement la fonction prime d'une fonction de x, y, y', &c.

Il suit de-là que l'équation

$$f'(y) - [f'(y')]' + [f'(y'')]'' - \&c. = 0;$$

contient le caractère par lequel on peut reconnaître si la fonction $f(x, y, y' y'' \ldots)$ est ou non une fonction prime.

On trouvera de la même manière que les deux équations

$$f'(y) - [f'(y')]' + [f'(y'')]'' - \&c. = 0;$$
$$f'(z) - [f'(z')]' + [f'(z'')]'' - \&c. = 0;$$

renferment le caractère par lequel on pourra reconnaître si la fonction $f(x, y, y', \ldots z, z' \ldots)$ est ou non une fonction prime, les quantités y et z étant indépendantes.

Mais si la quantité z dépendait de l'équation $\varphi(x, y, y' \ldots z, z' \ldots) = 0$, on aurait, comme dans le n.° 181,

$$f'(y) - [f'(y')]' + [f'(y'')]'' - \&c. + \Delta\varphi'(y) - [\Delta\varphi'(y')]' + [\Delta\varphi'(y'')]'' - \&c. = 0,$$

$$f'(z) - [f'(z')]' + [f'(z'')]'' - \&c. + \Delta\varphi'(z) - [\Delta\varphi'(z')]' + [\Delta\varphi'(z'')]'' - \&c. = 0,$$

et l'équation résultante de l'élimination de l'indéterminée Δ, contiendra le caractère qui fera reconnaître si la fonction $f(x, y, y' \ldots z, z' \ldots)$ est d'elle-même, ou non, une fonction prime.

Puisque la fonction primitive de la quantité $\omega f'(y) + \omega' f'(y') \omega'' + f'(y'') + \&c.$

est représentée par $\omega\beta + \omega'\gamma + \omega''\delta +$ &c. (*n.° 171*), en omettant, ce qui est permis, la constante arbitraire α, on trouvera, de la même manière, que le caractère par lequel on pourra reconnaître si cette fonction primitive est elle-même une fonction prime, sera renfermée dans l'équation $\beta - \gamma' + \delta'' -$ &c. $= 0$, laquelle, en substituant pour β, γ, δ, &c. leurs valeurs (*n.° 172*), devient

$$f'(y') - 2[f'(y'')]' + 3[f'(y''')]'' - \&c. = 0.$$

Ainsi, le système de cette équation et de l'équation trouvée ci-dessus, renfermera le caractère par lequel on pourra juger si la fonction $f(x, y, y', y'' \ldots)$ est d'elle-même, ou non, la fonction seconde d'une fonction de x, y, y', y'', &c.; et ainsi de suite.

Ces différentes équations répondent à celles que, dans le calcul différentiel, on nomme *conditions d'intégrabilité*, et dont on s'est beaucoup occupé dans ces derniers temps. Nous nous contenterons ici d'avoir établi, d'une manière directe et rigoureuse, le principe de la correspondance de ces équations avec celles du *maximum* et *minimum* des fonctions primitives; et nous renverrons, pour ce qui concerne l'usage de ces équations de condition, aux différens ouvrages qui en traitent.

184. Quoique les relations employées dans le n.° précédent, entre les premiers termes p, q, r, &c. du développement des quantités P, Q, R, &c. et ces mêmes quantités, soient aisées à déduire de la formule générale du développement des fonctions; cependant, comme il pourrait être utile, dans plusieurs occasions, de connaître la loi générale qui doit régner entre les termes du développement primitif et ceux des développemens secondaires, nous allons la donner ici d'une manière directe, pour servir de supplément à la théorie du développement des fonctions, exposée dans la première partie.

Considérons, en général, une fonction $f(x, y, z \ldots)$ de plusieurs variables indépendantes x, y, z, &c., et supposons que, par la substitution de $x + \alpha, y + \beta, z + \gamma$, &c., à la place de x, y, z, &c., et par le développement suivant les puissances et les produits de α, β, γ, &c., cette fonction devienne

$$f(x, y, z \ldots) + f(1) + f(2) + f(3) + \&c.,$$

Je dénote par $f(1)$ la somme de tous les termes où les quantités α, β, γ, &c., seront à la première dimension, par $f(2)$, la somme de tous les termes où ces mêmes quantités formeront deux dimensions, et ainsi de suite.

Supposons de plus qu'en faisant la même substitution et le même développement dans les fonctions $f(1), f(2), f(3)$, &c., elles deviennent

$$f(1) + f(1, 1) + f(1, 2) + f(1, 3) + \&c.;$$
$$f(2) + f(2, 1) + f(2, 2) + f(2, 3) + \&c.,$$
$$f(3) + f(3, 1) + f(3, 2) + f(3, 3) + \&c.;$$
$$\&c.;$$

où je dénote par $f(1, 1), f(1, 2)$, &c., les rangs successifs des termes du développement de $f(1)$, de manière que puisque les quantités α, β, γ, &c. sont à la première dimension dans $f(1)$, elles formeront deux dimensions dans $f(1, 1)$, trois dimensions dans $f(1, 2)$; et ainsi des autres. Par cette notation, on voit qu'en général la quantité désignée par $f(m, n)$ renfermera tous les termes du développement de $f(m)$, où les quantités α, β, γ, &c. formeront $m + n$ dimensions.

Cela posé, supposons qu'on substitue d'abord $x + \alpha, y + \beta, z + \gamma$, &c. dans la fonction $f(x, y, z \ldots)$, elle deviendra

$$f(x, y, z \ldots) + f(1) + f(2) + f(3) + \&c.;$$

et si on substitue ensuite dans cette quantité $x + m\alpha, y + m\beta, z + m\gamma$, &c. à la place de x, y, z, il est clair qu'elle deviendra

$$\begin{aligned} f(x, y, z \ldots) &+ f(1) + f(2) + f(3) + \&c.; \\ &+ mf(1) + m^2 f(2) + m^3 f(3) + \&c.; \\ &+ mf(1, 1) + m^2 f(1, 2) + m^3 f(1, 3) + \&c.; \\ &+ mf(2, 1) + m^2 f(2, 2) + m^3 f(2, 3) + \&c.; \\ &+ mf(3, 1) + m^2 f(3, 2) + m^3 f(3, 3) + \&c.; \\ &+ \&c. \end{aligned}$$

D'un autre côté, il est visible que ces deux substitutions successives équivalent à une substitution unique qu'on ferait dans la fonction $f(x, y, z \ldots)$, en mettant

$$x + (1 + m)\alpha, \; y + (1 + m)\beta, \; z + (1 + m)\gamma, \text{\&c.}$$

à la place de x, y, z, &c., et qui donnerait, par le développement,

$$f(x, y, z \ldots) + (1 + m)f(1) + (1 + m)^2 f(2) + (1 + m)^3 f(3) + \text{\&c.}$$

Ainsi, il faudra que ces deux développemens soient identiques, et que par conséquent les termes qui renferment les mêmes dimensions de α, β, γ, &c. soient égaux de part et d'autre, quelle que soit d'ailleurs la quantité m. On aura donc les comparaisons suivantes :

$$f(1) + m f(1) = (1 + m) f(1),$$
$$f(2) + m^2 f(2) + m f(1, 1) = (1 + m)^2 f(2),$$
$$f(3) + m^3 f(3) + m^2 f(1, 2) + m f(2, 1) = (1 + m)^3 f(3),$$
$$f(4) + m^4 f(4) + m^3 f(1, 3) + m^2 f(2, 2) + m f(3, 1) = (1 + m)^4 f(4);$$

et ainsi de suite.

Et comparant encore les termes affectés des mêmes puissances de m, on tirera ces valeurs,

$$f(1, 1) = 2 f(2),$$
$$f(1, 2) = 3 f(3), \; f(2, 1) = 3 f(3),$$
$$f(1, 3) = 4 f(4), \; f(2, 2) = 6 f(4), \; f(3, 1) = 4 f(4),$$

&c.

Dans le cas du n.° 183, en prenant les quantités y, y', y'', &c. pour autant de variables indépendantes, et ω, ω', ω'', &c. pour les quantités dont on les fait croître respectivement, il est clair que les quantités P, Q, R, &c. répondent aux quantités $f(1)$, $f(2)$, $f(3)$, &c., et les quantités p, q, r, &c. aux quantités $f(1, 1)$, $f(2, 1)$, $f(3, 1)$, &c. Ainsi les formules précédentes donnent sur-le-champ les relations $p = 2Q$, $q = 3R$, &c., dont nous avons fait usage.

Nous remarquerons encore que, d'après les relations précédentes, on pourrait simplifier la démonstration du même numéro. Car puisque la quantité P ou $f(1)$ est une fonction prime, y et ω étant quelconques, toutes les quantités $f(1, 1)$, $f(1, 2)$, $f(1, 3)$, &c., qui résultent du développement de $f(1)$, seront, chacune en particulier, des fonctions primes; donc les quantités $f(2)$, $f(3)$, $f(4)$, &c., c'est-à-dire, Q, R, S, &c., seront des fonctions primes; donc, &c.

Nous terminerons ici les applications de la théorie des fonctions à la géométrie : nous aurions pu les étendre plus loin, si les bornes de cet écrit l'avaient permis; mais il suffit d'avoir tracé la route, pour démontrer en toute rigueur, par cette théorie, les propriétés des courbes et des surfaces qui dépendent du calcul différentiel.

Application à la Mécanique.

185. Je vais maintenant considérer la théorie des fonctions relativement à la mécanique. Ici les fonctions se rapportent essentiellement au temps, que nous désignerons toujours par t; et comme la position d'un point dans l'espace dépend de trois coordonnées rectangulaires x, y, z; ces coordonnées, dans les problèmes de mécanique, seront censées être des fonctions de t. Ainsi on peut regarder la mécanique comme une géométrie à quatre dimensions, et l'analyse mécanique comme une extension de l'analyse géométrique.

Considérons d'abord le mouvement rectiligne, et supposons que x soit l'espace parcouru pendant le temps t, on aura $x = ft$, et la fonction ft devra être telle qu'elle devienne nulle lorsque $x = 0$. La forme la plus simple de ft est évidemment at; ce qui donne $x = at$, a étant une constante : ainsi, dans le mouvement représenté par cette équation, les espaces parcourus sont toujours proportionnels aux temps écoulés depuis le commencement du mouvement; ce qui est la propriété du mouvement qu'on appelle *uniforme*. La constante a, qui exprime le rapport de l'espace au temps, est la mesure de ce qu'on nomme la vîtesse; c'est le seul élément qui entre dans cette espèce de mouvement, et par lequel un mouvement uniforme diffère d'un autre mouvement uniforme.

L'observation et l'expérience nous font voir qu'un corps mis en mouvement d'une manière quelconque, si on écarte toutes les causes d'altération qui peuvent agir sur lui, continue à se mouvoir de lui-même d'un mouvement rectiligne et uniforme; d'où il suit que la vîtesse une fois imprimée, se conserve toujours la même, et suivant la même direction: c'est en quoi consiste la première loi du mouvement.

Si on représente le temps par l'abscisse, et l'espace parcouru par l'ordonnée d'une ligne, il est clair que cette ligne sera pour le mouvement uniforme une droite passant par l'origine des abscisses, et que la tangente de l'angle qu'elle fait avec l'axe sera la mesure de la vîtesse du mouvement.

186. La fonction de t, la plus simple après at, est bt^2; en prenant cette expression pour ft, on aura une autre espèce de mouvement rectiligne représenté par l'équation $x = bt^2$, dans laquelle les espaces parcourus depuis l'origine du mouvement sont proportionnels aux carrés de temps.

L'observation et l'expérience nous présentent aussi journellement ce mouvement dans les corps qui tombent par leur pesanteur, en faisant abstraction de la résistance de l'air, et de toute autre cause étrangère d'altération. La constante b, qui est le seul élément qui entre dans la constitution de ce mouvement, est la même pour tous les corps dans le même lieu de la terre; et dépend de la force de la gravité qui le produit et qui agit sans cesse de la même manière sur le mobile. Ainsi ce mouvement ne se continue qu'en vertu de la force qu'on peut regarder comme une cause extérieure agissant continuellement sur le corps, et dont le coëfficient b est la mesure.

Comme dans ce mouvement les espaces augmentent en plus grande raison que les temps, on le nomme mouvement *accéléré*, et en particulier, on appelle celui dont il s'agit, *uniformément accéléré*, par la raison que nous verrons dans un moment.

Si on représente ici le temps par l'abscisse, et l'espace parcouru par l'ordonnée d'une courbe, on voit que cette courbe sera une parabole dont le paramètre sera $\frac{1}{b}$, et dont l'axe principal sera l'axe des ordonnées y.

Le

Le mouvement le plus simple, après celui que nous venons de considérer, serait celui où l'on aurait $x = ct^3$; mais la nature ne nous offre aucun mouvement simple de cette espèce, et nous ignorons ce que le coëfficient c pourrait représenter, en le considérant d'une manière absolue et indépendante des vîtesses et des forces.

Ce sont là les mouvemens simples dont toutes les autres espèces de mouvement peuvent être regardées comme composées; et l'art de la mécanique consiste dans cette composition et décomposition, d'où résultent les rapports entre les temps, les espaces, les vîtesses et les forces.

187. Si l'on réunit les deux espèces de mouvement que nous venons de considérer, on aura le mouvement représenté par l'équation $x = at + bt^2$, qui sera par conséquent composé d'un mouvement uniforme et d'un mouvement uniformément accéléré, et qui résultera de la réunion des deux causes qui peuvent produire chacun d'eux en particulier, c'est-à-dire, d'une vîtesse proportionnelle à a, primitivement imprimée, et d'une force accélératrice proportionnelle à b, agissant continuellement sur le mobile.

La nature nous offre aussi la composition de ces deux mouvemens dans les corps pesans lancés verticalement de haut en bas, ou de bas en haut, en faisant abstraction de la résistance de l'air, et de toute autre cause étrangère. Dans les corps lancés verticalement de haut en bas, la force b agit dans la direction même du mouvement, comme nous le supposons; mais dans les corps lancés verticalement de bas en haut, la force b agit en sens contraire, et devient par conséquent négative; elle tend ainsi à retarder le mouvement du corps, et s'appelle alors *force retardatrice*. Le mouvement lui-même s'appelle, dans ce cas, *uniformément retardé*.

L'observation nous fait voir que, dans la composition de ces deux mouvemens, chacun d'eux se conserve comme s'il était seul dans le mobile, de manière que l'espace parcouru au bout d'un temps quelconque, est exactement la somme ou la différence des espaces que le mobile aurait parcourus séparément en vertu des deux causes qui produisent les deux mouvemens; de sorte que le résultat, c'est-à-dire, l'espace parcouru, est le même que si les deux mouvemens avaient lieu séparément et successivement.

188. Considérons maintenant un mouvement rectiligne quelconque représenté par l'équation $x = ft$. Au bout du temps t, le mobile aura parcouru l'espace ft; et au bout du temps $t + \theta$, il aura parcouru l'espace $f(t + \theta)$: par conséquent, la différence $f(t + \theta) - ft$ sera l'espace parcouru pendant le temps θ, qui a commencé à l'instant où le temps t a fini. La fonction $f(t + \theta)$ étant développée suivant les puissances de θ, devient $ft + \theta f't + \frac{\theta^2}{2} f''t + \&c.$, comme on l'a vu dans la première partie; donc l'espace parcouru durant le temps θ, sera représenté par la formule $\theta f't + \frac{\theta^2}{2} f''t + \frac{\theta^3}{2 \cdot 3} f'''t + \&c.$, dans laquelle le temps t écoulé avant le temps θ est maintenant regardé comme une constante. Ainsi le mouvement par lequel cet espace est parcouru, sera composé de différens mouvemens partiels, dont les espaces répondant au temps θ seront $\theta f't$, $\frac{\theta^2}{2} f''t$, $\frac{\theta^3}{2 \cdot 3} f'''t$, &c.; et l'on voit que le premier de ces mouvemens partiels sera uniforme avec une vîtesse mesurée par $f't$ (n.° 185), et que le second sera uniformément accéléré et dû à une force accélératrice proportionnelle à $\frac{1}{2} f''t$ (n.° 186). A l'égard des autres, comme ils ne se rapportent à aucun mouvement simple connu, il ne sera pas nécessaire de les considérer en particulier, et nous allons faire voir qu'on peut en faire abstraction dans la détermination du mouvement au commencement du temps θ.

En effet, si on développe la fonction $f(t + \theta)$, suivant la formule générale du n.° 147, on aura $ft + \theta f't + \frac{\theta^2}{2} f''t + \frac{\theta^3}{2 \cdot 3} f'''(t + \lambda\theta)$, λ étant un coëfficient inconnu, dont la valeur est nécessairement comprise entre 0 et 1; de sorte que l'espace parcouru dans le temps θ, sera exprimé exactement par la formule $\theta f't + \frac{\theta^2}{2} f''t + \frac{\theta^3}{2 \cdot 3} f'''(t + \lambda\theta)$. Les deux premiers termes représentent, comme l'on voit, le mouvement composé d'uniforme et d'uniformément accéléré; le troisième représente la totalité des autres mouvemens, qui se combinent avec celui-là, et qui empêchent le vrai mouvement d'être un simple résultat de ces deux. Mais j'observe qu'on peut prendre θ assez petit pour que le mouvement composé des deux termes $\theta f' t + \frac{\theta^2}{2} f'' t$ approche plus du véritable mouvement que ne pourrait faire tout autre mouvement composé d'un mouvement uniforme et d'un mouvement uniformément accéléré. Car la différence des espaces parcourus pendant le temps θ, par le mouvement composé dont il s'agit, et par le véritable mouvement, sera exprimée par $\frac{\theta^3}{2 \cdot 3} f''' (t + \lambda \theta)$; mais l'espace parcouru par tout autre mouvement composé d'un uniforme et d'un uniformément accéléré, étant représenté par $a\theta + b\theta^2$ (*n.*° *187*), la différence entre cet espace et le véritable espace parcouru sera $\theta (f' t - a) + \theta^2 (\frac{1}{2} f'' t - b) + \frac{\theta^3}{2 \cdot 3} f''' (t + \lambda \theta)$; et il est aisé de prouver par un raisonnement semblable à celui du n.° 111, que tant que a et b diffèrent de $f' t$ et $\frac{1}{2} f'' t$, on pourra toujours prendre θ assez petit pour que cette dernière différence surpasse la première, et que dès que cette condition aura lieu pour une valeur de θ, elle aura lieu, à plus forte raison, pour toutes les valeurs plus petites. Donc le terme $\theta f' t$ exprime tout ce qu'il peut y avoir d'uniforme dans le mouvement proposé, considéré au commencement du temps θ, et le terme $\frac{\theta^2}{2} f'' t$ exprime de même tout ce qu'il peut y avoir dans ce mouvement, d'uniformément accéléré.

On peut conclure de-là que tout mouvement rectiligne, représenté par l'équation $x = ft$, peut, dans un instant quelconque au bout du temps t, être regardé comme composé d'un mouvement uniforme dû à une vîtesse imprimée au mobile, mesurée par $f' t$, et d'un mouvement uniformément accéléré dû à une force accélératrice agissant sur le mobile, et proportionnelle à $\frac{1}{2} f'' t$, ou simplement à $f'' t$; que par conséquent, si les causes qui empêchent le mouvement proposé d'être uniforme, venaient à cesser tout-à-coup, le mouvement se continuerait, dès cet instant, d'une manière uniforme avec une vîtesse mesurée par $f' t$; et que si l'effet de ces causes, au lieu de devenir nul, devenait constant, le mouvement deviendrait composé du mouvement uniforme dont nous venons de parler, et d'un mouvement uniformément accéléré, commençant au même instant, en vertu d'une force accélératrice constante et proportionnelle à $f'' t$.

Plusieurs phénomènes de la nature, et sur-tout les résultats des différentes expériences qu'on a imaginées sur la chute des corps, confirment pleinement la conclusion que nous venons de trouver, et qui doit être regardée comme le principe fondamental de toute la théorie du mouvement.

189. Donc, en général, dans tout mouvement rectiligne dans lequel l'espace parcouru est une fonction donnée du temps écoulé, la fonction prime de cette fonction représentera la vîtesse, et la fonction seconde représentera la force accélératrice dans un instant quelconque; car, comme les temps, les espaces, les vîtesses et les forces sont des choses hétérogènes qu'on ne peut comparer ensemble qu'après les avoir réduites en nombres en les rapportant chacune à une unité déterminées dans son espèce, nous pouvons, pour plus de simplicité, exprimer immédiatement la vîtesse et la force par les fonctions primes et secondes, comme nous exprimons l'espace par la fonction primitive. D'où l'on voit que les fonctions primes et secondes se présentent naturellement dans la mécanique, où elles ont une valeur et une signification déterminées: c'est ce qui a porté *Newton* à établir le calcul des fluxions sur la considération du mouvement. Ainsi, l'espace, la vîtesse et la force étant regardés comme des fonctions du temps, sont représentés respectivement par la fonction primitive, par sa fonction prime et par sa fonction seconde; de manière que connaissant l'expression de l'espace par le temps, on aura tout de suite celles de la vîtesse et de la force par l'analyse directe des fonctions; mais si on ne connaît que la vîtesse ou la force par le temps, il faudra alors remonter aux équations primitives par les règles de l'analyse inverse.

Désignant donc par x l'espace parcouru durant le temps t, et regardant x comme fonction de t, on aura, suivant la notation employée jusqu'ici, x' pour la vîtesse au bout de ce temps, et x'' pour la force accélératrice dans le même instant; d'où l'on voit que si la loi du mouvement est donnée par une relation entre le temps, l'espace, la vîtesse et la force, on aura une équation du second ordre entre t, x, x', x'', d'où il faudra tirer l'équation primitive en t en x par les règles de l'analyse inverse des fonctions; et on déterminera les deux constantes arbitraires qui entreront dans cette équation, par les valeurs données de x et de x' dans un instant donné, c'est-à-dire, par l'espace et la vîtesse, qu'on suppose connus dans cet instant.

Dans le mouvement uniforme représenté par l'équation $x = at$, on aura donc $x' = a$, $x'' = 0$; ainsi le coëfficient a, rapport de l'espace parcouru au temps, exprimera la vîtesse, et la force accélératrice sera nulle. Dans le mouvement uniformément accéléré et représenté par $x = bt^2$, on aura $x' = 2bt$ et $x'' = 2b$. Ainsi la vîtesse dans un instant quelconque est proportionnelle au temps écoulé depuis l'origine du mouvement. Le rapport entre la vîtesse et le temps exprime la force accélératrice, et est double du rapport entre l'espace parcouru et le carré du temps. L'augmentation continuelle et uniforme de la vîtesse dans cette espèce de mouvement, lui a fait donner le nom de *mouvement uniformément accéléré.*

Ce qu'il y a de plus simple et de plus naturel pour comparer les forces accélératrices, c'est de prendre la force de la gravité dans un lieu donné pour l'unité. Ainsi on aura pour les corps pesans $2b = 1$, et $b = \frac{1}{2}$; donc $x = \frac{t^2}{2}$, $x' = t = \sqrt{2x}$; de sorte qu'on peut déterminer la vîtesse par la racine carrée du double de la hauteur d'où un corps pesant doit tomber pour acquérir cette vîtesse. Par conséquent, si on veut prendre une vîtesse donnée pour l'unité des vîtesses, il faudra alors prendre pour l'unité des espaces le double de la hauteur nécessaire pour la produire.

190. Nous venons d'examiner la nature et les propriétés du mouvement rectiligne; le mouvement curviligne se réduit naturellement à deux ou trois mouvemens rectilignes, suivant que la courbe décrite par le mobile est à simple ou à double courbure. En effet, en rapportant cette courbe à deux ou trois coordonnées rectangulaires x, y, z; il est clair que la détermination du point de la courbe où le mobile se trouvera à chaque instant, dépendra de la valeur de ces coordonnées au même instant, de sorte que chacune de ces coordonnées sera une fonction donnée du temps, et pourra représenter l'espace rectiligne parcouru par un mobile qui serait la projection du vrai mobile sur chacun des trois axes des mêmes coordonnées.

Ainsi, si le mouvement se fait dans un plan, il pourra être représenté par les deux équations $x = ft$, $y = Ft$, d'où éliminant t, on aura en x et y l'équation de la ligne parcourue par le mobile. Si le mouvement se fait dans des plans différens, il sera représenté alors par les trois équations $x = ft$, $y = Ft$, $z = \varphi t$, d'où éliminant t, on aura deux équations en x, y, z, qui détermineront la ligne à double courbure décrite par le corps.

191. Supposons d'abord que les trois mouvemens relatifs aux axes des x, y, z soient uniformes, on aura $x = at$, $y = bt$, $z = ct$, a, b, c étant les vîtesses de ces mouvemens. Éliminant t, on aura $y = \frac{bx}{a}$ et $z = \frac{cx}{a}$, deux équations qui appartiennent à une ligne droite passant par l'origine des coordonnées, et dont les projections sur les plans des x, y et des x, z font, avec l'axe des x, des angles dont $\frac{b}{a}$ et $\frac{c}{a}$ sont les tangentes. La partie de cette droite qui répond aux coordonnées x, y, z, sera donc $\sqrt{(x^2 + y^2 + z^2)} = t\sqrt{(a^2 + b^2 + c^2)}$; ce sera l'espace décrit pendant le temps t, en vertu des trois mouvemens uniformes. Ce mouvement composé sera donc aussi rectiligne et uniforme, avec une vîtesse égale à $\sqrt{(a^2 + b^2 + c^2)}$. A l'égard de sa direction, il est plus simple de la rapporter aux trois axes des coordonnées x, y, z, et il est visible que, puisque at, bt, ct sont les projections de la ligne $t\sqrt{(a^2 + b^2 + c^2)}$ sur les trois axes, les rapports $\frac{a}{\sqrt{(a^2 + b^2 + c^2)}}$, $\frac{b}{\sqrt{(a^2 + b^2 + c^2)}}$, $\frac{c}{\sqrt{(a^2 + b^2 + c^2)}}$ seront les cosinus des angles que cette direction fait avec les mêmes axes. La somme des carrés de ces cosinus est, comme l'on voit, égale à l'unité; ce qui est la propriété connue des angles qu'une même droite fait avec trois autres droites perpendiculaires entr'elles.

192. Nommons A la vîtesse du mouvement composé, et α, β, γ les angles que la direction de ce mouvement fait avec les trois axes, on aura $A = \sqrt{(a^2 + b^2 + c^2)}$ et

$$\frac{a}{A} = \cos.\ \alpha, \quad \frac{b}{A} = \cos.\ \beta, \quad \frac{c}{A} = \cos.\ \gamma;$$

d'où l'on tire

$$a = A \cos. \alpha,\ b = A \cos. \beta,\ c = A \cos. \gamma.$$

On voit par-là comment la vîtesse A d'un mouvement uniforme, suivant une direction donnée, peut se décomposer dans trois vîtesses a, b, c suivant des directions perpendiculaires entre elles.

Si donc un corps avait à la fois deux vîtesses A et B suivant des directions données, faisant, avec trois axes perpendiculaires entre eux, les angles respectifs α, β, γ et λ, μ, ν, il en résulterait, suivant ces mêmes axes, les vîtesses composées $A \cos. \alpha + B \cos. \lambda$, $A \cos. \beta + B \cos. \mu$, $A \cos. \gamma + B \cos. \nu$; et ces vîtesses donneraient une vîtesse unique C, avec une direction qui ferait, avec les mêmes axes, les angles π, ϱ, σ, de manière que l'on aurait

$$C \cos. \pi = A \cos. \alpha + B \cos. \lambda,$$
$$C \cos. \varrho = A \cos. \beta + B \cos. \mu,$$
$$C \cos. \sigma = A \cos. \gamma + B \cos. \nu.$$

Comme les lignes $A \cos. \alpha$, $A \cos. \beta$, $A \cos. \gamma$ sont les projections sur les trois axes de la ligne A prise sur la direction de la vîtesse A, et ainsi des autres quantités semblables, il est facile de conclure des équations précédentes, que, si on place les deux lignes A et B l'une au bout de l'autre, suivant leurs propres directions, la ligne C joindra ces lignes, de sorte que A, B, C seront les trois côtés d'un triangle; et si, sur les deux lignes A et B partant d'un même point, on construit un parallélogramme, la ligne C en sera la diagonale. De cette manière, la composition et décomposition des vîtesses se réduit à une considération géométrique très-simple; mais pour le calcul, il est plus simple encore de tout rapporter à trois axes perpendiculaires entre eux par les formules précédentes, qu'on peut étendre à autant de vîtesses qu'on aura à composer.

Nous remarquerons encore que si on nomme Δ l'angle des deux lignes A et B partant d'un même point, le carré de la ligne qui les joindra, sera exprimé, comme l'on sait, par $A^2 - 2AB \cos. \Delta + B^2$. D'un autre côté, en considérant les projections de ces lignes, il est aisé de voir que ce même carré sera exprimé par $(A \cos. \alpha - B \cos. \lambda)^2 +$

$(A \cos. \beta - B \cos. \mu)^2 + (A \cos. \gamma - B \cos. \nu)^2 = A^2 + B^2 - 2AB(\cos. \alpha \cos. \lambda + \cos. \beta \cos. \mu + \cos. \gamma \cos. \nu)$, d'où l'on tire, par la comparaison, $\cos. \Delta = \cos. \alpha \cos. \lambda + \cos. \beta \cos. \mu + \cos. \gamma \cos. \nu$, équation qui donne la relation entre l'angle Δ de deux lignes et les angles α, β, γ et λ, μ, ν que ces lignes font avec trois axes perpendiculaires entre eux. Cette relation est connue dans la trigonométrie sphérique; mais comme nous aurons occasion d'en faire usage dans la suite, nous avons été bien aises de la démontrer par la méthode des projections.

193. La considération des mouvemens uniformes nous a donné la composition et la décomposition des vîtesses; celle des mouvemens uniformément accélérés nous donnera de même la composition et la décomposition des forces.

En effet, supposons que les trois mouvemens rectilignes suivant les axes des coordonnées x, y, z, soient uniformément accélérés et produits par des forces accélératrices g, h, k, on aura (*n.°* 189)

$$x = \tfrac{1}{2}gt^2,\quad y = \tfrac{1}{2}ht^2,\quad z = \tfrac{1}{2}kt^2.$$

L'élimination de t donne $y = \frac{hx}{g}$; $z = \frac{kx}{g}$, ce qui fait voir que la ligne décrite en vertu de ces mouvemens, est aussi une droite passant par l'origine des coordonnées. La partie de cette droite qui répond aux coordonnées x, y, z sera donc aussi $\sqrt{(x^2 + y^2 + z^2)} = \frac{1}{2}t^2\sqrt{(g^2 + h^2 + k^2)}$; ce sera l'espace parcouru par le mouvement composé, pendant le temps t; d'où l'on voit que ce mouvement sera aussi uniformément accéléré, et dû à une force accélératrice égale à $\sqrt{(g^2 + h^2 + k^2)}$. Et comme les lignes $\frac{1}{2}gt^2$, $\frac{1}{2}ht^2$, $\frac{1}{2}kt^2$ sont les projections de la ligne $\frac{1}{2}t^2\sqrt{(g^2 + h^2 + k^2)}$ sur les trois axes, les rapports $\frac{g}{\sqrt{(g^2+h^2+k^2)}}$, $\frac{h}{\sqrt{(g^2+h^2+k^2)}}$, $\frac{k}{\sqrt{(g^2+h^2+k^2)}}$ seront les cosinus des angles que la direction du mouvement composé fera avec les mêmes axes.

On voit par-là que la composition des mouvemens uniformément accélérés suit les mêmes règles que celle des mouvemens uniformes; et que par conséquent la composition et décomposition des forces se fait de la même manière

manière que celle des vîtesses; de sorte que les formules trouvées dans le numéro précédent, s'appliqueront également aux forces accélératrices, en substituant simplement les forces aux vîtesses.

Ainsi, si un mobile est sollicité à la fois par deux forces G et H, suivant des directions données, dont les angles avec trois axes perpendiculaires entre eux soient respectivement α, β, γ et λ, μ, ν, il en résultera, suivant les directions des trois axes, les forces composées $G \cos. \alpha + H \cos. \lambda$, $G \cos. \beta + H \cos. \mu$, $G \cos. \gamma + H \cos. \nu$; et si K est la force unique résultant de celles-ci, en nommant π, ϱ, σ les angles que sa direction fera avec les mêmes axes, on aura les équations

$$K \cos. \pi = G \cos. \alpha + H \cos. \lambda,$$
$$K \cos. \varrho = G \cos. \beta + H \cos. \mu,$$
$$K \cos. \sigma = G \cos. \gamma + H \cos. \nu.$$

194. Si les mouvemens, suivant les axes des coordonnées, étaient composés d'uniformes et d'uniformément accélérés, de manière que l'on eût $x = at + \frac{1}{2}gt^2$, $y = bt + \frac{1}{2}ht^2$, $z = ct + \frac{1}{2}kt^2$, alors la ligne décrite en vertu de ces mouvemens, ne serait plus droite, elle serait seulement dans un même plan passant par l'origine des coordonnées; car, en éliminant t et t^2 des trois équations, on aurait une équation de la forme $lx + my + nz = 0$. Mais on peut composer à part les trois mouvemens uniformes et les trois mouvemens uniformément accélérés; et il en résultera un mouvement composé d'un simple mouvement uniforme suivant une direction donnée, et d'un simple mouvement uniformément accéléré suivant une autre direction donnée.

La nature nous présente aussi la combinaison de ces mouvemens dans les projectiles lancés obliquement à l'horizon, en faisant abstraction de la résistance de l'air. Le mouvement uniforme, effet de la vîtesse imprimée, se continue en ligne droite, comme s'il était seul; et le mouvement uniformément accéléré, effet de la gravité du corps, se continue aussi verticalement de haut en bas, comme s'il était unique dans le mobile, de manière qu'au bout d'un temps quelconque, le corps se trouvera au même point où il serait si ces deux mouvemens s'effectuaient successivement et indépendamment l'un de l'autre ; et à chaque instant, le corps a à la fois la vîtesse du mouvement uniforme et la vîtesse du mouvement uniformément accéléré, et de ces deux vîtesses suivant des directions différentes, se compose la vîtesse du projectile.

Soit H la hauteur d'où il faudrait qu'un corps tombât pour acquérir la vîtesse avec laquelle le projectile est lancé obliquement à l'horizon ; cette vîtesse sera exprimée par $\sqrt{2H}$, en prenant la force accélératrice de la gravité pour l'unité (*n.*° 189). De-là, en prenant les abscisses x horizontales et dans le plan de la ligne de projection, et les ordonnées y verticales et dirigées de haut en bas, et nommant α l'inclinaison de la ligne de projection avec l'horizontale x, on aura $\sqrt{2H}\cos.\alpha$, et $\sqrt{2H}\sin.\alpha$ pour les vîtesses horizontales et verticales : donc, les expressions de x et y deviendront $x = t\sqrt{2H}\cos.\alpha$ et $y = t\sqrt{2H}\sin.\alpha - \frac{1}{2}t^2$, parce que la direction de la gravité étant contraire à celle des ordonnées y, le terme $\frac{1}{2}t^2$ dû à l'accélération de la gravité, doit être pris négativement. En éliminant t de ces équations, on aura $y = x\,\text{tang.}\,\alpha - \frac{x^2}{4H\cos.\alpha^2}$, équation à une parabole, d'où l'on pourra déduire les propriétés connues de la trajectoire des projectiles dans le vide ; mais ce n'est pas ici le lieu d'entrer dans ce détail.

195. Considérons maintenant un mouvement quelconque, et supposons que les coordonnées x, y, z de la courbe décrite par le mobile, soient des fonctions données du temps t, comme dans le n.° 190. Dans un instant quelconque, au bout du temps t, le corps aura, suivant la direction de l'axe des x, la vîtesse x' et la force accélératrice x'' (*n.*° 189) ; il aura pareillement, suivant la direction de l'axe des y, la vîtesse y' et la force accélératrice y'' ; et suivant la direction de l'axe des z, la vîtesse z' et la force accélératrice z''. Donc, les trois vîtesses x', y', z' donneront la vîtesse composée $\sqrt{(x'^2 + y'^2 + z'^2)}$, que nous appellerons u, dont la direction fera, avec les trois axes, des angles dont les cosinus seront $\frac{x'}{u}$, $\frac{y'}{u}$, $\frac{z'}{u}$; de sorte que, nommant α, β, γ ces angles, on aura

$$x' = u\cos.\alpha,\ y' = u\cos.\beta,\ z' = u\cos.\gamma ;$$

c'est ce qui résulte de la théorie du n.° 188, combinée avec celle du n.° 191.

Nous remarquerons d'abord ici que l'expression de la vîtesse u du mobile est la même que celle de la fonction prime de l'arc de la courbe parcourue (*n.° 144*); de sorte que nommant, en général, s l'espace curviligne parcouru par le corps, et le regardant comme une fonction du temps, on aura s' pour la vîtesse réelle du mobile, comme si le mouvement était rectiligne. Nous remarquerons ensuite que la direction de cette vîtesse sera la même que celle de la tangente de la courbe; car, par les formules du n.° 140, on voit que y' et z' sont les tangentes des angles que la tangente de la courbe projetée sur le plan des x et y et sur celui des x et z, fait avec l'axe des x; mais comme, dans ces formules, y et z sont supposées fonctions de x, pour les appliquer au cas où l'on suppose x, y, z fonctions d'une troisième variable t, il faudra, suivant la remarque du n.° 63, substituer $\frac{y'}{x'}$ et $\frac{z'}{x'}$ à la place de y' et z', de sorte que les tangentes des angles dont il s'agit seront exprimées par $\frac{y'}{x'}$ et $\frac{z'}{x'}$: ces angles seront donc les mêmes que ceux des projections sur les mêmes plans de la ligne qui serait décrite par la vîtesse composée des trois vîtesses x', y', z' (*n.° 191*); par conséquent, cette ligne coïncidera avec la tangente de la courbe. De-là il suit que si les causes qui empêchent le mouvement d'être rectiligne et uniforme, venaient à cesser subitement dans un instant quelconque, le mobile continuerait son mouvement par la tangente, avec une vîtesse égale à la fonction prime de l'arc décrit.

196. Les trois forces accélératrices x'', y'', z'' donneront de même (*n.os 188 et 193*) une force unique exprimée par $\sqrt{(x''^2 + y''^2 + z''^2)}$, que nous appellerons P, et dont la direction fera, avec les trois axes des coordonnées x, y, z, des angles dont les cosinus seront $\frac{x''}{P}$, $\frac{y''}{P}$, $\frac{z''}{P}$; de sorte que, nommant λ, μ, ν ces angles, on aura

$$x'' = P \cos. \lambda, \; y'' = P \cos. \mu, \; z'' = P \cos. \nu.$$

Ainsi, connaissant la loi du mouvement du corps, c'est-à-dire, les valeurs de x, y, z en t, on pourra trouver, par ces équations, la force accélératrice et sa direction à chaque instant ; et réciproquement, connaissant la force P avec les angles λ, μ, ν, on aura trois équations du second ordre qui serviront à déterminer x, y et z en t. Les problèmes de la première espèce ne dépendent que de l'analyse directe des fonctions, et sont, par conséquent, toujours résolubles ; ceux de la seconde espèce dépendent de l'analyse inverse des fonctions, et sont sujets à toutes les difficultés de cette analyse.

Si le mobile était sollicité à la fois par deux forces accélératrices P et Q suivant des directions faisant, avec les axes des x, y, z, des angles λ, μ, ν pour la force P, et π, ρ, σ pour la force Q, on aurait, par les formules des numéros cités,

$$x'' = P \cos. \lambda + Q \cos. \pi,$$
$$y'' = P \cos. \mu + Q \cos. \rho,$$
$$z'' = P \cos. \nu + Q \cos. \sigma;$$

et ainsi de suite, pour tel nombre de forces qu'on voudra.

197. Supposons que les directions des forces P, Q fassent, avec la tangente de la courbe, les angles Δ, Γ, puisque, dans les formules du n.° 195, les angles α, β, γ sont les mêmes que ceux de la tangente avec les trois axes, on aura, par la formule trouvée à la fin du n.° 192,

$$\text{Cos. } \Delta = \cos. \alpha \cos. \lambda + \cos. \beta \cos. \mu + \cos. \gamma \cos. \nu,$$

et de même

$$\text{Cos. } \Gamma = \cos. \alpha \cos. \pi + \cos. \beta \cos. \rho + \cos. \gamma \cos. \sigma.$$

Donc, multipliant les trois dernières équations du numéro précédent par $\cos. \alpha$, $\cos. \beta$, $\cos. \gamma$, et les ajoutant ensemble, on aura

$$x'' \cos \alpha + y'' \cos. \beta + z'' \cos. \gamma = P \cos. \Delta + Q \cos. \Gamma.$$

Substituant pour $\cos. \alpha$, $\cos. \beta$, $\cos. \gamma$ leurs valeurs $\frac{x'}{u}$, $\frac{y'}{u}$, $\frac{z'}{u}$ (n.° 195), et remarquant que $\frac{x'x'' + y'y'' + z'z''}{\sqrt{(x'^2 + y'^2 + z'^2)}}$ est la fonction prime de $\sqrt{(x'^2 + y'^2 + z'^2)}$, c'est-à-dire, de s', que par conséquent cette quantité est égale à s'', on aura l'équation

$$s'' = P \cos. \Delta + Q \cos. \Gamma,$$

qui est, comme l'on voit, semblable aux équations du mouvement rectiligne suivant les trois axes.

Cette équation sert à déterminer directement la vîtesse réelle du corps qui est exprimée par s'; et l'on voit que les forces perpendiculaires à la tangente, n'influent en rien sur la vîtesse, puisque les angles Δ, Γ étant alors droits, leurs cosinus sont nuls, ce qui détruit les termes dus à ces forces dans l'expression de s''. D'où l'on peut conclure, en général, que, lorsqu'un corps est contraint de se mouvoir dans un canal d'une figure donnée, comme l'action des parois du canal sur le corps ne peut s'exercer que perpendiculairement au canal même, la vîtesse du corps ne sera nullement altérée par cette action. Au contraire, les forces qui agissent suivant la tangente, produisent sur la vîtesse leur plein et entier effet, comme si le mouvement du corps était rectiligne, puisque les angles Δ, Γ devenant nuls pour ces forces, leurs cosinus sont égaux à l'unité.

198. La gravité et toutes les forces d'attraction connues agissent également sur toutes les parties matérielles des corps, et y produisent le même mouvement, abstraction faite de l'inégalité des forces, à raison des distances; de sorte que l'effet de l'action de ces forces est indépendant de la masse du corps mu, et est le même par rapport à la vîtesse imprimée, que si la masse était réduite à un point. Dans les attractions réciproques des corps, la force d'attraction est proportionnelle à la masse du corps attirant, parce que chacune de ses particules attire également; par conséquent, le mouvement absolu imprimé au corps attiré, est simplement proportionnel à la masse du corps attirant.

Il n'en est pas de même des forces qui ne pénètrent point dans l'intérieur des corps, et qui n'agissent qu'à l'extérieur, comme l'action des ressorts, celle de la résistance des fluides, les forces produites par la pression, par la tension des fils, &c. Il est clair que ces forces ne peuvent produire le même effet sur différens corps, à moins qu'elles ne soient proportionnelles à leurs masses; car si une force double, par exemple, agit sur un corps de masse double, c'est la même chose que si deux forces simples agissent séparément sur deux masses simples; il est clair aussi que l'effet produit sur une même masse ou des masses égales, par différentes forces, c'est-à-dire, le mouvement ou la vîtesse imprimée doit être proportionnelle aux forces; ainsi, si une force F agissant sur une masse M, y imprime la vîtesse V, une force mF agissant sur la masse mM, y imprimera encore la vîtesse V; mais la force mF agissant sur la même masse M, lui imprimera la vîtesse mV: donc la même force mF imprimera à la masse mM la vîtesse V, et à la masse M la vîtesse mV; d'où il suit que les vîtesses imprimées par une même force à des masses différentes, sont en raison inverse des masses. Donc, en général, l'effet d'une force donnée sur une masse donnée, est en raison directe de la force et en raison inverse de la masse, ou comme la force divisée par la masse.

Ce principe est confirmé par l'expérience; car un ressort placé entre deux corps, et agissant également sur l'un et sur l'autre, leur imprime des vîtesses en raison inverse de leurs masses. Lorsque deux corps durs mus sur la même ligne en sens opposés, viennent à se choquer avec des vîtesses en raison inverse de leurs masses, ils s'arrêtent après le choc, par la destruction réciproque de leur mouvement; et s'ils sont parfaitement élastiques, ils sont réfléchis en arrière, chacun avec la même vîtesse qu'il avait avant le choc.

Dans les corps pesans, comme la gravité agit également sur toutes les parties de la masse du corps, son action absolue est proportionnelle à la masse; donc, divisant cette action par la masse, l'effet de la pesanteur pour imprimer du mouvement aux corps, devient indépendant de leur masse, et est le même pour tous les corps. Mais si deux corps pesans se tiennent par un fil passant sur une poulie, comme les forces qui résultent de leur pesanteur, et qui sont proportionnelles aux masses, tirent le fil en sens contraire, il n'y a que la différence de ces forces qui puisse leur imprimer du mouvement; et comme les deux corps doivent se mouvoir conjointement et parcourir le même espace vertical dans le même temps, la masse totale à mouvoir est la somme des masses; ainsi, l'action de la gravité pour mouvoir ces corps, se trouve diminuée en raison de la différence des masses à leur somme; par conséquent, les espaces parcourus au bout d'un temps quelconque, seront à ceux d'un corps pesant qui tombe librement, dans la même raison. C'est ce que l'expérience confirme dans la machine connue pour démontrer les lois de l'accélération des graves.

199. Il résulte du principe que nous venons d'exposer, que les forces accélératrices d'un corps doivent être estimées par les valeurs absolues des forces qui agissent sur le corps, divisées par la masse même du corps. Ainsi, si P, Q, &c., expriment les valeurs absolues des forces qui agissent sur un corps dont la masse est M, suivant des directions qui fassent, avec les axes des coordonnées x, y, z, les angles λ, μ, ν pour la force P, les angles π, ρ, σ pour la force Q, et ainsi des autres, il faudra, dans les formules du n.° 196, mettre par-tout $\frac{P}{M}$, $\frac{Q}{M}$, &c., à la place de P, Q, &c., ou, ce qui reviendra au même, multiplier par M les quantités x'', y'', z''. De cette manière, on aura donc pour les équations du mouvement du corps M, sollicité par les forces ou puissances quelconques P, Q, &c., les équations

$$My'' = P\cos.\lambda + Q\cos.\pi + \&c.,$$

$$My'' = P\cos.\mu + Q\cos.\rho + \&c.,$$

$$Mz'' = P\cos.\nu + Q\cos.\sigma + \&c.$$

Lorsque des corps s'attirent mutuellement, comme l'attraction est censée venir de toutes les parties de la masse attirante et agir sur toutes les parties de la masse attirée, il s'ensuit que la valeur absolue de la force d'attraction entre deux corps doit être proportionnelle au produit de leurs masses.

200. Dans ces équations, les coordonnées x, y, z sont regardées comme des fonctions du temps t. Pour avoir les équations mêmes de la courbe décrite par le corps, il faudrait éliminer le temps et réduire les coordonnées y et z à de simples fonctions de x. Voici l'esprit et le fondement de cette réduction :

En regardant les quantités x, y, z comme fonctions de t, lorsque t devient $t+\theta$, ces quantités deviennent $x+\theta x'+\frac{\theta^2}{2}x''+\frac{\theta^3}{2.3}x'''$, &c., $y+\theta y'+\frac{\theta^2}{2}y''+\frac{\theta^3}{2.3}y'''$, &c., $z+\theta z'+\frac{\theta^2}{2}z''+\frac{\theta^3}{2.3}z'''$, &c.,

par les principes établis dans la première partie sur le développement des fonctions. En regardant, d'un autre côté, y et z comme fonctions de x, lorsque x devient $x+i$, ces mêmes quantités deviennent $y+i(y')+\frac{i^2}{2}(y'')+\frac{i^3}{2.3}(y''')+$ &c., $z+i(z')+\frac{i^2}{2}(z'')+\frac{i^3}{2.3}(z''')+$ &c. Je renferme ici les quantités y', y'', &c., z', z'', &c., entre des parenthèses, pour les distinguer des mêmes quantités relatives à la première hypothèse. Donc, si on fait $i=\theta x'+\frac{\theta^2}{2}x''+\frac{\theta^3}{2.3}x'''+$ &c., il faudra que l'on ait, quel que soit θ, l'équation $i(y')+\frac{i^2}{2}(y'')+\frac{i^3}{2.3}(y''')+$ &c., $=\theta y'+\frac{\theta^2}{2}y''+\frac{\theta^3}{2.3}y'''+$ &c., et de même $i(z')+\frac{i^2}{2}(z'')+\frac{i^3}{2.3}(z''')+$ &c., $=\theta z'+\frac{\theta^2}{2}z''+\frac{\theta^3}{2.3}z'''+$ &c. Substituant la valeur de i, et comparant les termes affectés de la même puissance de θ, la première équation donnera $y'=(y')x'$, $y''=(y')x''+(y'')x'^2$, $y'''=(y')x'''+3(y'')x'x''+(y''')x'^3$; et ainsi de suite. D'où l'on tire

$$(y')=\frac{y'}{x'},\quad (y'')=\frac{y''-(y')x''}{x'^2}=\frac{y''}{x'^2}-\frac{y'x''}{x'^3},$$

$$(y''')=\frac{y'''-(y')x'''-3(y'')x'x''}{x'^3}=\frac{y'''}{x'^3}-\frac{y'x'''}{x'^4}-\frac{3y''x''}{x'^4}+\frac{3y'x''^2}{x'^5};$$

et ainsi de suite. Et l'on aura, par la seconde équation, des formules semblables pour (z'), (z''), &c., en changeant seulement la lettre y en z.

Ces formules s'accordent avec celles que nous avons trouvées, d'une autre manière, dans la première partie (*n.*° 63), car on voit que $(y')=\frac{y'}{x'}$, $(y'')=\frac{\left(\frac{y'}{x'}\right)'}{x'}$; et ainsi de suite.

L'analyse précédente est plus directe, et résulte des premiers principes de la chose; mais celle du numéro cité a l'avantage de faire voir la loi de la progression, car elle donne immédiatement $(y')=\frac{y'}{x'}$,

$(y'')=$

$(y'') = \frac{[(y')]'}{x'}$, $(y''') = \frac{[(y'')]'}{x'}$; et ainsi de suite, en désignant, par un trait appliqué aux parenthèses, la fonction prime de la quantité renfermée entre les parenthèses.

Par le moyen de ces formules, on pourra transformer les équations qui contiennent les fonctions dérivées x', x'', &c., y', y'', &c., z', z'', &c., relativement à t, en d'autres équations où il n'y ait que les fonctions dérivées (y'), (y''), &c., (z'), (z''), &c., relativement à x.

201. Pour en donner un exemple, supposons qu'on demande la résistance du milieu, en vertu de laquelle un corps pesant lancé dans ce milieu décrirait une courbe donnée. On regardera la résistance comme une force retardatrice qui agit dans la direction même du corps, c'est-à-dire, dans celle de la tangente de la courbe : ainsi, en nommant r la résistance, c'est-à-dire, l'action du milieu résistant sur la surface du corps, divisée par la masse même du corps, on aura $-r \cos. \alpha$, $-r \cos. \beta$, $-r \cos. \gamma$ pour les forces accélératrices qui en résultent suivant les directions des axes des x, y, z, les angles α, β, γ étant ceux de la tangente avec ces axes. De plus, si on nomme g la force accélératrice de la gravité, et qu'on prenne les coordonnées y verticales et dirigées de bas en haut, on aura $-g$ pour la force accélératrice provenant de la gravité suivant les ordonnées y.

Donc, les équations du mouvement seront

$$x'' = -r \cos. \alpha,\ y'' = -g - r \cos. \beta,\ z'' = -r \cos. \gamma\,;$$

substituant pour $\cos. \alpha$, $\cos. \beta$, $\cos. \gamma$, leurs valeurs $\frac{x'}{u}$, $\frac{y'}{u}$, $\frac{z'}{u}$ (n.° 195), où u, vîtesse du corps, est $= s' = \sqrt{(x'^2 + y'^2 + z'^2)}$, on aura celles-ci

$$x'' = -\frac{rx'}{u},\ y'' = -g - \frac{ry'}{u},\ z'' = -\frac{rz'}{u}.$$

La première et la dernière donnent $\frac{x''}{x'} = \frac{z''}{z'}$, d'où l'on tire, en prenant les fonctions primitives, $z = mx + n$, m et n étant des constantes arbitraires. Cette équation, étant celle d'un plan vertical, fait voir que la courbe est nécessairement toute dans ce plan : ainsi, en prenant l'axe des x dans ce même plan, on aura $z = 0$ et $z' = 0$, et les équations de la courbe se réduiront aux deux premières.

Supposons, pour abréger, $\frac{r}{u} = q$, on aura $x'' = -qx'$, $y'' = -g - qy'$; substituant ces valeurs dans l'expression de (y'') du n.° 200, on aura $(y'') = -\frac{g}{x'^2}$; ainsi la valeur de q dépend de (y'''). Or, on a, par le même numéro, $(y''') = \frac{y'''}{x'^3} - \frac{y'x'''}{x'^4} - \frac{3(y'')x''}{x'^2}$; mais ayant les valeurs de x'' et y'', il n'y aura qu'à prendre leurs fonctions primes pour avoir celles de x''' et y'''; et l'on trouvera, en désignant par q' la fonction prime de q, $x''' = -qx'' - q'x' = (q^2 + q')x'$, $y''' = -qy'' - q'y' = qg + (q^2 + q')y'$. Ainsi les deux premiers termes de la valeur de (y''') donneront $\frac{qg}{x'^3}$, et le terme $-\frac{3(y'')x''}{x'^2}$ donnera $-\frac{3qg}{x'^3}$. De sorte qu'on aura $(y''') = -\frac{2qg}{x'^3}$: or, q étant $= \frac{r}{\sqrt{(x'^2 + y'^2)}}$, on fera cette substitution, et on chassera ensuite x' et y' au moyen des équations $(y') = \frac{y'}{x'}$ et $(y'') = -\frac{g}{x'^2}$, lesquelles donneront $x'^3\sqrt{(x'^2 + y'^2)} = x'^4\sqrt{[1 + (y')^2]} = \frac{g^2\sqrt{[1 + (y')^2]}}{(y'')^2}$; de sorte qu'après toutes les substitutions, on aura $(y''') = -\frac{2r(y'')^2}{g\sqrt{[1 + (y')^2]}}$. Comme les fonctions dérivées (y'), (y'') et (y''') se rapportent maintenant à la variable x, nous pouvons les représenter simplement par y', y'', y'''; ainsi on aura

$$\frac{r}{g} = -\frac{y'''\sqrt{(1 + y'^2)}}{2y''^2}.$$

Or, la courbe étant donnée, on a y en fonction de x: de-là on tirera les fonctions dérivées y', y'', y'''; et la formule précédente donnera, pour chaque point de la courbe, le rapport de la résistance à la gravité.

La vîtesse u sera $= \sqrt{(x'^2 + y'^2)} = x'\sqrt{[1 + (y'^2)]} =$

$\frac{\sqrt{g}\cdot\sqrt{[1+(y'^2)]}}{\sqrt{-(y'')}}$, c'est-à-dire, en changeant (y') en y', $u =$ $\frac{\sqrt{g}:\sqrt{(1+y'^2)}}{\sqrt{-y''}} = s'$.

Si on suppose la résistance proportionnelle au carré de la vîtesse et à la densité du milieu, alors, nommant Δ cette densité dans un lieu quelconque, on aura $r = mu^2\Delta$, m étant un coèfficient constant; donc, substituant la valeur de u, $r = \frac{mg(1+y'^2)\Delta}{-y''}$; et mettant cette valeur dans l'équation ci-dessus, elle deviendra $m\Delta = \frac{y'''}{2y''\sqrt{(1+y'^2)}}$, par où on déterminera la densité du milieu nécessaire pour faire décrire la courbe donnée. Réciproquement, cette équation servira à déterminer la courbe, lorsque la densité du milieu sera donnée.

Pour les projectiles lancés dans l'air, on peut supposer la densité du milieu constante; ainsi faisant, pour plus de simplicité, $2m\Delta = \frac{1}{K}$, l'équation de la courbe sera $\frac{y'''}{y''} = K\sqrt{(1+y'^2)} = Ks'$, s étant l'arc de la courbe, d'où l'on tire, en prenant les fonctions primitives, $y'' = Ae^{ks}$, A étant une constante arbitraire: c'est la forme la plus simple sous laquelle puisse être mise l'équation de cette courbe. On peut tirer de ces équations les différentes approximations qui ont été données jusqu'ici pour la détermination de la courbe décrite par les boulets et les bombes; mais les bornes de cet écrit nous empêchent d'entrer dans aucun détail sur ce sujet.

202. Au reste, nous remarquerons encore qu'on aurait pu tirer tout de suite l'équation de la courbe, des équations du mouvement $x'' = -\frac{rx'}{s'}$, $y'' = -g - \frac{ry'}{s'}$, par l'élimination du temps t. En effet, x et y étant fonctions de t, on peut réciproquement regarder y et t comme fonctions de x; et par les principes du n.° 63, si on regarde, en général, x, y, t comme fonctions d'une autre variable quelconque z, il faudra

substituer $\frac{x'}{t'}$ et $\frac{y'}{t'}$ à la place de x', y', et $\frac{(\frac{x'}{t'})'}{t'}$, $\frac{(\frac{y'}{t'})'}{t'}$ à la place de x'', y''; mais en prenant x à la place de z, l'on aura $x' = 1$: donc, faisant $x' = 1$ dans ces formules, on aura à substituer $\frac{1}{t'}$ et $\frac{y'}{t'}$ à la place de x' et y', et $-\frac{t''}{t'^3}$ et $\frac{y''}{t'^2} - \frac{y't''}{t'^3}$ à la place de x'' et y''.

Les deux équations deviendront donc, à cause de $s' = \sqrt{(x'^2 + y'^2)}$, $-\frac{t''}{t'^3} = -\frac{r}{\sqrt{(1+y'^2)}}$ et $\frac{y''}{t'^2} - \frac{y't''}{t'^3} = -g - \frac{ry'}{\sqrt{(1+y'^2)}}$, d'où il faudra éliminer la fonction t'. Substituant, dans cette seconde équation, la valeur de $\frac{t''}{t'^3}$, tirée de la première, elle deviendra $\frac{y''}{t'^2} = -g$; divisant par y'', et prenant de part et d'autre les fonctions primes; on aura $-\frac{2t''}{t'^3} = \frac{gy'''}{y''^2}$; valeur qui, étant substituée dans la première équation, donnera, comme plus haut, $\frac{r}{g} = -\frac{y'''\sqrt{(1+y'^2)}}{2y''^2}$. A l'égard de la vîtesse $u = s' = \sqrt{(x'^2 + y'^2)}$, elle deviendra $\frac{\sqrt{(1+y'^2)}}{t'}$; et comme on vient de trouver $t' = \sqrt{-\frac{y''}{g}}$, la vîtesse deviendra $\frac{\sqrt{g}.\sqrt{(1+y'^2)}}{\sqrt{-y''}}$, comme ci-dessus.

De cette manière, on pourra toujours éliminer le temps dans les équations du mouvement, pour avoir tout de suite celles de la courbe décrite; et nous aurions pu en user d'abord ainsi : mais l'analyse que nous avons donnée, nous sera utile pour découvrir, comme nous l'avons annoncé au commencement de cet écrit, la véritable source de la méprise où *Newton* est tombé dans la première édition des *Principes*, en résolvant le problème dont nous venons de nous occuper, et qui est le troisième du second livre de cet ouvrage.

203. Voici la première solution de *Newton* réduite en analyse (*Œuvres de* Jean Bernoulli, *tom. I*, *pag. 481*). Le mobile étant parvenu à un point quelconque de la courbe, sans la résistance et la gravité il décrirait dans un temps donné très-petit, une partie très-petite de la

tangente que nous désignerons par α; soit γ le petit espace que la gravité ferait décrire dans le même temps perpendiculairement à l'horizon, et ϱ le petit espace dont la résistance diminue l'espace α parcouru sur la tangente, il est clair que le rapport de ϱ à γ sera celui de la résistance à la gravité. Ainsi le corps, dans le temps qu'il aurait parcouru sur la tangente l'espace $\alpha - \varrho$, sera descendu verticalement de la quantité γ; par conséquent γ sera la flèche de l'arc $\alpha - \varrho$. Maintenant, si on considère le corps comme partant du même point et rebroussant chemin pour décrire en sens contraire le même arc de courbe qu'il a parcouru, il faudra regarder la résistance comme négative, et par conséquent comme une force qui accélère le mouvement au lieu de le retarder. Ainsi, le corps décrira, dans le même temps très-petit, l'espace $\alpha + \varrho$ sur la même tangente dans une direction contraire, et descendra en même temps verticalement de l'espace γ, en vertu de la gravité. Par conséquent γ sera la flèche de l'arc $\alpha + \varrho$, pris de l'autre côté du point de la courbe dont il s'agit. Or, les flèches étant pour les arcs infiniment petits, comme les carrés des arcs ou des tangentes, la flèche de l'arc $\alpha - \varrho$, pris du même côté que l'arc $\alpha + \varrho$, sera $\gamma\left(\frac{\alpha-\varrho}{\alpha+\varrho}\right)^2$; donc, la différence des flèches pour les arcs égaux $\alpha - \varrho$, pris de part et d'autre du point donné de la courbe, sera $\gamma\left[1 - \frac{(\alpha-\varrho)^2}{(\alpha+\varrho)^2}\right] = \frac{4\gamma\varrho}{(\alpha+\varrho)^2}$: nommons cette différence δ, on aura $\frac{4\gamma\varrho}{(\alpha+\varrho)^2} = \delta$, et $\frac{\varrho}{\gamma} = \frac{\delta(\alpha+\varrho)^2}{4\gamma^2} = \frac{\delta\alpha}{4\gamma^2}$, à cause que la petite ligne ϱ, parcourue d'un mouvement uniformément accéléré, est infiniment plus petite que la ligne α parcourue dans le même temps d'un mouvement uniforme. Tel est le raisonnement de *Newton*, présenté de la manière la plus claire; et le résultat que nous venons de trouver, s'accorde avec celui du corollaire II du problème cité, où il est visible que les lignes CF et FG sont ce que nous avons nommé α et γ, et que la différence $FG - KI$ est ce que nous avons nommé δ.

Maintenant, en prenant les abscisses x horizontales et les ordonnées y verticales et dirigées de bas en haut, *Newton* suppose que pour l'abscisse $x + o$, l'ordonnée, exprimée en série, est $y + Qo - Ro^2 - So^3 + \&c.$,

et il remarque que la partie de la tangente qui répond à la partie o de l'axe, est $o\sqrt{(1+Q^2)}$, et que la flèche, c'est-à-dire, la partie de l'ordonnée comprise entre la courbe et la tangente, est $Ro^2 + So^3 +$ &c. En faisant o négatif, on aura la flèche qui répond à la même partie de la tangente prise de l'autre côté du point de contact, et qui sera, par conséquent, $Ro^2 - So^3 +$ &c.; et la différence des deux flèches sera $2So^3 -$ &c.: or, il est visible que les quantités $o\sqrt{(1+Q^2)}$, $Ro^2 + So^3 +$ &c.: et $2So^3 -$ &c., répondent à celles que nous avons nommées α, γ et δ; donc, la quantité $\frac{\alpha\delta}{4\gamma^2}$, qui exprime le rapport de la résistance à la gravité, deviendra, en divisant le haut et le bas par o^3, $\frac{S\sqrt{(1+Q^2)}}{2(R+So)^2}$ $= \frac{S\sqrt{(1+Q^2)}}{2R^2}$, en faisant évanouir la quantité infiniment petite o. C'est aussi le résultat trouvé par *Newton* dans l'exemple premier du même problème.

Suivant notre notation, lorsque x devient $x + o$, y devient $y + oy'$ $+ \frac{o^2}{2}y'' + \frac{o^3}{2.3}y''' +$ &c.; donc, comparant avec la série de *Newton*, on a $Q = y'$, $R = -\frac{y''}{2}$, $S = -\frac{y'''}{2.3}$; substituant ces valeurs dans la formule précédente, le rapport de la résistance à la gravité deviendra $-\frac{y'''\sqrt{[(1+y'^2)]}}{3y''^2}$, au lieu que nous l'avons trouvé ci-dessus (*n.*° 201) $-\frac{y'''\sqrt{[(1+y'^2)]}}{2y''^2}$. D'où il suit que la solution de *Newton* est fautive.

Il est remarquable que si on substitue simplement y', y'', y''' pour Q, $-R$, $-S$; on a un résultat exact : c'est ce qui a fait croire aux *Bernoulli* qui ont découvert les premiers l'erreur de *Newton*, et à tous ceux qui en ont parlé depuis, que cette erreur venait de ce que *Newton* avait pris les termes de la série Qo, $-Ro^2 - So^3 -$ &c., pour les différences premières, secondes et troisièmes de l'ordonnée, tandis que ces termes ne sont égaux qu'à ces différences divisées par 1, 2, 6, &c. Mais, d'après l'analyse que nous venons de donner de la solution de *Newton*, il est facile de voir que sa méprise ne vient point de la considération des différences dont il n'est point question dans sa solution, et que la substitution des termes Ro^2 et So^3 de la série dont il s'agit, à la place des quantités γ et $\frac{\delta}{2}$ dans la formule $\frac{\alpha\delta}{4\gamma^2}$, est légitime: ainsi, l'erreur doit être dans cette formule même, qui donne le rapport de la résistance à la gravité.

204. La solution de *Newton* peut être rendue plus simple et plus directe de la manière suivante. En nommant u la vîtesse dans un point quelconque de la courbe, $u\theta$ est l'espace que le corps parcourrait sur la tangente dans le temps θ, en faisant abstraction de la gravité et de la résistance. Nommant g la force absolue de la gravité, et r celle de la résistance, $\frac{g\theta^2}{2}$ et $\frac{r\theta^2}{2}$ seront les espaces parcourus, en vertu de ces forces, dans le même temps θ; ainsi, le corps aura parcouru, suivant la tangente, la ligne $u\theta - \frac{r\theta^2}{2}$, et, suivant l'ordonnée y, la ligne $\frac{g\theta^2}{2}$, dans une direction contraire à celle suivant laquelle cette coordonnée croît. Soit A l'angle de la tangente avec l'axe des x, il en résultera, suivant la direction de l'axe des x, l'espace $(u\theta - \frac{r\theta^2}{2})\cos. A$, et, suivant la direction de l'axe des y, l'espace $(u\theta - \frac{r\theta^2}{2})\sin. A - \frac{g\theta^2}{2}$. Or, y étant fonction de x, supposons, avec *Newton*, que x devenant $x + o$, y devienne $y + Qo - Ro^2 - So^3 -$ &c.; il faudra donc qu'en faisant $o = (u\theta - \frac{r\theta^2}{2})\cos. A$, on ait $Qo - Ro^2 - So^3$, &c. $= (u\theta - \frac{r\theta^2}{2})\sin. A - \frac{g\theta^2}{2}$, quelle que soit la valeur de θ, qu'on suppose très-petite.

Substituons, dans la séconde équation, la valeur de o donnée par la première, et ordonnant les termes par rapport aux puissances de θ, on aura

$$\theta Qu \cos. A - \left(\frac{Qr}{2}\cos. A + Ru^2 \cos. A^2\right)\theta^2 - (Rur \cos. A^2 + Su^3 \cos. A^3)\theta^3 + \text{\&c.} = \theta u \sin. A - \left(\frac{r \sin. A}{2} + \frac{g}{2}\right)\theta^2.$$

Comparant terme à terme, on a $Qu \cos. A = n \sin. A$, $Qr \cos. A + 2Ru^2 \cos. A^2 = r \sin. A + g$, $Rur \cos. A^2 + Su^3 \cos. A^3 = o$, &c. La première équation donne tang. $A = Q$; substituant cette valeur dans la seconde, on a $2Ru^2 \cos. A^2 = g$, d'où l'on tire $u^2 = \frac{g}{2R \cos. A^2} = \frac{g(1+Q^2)}{2R}$; la troisième donne $r = \frac{Su^2 \cos. A}{R}$, substituant pour u^2 et pour cos. A leurs valeurs, on aura $r = \frac{gS\sqrt{(1+Q^2)}}{2R^2}$, et de-là $\frac{r}{g} = \frac{S\sqrt{(1+Q^2)}}{2R^2}$, rapport de la résistance à la gravité, comme *Newton* l'avait trouvé. En effet, il est facile de voir que cette analyse n'est, au fond, que celle de *Newton* débarrassée de la considération des deux mouvemens en sens contraire, et réduite à la forme la plus simple; mais elle a, de plus, l'avantage de faire connaître facilement la source de l'erreur, et de donner le moyen d'y remédier.

Car, pour peu qu'on examine le calcul que nous venons de faire, on doit voir que, puisque les valeurs de o et de $Qo - Ro^2 - So^3 -$ &c., sont exprimées en séries qui procèdent suivant les puissances de θ, et que ces séries ne vont pas au-delà de la seconde puissance de θ, il n'est pas permis de pousser l'approximation au-delà de cette même puissance dans l'équation résultant de l'élimination de o : d'où il suit que le terme qui contient θ^3 dans cette équation, doit nécessairement être incomplet; et puisque c'est de ce même terme que dépend le rapport cherché de $\frac{r}{g}$, on en doit conclure que la valeur trouvée de ce rapport est inexacte.

205. Pour pouvoir obtenir, de cette manière, un résultat exact, il faudrait donc tenir compte, dans les deux séries dont il s'agit, des termes qui contiendraient les troisièmes puissances de θ : ces termes ne sont point donnés, comme les premiers, par les conditions du problème; mais on peut les en déduire par la loi de la dérivation de ces termes. Car, en regardant les coordonnées x et y comme fonctions de t, ces coordonnées, lorsque t devient $t + \theta$, deviennent, par les considérations mécaniques développées

développées dans le numéro précédent, $x + \theta u \cos. A - \frac{\theta^2}{2} r \cos. A$ et $y + \theta u \sin. A - \frac{\theta^2}{2} (r \sin. A + g)$: ces séries étant comparées avec la forme générale $x + \theta x' + \frac{\theta^2}{2} x'' + \frac{\theta^3}{2 \cdot 3} x''' +$ &c., et $y + \theta y' + \frac{\theta^2}{2} y'' + \frac{\theta^3}{2 \cdot 3} y''' +$ &c., on aura $x' = u \cos. A$, $x'' = - r \cos. A$, et $y' = u \sin. A$, $y'' = - r \sin. A - g$, d'où l'on tire d'abord $x''' = - (r \cos. A)'$, $y''' = - (r \sin. A)'$, en dénotant par un trait appliqué aux parenthèses, la fonction prime de la quantité renfermée entre les parenthèses. Ainsi les troisièmes termes des séries dont il s'agit, seront $- \frac{\theta^3}{2 \cdot 3} (r \cos. A)'$ et $- \frac{\theta^3}{2 \cdot 3} (r \sin. A)'$. Or $(r \cos. A)' = r' \cos. A - r A' \sin. A$, et $(r \sin. A)' = r' \sin. A + r A' \cos. A$; mais les valeurs de x' et x'' étant comparées, donnent $- r \cos. A = (u \cos. A)' = u' \cos. A - u A' \sin. A$, et de même celles de y' et y'' donnent $- r \sin. A - g = (u \sin. A)' = u' \sin. A + u A' \cos. A$, d'où l'on tire, en éliminant u', $- g \cos. A = u A'$; savoir, $A' = - \frac{g \cos. A}{u}$. Substituant cette valeur de A' dans les formules ci-dessus, on aura

$$(r \cos. A)' = r' \cos. A + \frac{g r \sin. A \cos. A}{u}, \quad (r \sin. A)' = r' \sin. A - \frac{g r \cos. A^2}{u}.$$

On ajoutera donc ces nouveaux termes aux valeurs des quantités o et $Q o - R o^2 - S o^3 -$ &c. du numéro précédent, et l'on aura

$$o = \theta u \cos A - \frac{\theta^2}{2} r \cos. A - \frac{\theta^3}{2 \cdot 3} \left(r' \cos. A + \frac{g r \sin. A \cos. A}{u} \right),$$ et $$Q o - R o^2 - S o^3 = \theta u \sin. A - \frac{\theta^2}{2} (r \sin. A + g) - \frac{\theta^3}{2 \cdot 3} \left(r' \sin. A - \frac{g r \cos. A^2}{2} \right),$$

Éliminant o et poussant la précision jusqu'aux θ^3, on aura l'équation

$$\theta Q u \cos. A - \theta^2 \left(\tfrac{1}{2} Q r \cos. A + R u^2 \cos. A^2\right) - \theta^3 \left[\frac{Q}{2.3}\left(r' \cos. A + \frac{g r \sin. A \cos. A}{u}\right) - R u r \cos. A^2 + S u^3 \cos. A^3\right] = \theta u \sin. A + \frac{\theta^2}{2}(r \sin. A + g) - \frac{\theta^3}{2.3}\left(r' \sin. A + \frac{g r \cos. A^2}{u}\right);$$

d'où l'on tire, par la comparaison des termes, les équations

$$Qu \cos. A = u \sin. A,\ Qr \cos. A + 2Ru^2 \cos. A^2 = r \sin. A + g,$$

$$Q\left(r' \cos. A + \frac{g r \sin. A \cos. A}{u}\right) - 6 R u r \cos. A^2 + 6 S u^3 \cos. A^3 = r' \sin. A + \frac{g r \cos. A^2}{u}.$$

Les deux premières étant les mêmes que dans le numéro 204, elles donneront également tang. $A = Q$ et $u^2 = \frac{g(1+Q^2)}{2R}$; mais la troisième, en y substituant $Q \cos. A$ à la place de sin. A, ensuite divisant par $\cos. A^2$, et multipliant par u, deviendra $Q^2 g r - 6 R u^2 r + 6 S u^4 \cos. A = - g r$; substituant la valeur précédente de u^2, on aura

$$-2 g r (1 + Q^2) + \frac{6 S g^2 (1 + Q^2)^2 \cos. A}{4 R^2} = 0,$$

d'où l'on tire, à cause de $\cos. A = \frac{1}{\sqrt{(1 + Q^2)}}$, $\frac{r}{g} = \frac{3 S \sqrt{(1 + Q^2)}}{4 R^2}$:

c'est la valeur que *Newton* donne dans la seconde et dans la troisième édition des Principes (livre II, problème III); et on voit qu'en substituant dans cette valeur les quantités y', $-\frac{y''}{2}$, $-\frac{y'''}{2.3}$ à la place de Q, R, S (n.° 203), elle devient $-\frac{y''' \sqrt{(1 + y'^2)}}{2 y''^2}$, telle qu'elle doit être (n.° 201).

Comme *Newton* n'est parvenu à ce dernier résultat qu'en suivant une marche analogue à celle du calcul différentiel, nous avons cru qu'il n'était pas inutile de faire voir comment la méthode des séries pouvait y conduire, et qu'on nous saurait gré d'éclaircir, en même temps, un point d'analyse sur lequel les plus grands géomètres s'étaient trompés, et qui peut intéresser l'histoire de la naissance des nouveaux calculs.

206. Reprenons les formules générales du numéro 199, et supposons que la force P soit dirigée vers un point déterminé par les coordonnées a, b, c; si on nomme p la distance rectiligne de ce point au point de la courbe qui répond aux coordonnées x, y, z, on aura $p = \sqrt{[(x-a)^2 + (y-b)^2 + (z-c)^2]}$, et il est visible que $\frac{x-a}{p}$, $\frac{y-b}{p}$, $\frac{z-c}{p}$ seront les projections de la ligne p sur les axes des x, y, z; donc $\frac{x-a}{p}$, $\frac{y-b}{p}$, $\frac{z-c}{p}$ seront les cosinus des angles que la ligne p fait avec ces axes, c'est-à-dire, des angles λ, μ, ν, que la direction de la force P fait avec les mêmes axes. Donc, les termes $P \cos. \lambda$, $P \cos. \mu$, $P \cos. \nu$, dus à la force P dans les valeurs de Mx'', My'', Mz'', pourront être représentés par $P\frac{x-a}{p}$, $P\frac{y-b}{p}$, $P\frac{z-c}{p}$.

Si maintenant on suppose p égal à une constante d, on aura l'équation de la surface d'une sphère dont d ou p sera le rayon, et dont le centre sera déterminé par les coordonnées a, b, c; et la direction de la force P sera perpendiculaire à la surface de cette sphère, puisqu'elle tend à son centre. Donc, si une autre surface quelconque représentée par l'équation $f(x, y, z) = 0$ est tangente à la sphère, la direction de la force P sera aussi perpendiculaire à cette surface, et l'on aura, par le n.° 151, en substituant p à d, $\frac{x-a}{p} = -\frac{z'}{\sqrt{(1+z'^2+z_,^2)}}$, $\frac{y-b}{p} = -\frac{z_,}{\sqrt{(1+z'^2+z_,^2)}}$, $\frac{z-c}{p} = \frac{1}{\sqrt{(1+z'^2+z_,^2)}}$; où z' et $z_,$ sont les fonctions primes relatives à x et y de la quantité z regardée comme une fonction de x et y donnée par l'équation de la surface. Or, en prenant les deux équations primes de $f(x, y, z) = 0$, relativement à x et y, on a (n.° 92) $f'(x) + z' f'(z) = 0$, et

$f'(y) + z_{,} f'(z) = 0$, où $f'(x)$, $f'(y)$, $f'(z)$ désignent les fonctions primes de la fonction $f(x, y, z)$ prises relativement à x, y, z.

Donc, $z' = -\frac{f'(x)}{f'(z)}$, $z_{,} = -\frac{f'(y)}{f'(z)}$; par conséquent, on aura

$$\frac{x-a}{p} = \frac{f'(x)}{\sqrt{[f'(x)^2 + f'(y)^2 + f'(z)^2]}};$$

$$\frac{y-b}{p} = \frac{f'(y)}{\sqrt{[f'(x)^2 + f'(y)^2 + f'(z)^2]}};$$

$$\frac{z-c}{p} = \frac{f'(z)}{\sqrt{[f'(x)^2 + f'(y)^2 + f'(z)^2]}}.$$

Donc, si la force P agit dans une direction perpendiculaire à la surface représentée par l'équation $f(x, y, z) = 0$, il en résultera, dans les valeurs des quantités Mx'', My'', Mz'', les termes respectifs

$$\frac{Pf'(x)}{\sqrt{[f'(x)^2 + f'(y)^2 + f'(z)^2]}},$$

$$\frac{Pf'(y)}{\sqrt{[f'(x)^2 + f'(y)^2 + f'(z)^2]}},$$

$$\frac{Pf'(z)}{\sqrt{[f'(x)^2 + f'(y)^2 + f'(z)^2]}}.$$

207. Si l'on suppose que le corps soit forcé de se mouvoir sur une surface courbe représentée par l'équation $f(x, y, z) = 0$, il est clair que l'action de la surface sur le corps ne peut être que perpendiculaire à la surface. Nommant donc P la force qui résulte de cette action, et faisant $\Pi = \frac{P}{\sqrt{[f'(x)^2 + f'(y)^2 + f'(z)^2]}}$, on aura $\Pi f'(x)$, $\Pi f'(y)$, $\Pi f'(z)$ pour les termes dus à cette force dans les équations du n.° 199. Or, la force P n'étant donnée que dans sa direction, sa valeur demeurera inconnue : par conséquent la quantité Π entrera dans ces équations comme une inconnue, mais comme on a l'équation $f(x, y, z) = 0$, à laquelle les valeurs de x, y, z doivent satisfaire, quel que soit le temps t, en éliminant l'inconnue Π, on aura encore autant d'équations qu'il sera nécessaire pour la solution du problème.

Maintenant il est facile de concevoir que le même résultat aura lieu, si, en faisant abstraction de la surface, on considère seulement l'équation $f(x, y, z) = 0$, comme une équation de condition donnée par la nature de la question mécanique proposée, d'où l'on conclura que toute condition du problème exprimée par l'équation $f(x, y, z) = 0$, donnera dans les valeurs de Mx'', My'', Mz'', des termes de la forme $\Pi f'(x)$, $\Pi f'(y)$, $\Pi f'(z)$.

Donc aussi, s'il y avait dans le problème deux conditions exprimées par les équations $f(x, y, z)$, $\varphi(x, y, z) = 0$, ce qui est le cas des corps qui se meuvent sur des lignes de figures données, chacune de ces équations donnerait de pareils termes. Ainsi, on aurait, en vertu de ces équations, les termes $\Pi f'(x) + \Psi\varphi'(x)$, $\Pi f'(y) + \Psi\varphi'(y)$, $\Pi f'(z) + \Psi\varphi'(z)$, à ajouter aux valeurs de Mx'', My'', Mz''. Les quantités Π et Ψ demeurent indéterminées, et doivent être éliminées; mais les équations que l'on aura de moins par ces éliminations, seront remplacées par les équations données $f(x, y, z) = 0$, et $\varphi(x, y, z) = 0$; et ainsi de suite.

208. Jusqu'ici, nous n'avons considéré que le mouvement d'un corps isolé; mais les formules que nous venons de trouver s'appliquent également au mouvement des corps qui agissent les uns sur les autres d'une manière quelconque, soit en se tirant par des fils ou par des leviers, soit en se poussant immédiatement ou par l'entremise de verges ou de ressorts, &c.

Lorsque plusieurs corps sont joints ensemble et dépendent les uns des autres, de manière que l'un ne puisse être mu sans que les autres ne participent plus ou moins à son mouvement, on peut toujours exprimer les conditions de ce système par des équations entre les coordonnées des différens corps qui le composent; car il est visible que ces conditions ne peuvent consister que dans des relations données entre les lieux des corps dans l'espace. On aura donc, dans ce cas, différentes équations de la forme $f(x, y, z, \xi, \eta, \zeta, \&c.) = 0$, en nommant x, y, z les coordonnées de l'un des corps du système dont M sera la masse; ξ, η, ζ les coordonnées d'un autre de ces corps, qui aura la masse N, &c.; et chacune des fonctions $f(x, y \ldots\ldots)$ donnera, relativement au corps M, dans les valeurs de Mx'', My'', Mz'', les mêmes termes $\Pi f'(x)$, $\Pi f'(y)$, $\Pi f'(z)$, que si les quantités ξ, η, ζ, &c., étaient constantes; car il est facile de concevoir que la direction des forces P, Q, &c., doit être la même dans un instant quelconque, soit que les corps se meuvent ou non, puisqu'elle dépend uniquement de la disposition mutuelle des corps dans cet instant.

Par la même raison, la même fonction donnera, relativement au corps N dans les valeurs de $N\xi''$, $N\eta''$, $N\zeta''$, les termes $\Pi f'(\xi)$, $\Pi f'(\eta)$, $\Pi f'(\zeta)$, en dénotant par $f'(\xi)$, $f'(\eta)$, $f'(\zeta)$ les fonctions primes de $f(x, y, z; \xi, \eta, \zeta \ldots)$ prises relativement à ξ, η, ζ; et ainsi de suite pour chaque corps du système, et pour chaque fonction résultant des différentes équations données par les conditions du système.

209. Quand des corps s'attirent ou se repoussent par des forces intrinsèques, ou par l'action de ressorts auxquels ils sont attachés, comme la force s'exerce suivant la ligne qui joint les deux corps qui agissent l'un sur l'autre, sa direction sera, pour chacun des corps, perpendiculaire à la surface sphérique qui passerait par ce corps, et aurait son centre dans l'autre corps. Ainsi, nommant d la distance des deux corps M et N, on aura, pour les deux surfaces l'équation $\sqrt{[(x-\xi)^2+(y-\eta)^2+(z-\zeta)^2]} = d$, en prenant x, y, z pour les coordonnées de celle qui passe par M, et ξ, η, ζ pour les coordonnées de la surface qui passe par N. Ainsi, suivant la théorie du n.° 207, on fera $f(x, y, z, \xi, \eta, \zeta) = \sqrt{[(x-\xi)^2+(y-\eta)^2+(z-\zeta)^2]} - d$; et comme cette valeur donne $f'(x)^2+f'(y)^2+f'(z)^2 = 1$, on aura $P = \Pi$. Donc, puisque la quantité d doit être regardée comme constante, en prenant les fonctions primes, on fera simplement

$$f(x, y, z, \xi, \eta, \zeta) = \sqrt{[(x-\xi)^2+(y-\eta)^2+(z-\zeta)^2]};$$

et prenant Π pour la force absolue qui agit sur les deux corps, on aura les mêmes formules que ci-dessus pour l'effet de cette force dans le mouvement des corps M et N, où il faut remarquer que la force Π devra être prise positivement lorsqu'elle tend à augmenter la distance entre les corps, et négativement lorsqu'elle tend à la diminuer.

Ici, il est évident que la quantité Π doit être la même pour les termes qui résultent de la même fonction $f(x, y \ldots)$ dans les équations relatives aux corps M et N. On pourrait douter si cela doit avoir lieu en général, comme nous l'avons supposé, de quelque manière que les corps agissent entre eux; mais on peut le prouver par le moyen du principe connu des vîtesses virtuelles.

210. En effet, de ce qui a été démontré plus haut (n.° 207), il résulte seulement que les forces dues à l'équation de condition $f(x, y, z, \xi, \eta, \zeta \ldots) = 0$, sont représentées par $\Pi f'(x)$, $\Pi f'(y)$, $\Pi f'(z)$ pour le corps M, par $\Psi f'(\xi)$, $\Psi f'(\eta)$, $\Psi f'(\zeta)$ pour le corps N, et ainsi de suite, les quantités Π, Ψ, &c., étant nécessairement les mêmes pour le même corps. Ces forces ne sont, à proprement parler, que des forces de résistance, qui naissent de l'action mutuelle des corps, ou qui viennent des obstacles qui, par la nature du système, altèrent et changent le mouvement des corps. Si donc on imprimait à chaque corps des forces égales et directement contraires à celles-là, l'effet de ces forces serait détruit par les résistances dont nous venons de parler; par conséquent, le système devrait demeurer en équilibre. Donc, les corps M, N, &c. sollicités, suivant les directions de leurs coordonnées, par les forces $-\Pi f'(x)$, $-\Pi f'(y)$, $-\Pi f'(z)$ pour le corps M, par les forces $-\Psi f'(\xi)$, $-\Psi f'(\eta)$, $-\Psi f'(\zeta)$ pour le corps N, et ainsi des autres, devront se faire équilibre.

Or, par le principe des vîtesses virtuelles, la somme des forces multipliées chacune par la vîtesse que le point où elle est appliquée aurait, suivant la direction de la force, si on donnait au système un mouvement quelconque, doit être nulle dans le cas de l'équilibre. Donc, prenant dans notre cas les vîtesses réelles x', y', z', ξ', η', ζ', &c., des corps M, N, &c., suivant les directions de leurs coordonnées, pour leurs vîtesses virtuelles, suivant ces directions, on aura pour l'équilibre des forces dont il s'agit, l'équation

$$-\Pi f'(x)x' - \Pi f'(y)y' - \Pi f'(z)z' - \Psi f'(\xi)\xi' - \Psi f'(\eta)\eta' - \Psi f'(\zeta)\zeta' - \&c. = 0,$$

et cette équation devra avoir lieu en général en vertu de l'équation de condition $f(x, y, z, \xi, \eta, \zeta \ldots) = 0$, d'où dépendent les forces

$\Pi f'(x)$, $\Pi' f'(y)$, &c. Or, si on prend l'équation prime de cette équation, relativement au temps t, dont les variables x, y, z, ξ, &c., sont censées être fonctions, on a (n.° 31)

$$x'f'(x) + y'f'(y) + z'f'(z) + \xi'f'(\xi) + \eta'f'(\eta) + \zeta'f'(\zeta) + \&c. = 0;$$

et il est visible que cette équation ne peut subsister avec la précédente, indépendamment des valeurs des vîtesses x', y', &c., à moins qu'on n'ait $\Pi = \Psi =$ &c.

On doit conclure de là, en général, que les forces qui peuvent résulter de l'action mutuelle des corps d'un système donné, se déduisent directement des équations de condition qui doivent avoir lieu entre les coordonnées des différens corps du système, en prenant les fonctions primes des fonctions qui sont nulles en vertu de ces équations. Les fonctions primes de la même fonction, prises par rapport aux différentes coordonnées, sont toujours proportionnelles aux forces qui agissent suivant ces coordonnées, et qui dépendent de la condition relative à cette fonction. J'étais déjà parvenu à un résultat semblable dans la Mécanique analytique; la démonstration précédente est plus directe, et donne, pour ainsi dire, la métaphysique de la chose.

211. Supposons que les conditions du système soient indépendantes de l'origine des abscisses, c'est-à-dire, de la position du plan des y et z, et que, par conséquent, les fonctions désignées par les caractéristiques f, φ, &c., soient telles que si on augmente à la fois les abscisses x, ξ, &c. des différens corps, d'une même quantité quelconque i, cette quantité disparaisse d'elle-même des fonctions; ce qui aura lieu, lorsque ces fonctions ne contiendront pas les quantités isolées x, ξ, &c., mais seulement leurs différences $x - \xi$, &c.

En substituant $x + i$, $\xi + i$, &c., à la place de x, ξ, &c. dans la fonction $f(x, y, z, \xi \ldots)$, elle deviendra, par le développement suivant les puissances de i,

$$f(x, y, z, \xi \ldots) + i[f'(x) + f'(\xi) + \&c.] + \frac{i^2}{2}[f''(x) + \&c.] + \&c.$$

Donc

Donc, on aura nécessairement l'équation du premier ordre

$$f'(x) + f'(\xi) + \&c. = 0.$$

On trouvera, de la même manière,

$$\varphi'(x) + \varphi'(\xi) + \&c. = 0;$$

et ainsi de suite.

Or, si le système n'est soumis à d'autres forces que celles qui peuvent résulter de l'action mutuelle des corps, les équations du mouvement relatives aux coordonnées x, ξ, &c., seront de la forme (*n.° 207*).

$$Mx'' = \Pi f'(x) + \Psi \varphi'(x) + \&c.;$$

$$N\xi'' = \Pi f'(\xi) + \Psi \varphi'(\xi) + \&c.,$$

&c.

Donc, ajoutant ces équations ensemble, on aura simplement

$$Mx'' + N\xi'' + \&c. = 0,$$

équation indépendante des conditions du système.

Cette équation a l'équation primitive

$$Mx' + N\xi' + \&c. = a;$$

et celle-ci a encore l'équation primitive

$$Mx + N\xi + \&c. = at + b,$$

a et b étant des constantes arbitraires.

Ainsi on a tout de suite, dans ce cas, une relation entre les différentes abscisses x, ξ, &c.

Il est facile de voir que le cas dont il s'agit, aura lieu dans tout système entièrement libre de se mouvoir dans la direction de l'axe des abscisses, quelle que soit l'action que les corps peuvent exercer les uns sur les autres. Car alors, relativement à cet axe, les conditions du système ne pourront dépendre que de la position respective des corps, et nullement de leur position par rapport à l'origine des abscisses; par conséquent, les équations qui exprimeront ces conditions, ne pourront contenir que les différences $x - \xi$, &c. des abscisses. Et si les corps exercent les uns sur les autres des attractions ou des répulsions mutuelles, comme les fonctions $f(x, y, z, \xi \ldots)$ dues à ces forces, sont représentées simplement par les distances $\sqrt{[(x-\xi)^2+(y-\eta)^2+(z-\zeta)^2]}$ &c. (n.° 209), ces fonctions auront aussi la même propriété.

Donc, lorsque le mouvement du système sera tout-à-fait libre suivant la direction de l'axe des x de quelque manière que les corps agissent les uns sur les autres, soit par des forces quelconques de résistance ou par des forces d'attraction ou de répulsion mutuelle; l'équation précédente entre les abscisses x, ξ, &c. des différens corps, aura toujours lieu.

Si l'on prend dans le système un point qui réponde à l'abscisse X, telle que l'on ait

$$X = \frac{Mx + N\xi + \&c.}{M + N + \&c.};$$

on aura $X'' = 0$, et de là $X' = a$, $X = at$, en supposant que l'espace X soit nul au commencement du temps. Ainsi, le mouvement de ce point suivant la direction de l'axe des x sera uniforme avec la vitesse constante a.

212. Si, dans le même système, on suppose que les corps M, N, &c. soient de plus animés par des forces quelconques P, Q, &c. dirigées suivant l'axe des x et tendant à augmenter les x, ξ, &c., il faudra dans ce cas ajouter respectivement les quantités P, Q, &c., aux valeurs de Mx'', $N\xi''$, &c.; ce qui donnera les équations

$$Mx'' = P + \Pi f'(x) + \Psi \varphi'(x) + \&c.;$$
$$N\xi'' = Q + \Pi f'(\xi) + \Psi \varphi'(\xi) + \&c.;$$
&c.

dont la somme sera

$$Mx'' + N\xi'' + \&c. = P + Q + \&c.;$$

et si l'on substitue pour $Mx + N\xi + \&c.$ la quantité $(M + N + \&c.)X$, on aura

$$(M + N + \&c.).X'' = P + Q + \&c.;$$

équation qui représente le mouvement rectiligne suivant l'axe des x d'un corps dont la masse serait $M + N + \&c.$, et qui serait animé par une force égale à $P + Q + \&c.$

D'où l'on peut conclure que le point du système qui repond à l'abscisse X, aura, dans la direction de l'axe des x, le même mouvement qu'il aurait si tous les corps du système étaient concentrés dans ce point, et que toutes les forces qui agissent sur les corps dans la direction du même axe lui fussent appliquées.

213. Si le système est libre à la fois relativement à l'axe des x et à celui des y, il est visible que les mêmes résultats auront lieu pour les mouvemens suivant ces deux axes; et si le système est absolument libre dans tous les sens, alors les mêmes résultats auront lieu par rapport aux trois axes; et on pourra en conclure que si on prend dans le système un point qui réponde aux coordonnées X, Y, Z, telles que l'on ait

$$X = \frac{Mx + N\xi + \&c.}{M + N + \&c.};$$

$$Y = \frac{My + N\eta + \&c.}{M + N + \&c.};$$

$$Z = \frac{Mz + N\zeta + \&c.}{M + N + \&c.},$$

ce point, lorsque le système n'est animé par aucune force extérieure, se mouvra uniformément en ligne droite; et que si les différens corps du système sont animés par des forces quelconques, le même point se mouvra comme si tous les corps y étaient concentrés, et que toutes les forces y fussent appliquées chacune suivant sa direction propre.

Le point dont il s'agit est connu, en mécanique, sous le nom de *centre de gravité*; et la proposition que nous venons de démontrer s'énonce ordinairement ainsi: L'état de mouvement ou de repos du centre de gravité de plusieurs corps, ne change point par l'action mutuelle des corps entre eux, pourvu que le système soit entièrement libre; c'est ce qui constitue le principe ou la loi de la *conservation du mouvement du centre de gravité*.

Il est bon de remarquer que ce principe a lieu aussi, lorsque, par la rencontre et l'action mutuelle des corps, il survient des changemens brusques dans leurs mouvemens; car on peut regarder ces changemens comme produits par l'action de ressorts interposés entre les corps qui se choquent, et dont la durée est presque momentanée. C'est ainsi qu'on peut envisager les changemens qui arrivent dans le choc des corps durs, et c'est par cette raison que le mouvement du centre de gravité n'est point altéré dans ces changemens.

214. On rapporte communément le centre de gravité de plusieurs corps à trois axes fixes, par le moyen des coordonnées X, Y, Z, données ci-dessus; si on voulait le rapporter à des points déterminés, alors nommant a, b, c les trois coordonnées d'un de ces points, et d la distance du centre de gravité à ce point, on aurait

$$d^2 = (X-a)^2 + (Y-b)^2 + (Z-c)^2 = X^2 + Y^2 + Z^2 - 2aX - 2bY - 2cZ + a^2 + b^2 + c^2.$$

Or, si on fait le carré de la quantité $Mx + N\xi +$ &c., il est facile de voir qu'on peut le mettre sous la forme $(M + N + \&c.)(Mx^2 + N\xi^2 + \&c.) - MN(x - \xi)^2 - \&c.$; donc on aura (*n.° précédent*)

$$X^2 = \frac{Mx^2 + N\xi^2 + \&c.}{M + N + \&c.} - \frac{MN(x-\xi)^2 + \&c.}{(M + N + \&c.)^2}$$

et de là $X^2 - 2aX + a^2 =$

$$\frac{M(x-a)^2 + N(\xi - a)^2 + \&c.}{M + N + \&c.} - \frac{MN(x - \xi)^2 + \&c.}{(M + N + \&c.)^2}.$$

On trouvera de même $Y^2 - 2bY + b^2 =$

$$\frac{M(y-b)^2 + N(\upsilon - b)^2 + \&c.}{M + N + \&c.} - \frac{MN(y - \upsilon)^2 + \&c.}{(M + N + \&c.)^2};$$

et pareillement $Z^2 - 2cZ + c^2 =$

$$\frac{M(z-c)^2 + N(\zeta - c)^2 + \&c.}{M + N + \&c.} - \frac{MN(z - \zeta)^2 + \&c.}{(M + N + \&c.)^2}.$$

Si l'on fait ces substitutions dans l'expression précédente de d^2, et qu'on désigne, pour abréger, par A la somme des masses M, N, &c., multipliées chacune par le carré de sa distance au point donné, cette somme étant de plus divisée par la somme des masses; et qu'on désigne aussi par B la somme des produits des masses prises deux à deux et multipliées par le carré de leurs distances respectives, cette somme étant divisée par le carré de la somme des masses, on aura $d^2 = A - B$, et par conséquent $d = \sqrt{(A - B)}$.

Ainsi, comme la quantité B ne dépend que de la position respective des corps, si on détermine les valeurs de A par rapport à trois points différens, pris dans le système ou hors du système, à volonté, on aura les distances du centre de gravité à ces points, et par conséquent sa position absolue. Si les corps étaient tous dans le même plan, il suffirait de considérer deux points; et il n'en faudrait qu'un seul si tous les corps étaient dans une même ligne droite. En prenant les trois points donnés dans les corps mêmes du système, la position du centre de gravité sera donnée simplement par les masses et par leurs distances respectives. Comme cette manière de trouver le centre de gravité est peu connue, j'ai cru pouvoir la donner ici à cause de l'utilité dont elle peut être dans plusieurs occasions.

215. Supposons maintenant que les conditions du système soient indépendantes de la direction des axes des x et y sur le plan de ces coordonnées, ensorte qu'en faisant tourner ces axes autour de l'axe des z d'un angle quelconque i, ce qui changera les abscisses x, ξ &c. en $x \cos. i - y \sin. i$, $\xi \cos. i - \eta \sin. i$ &c., et les ordonnées y, η &c. en $y \cos. i + x \sin. i$, $\eta \cos. i + \xi \sin. i$ &c., les fonctions représentées par les caractéristiques f, ϕ &c. ne varient point par ces changemens, quel que soit l'angle i. Il est facile de voir que cette propriété aura lieu, en général, dans toute fonction des quantités $x^2 + y^2$, $\xi^2 + \eta^2$, $x\xi + y\eta$, $x\eta - y\xi$, &c.

Si l'on fait $a = x(\cos. i - 1) - y \sin. i$, $b = y(\cos. i - 1) + x \sin. i$, $\alpha = \xi(\cos. i - 1) - \eta \sin. i$, $\beta = \eta(\cos. i - 1) + \xi \sin. i$, &c.; il faudra qu'en substituant à la fois dans ces fonctions $x + a$, $y + b$, $\xi + \alpha$, $\eta + \beta$ &c. à la place de x, y, ξ, η, &c., et développant suivant les puissances de i, la somme des termes affectés d'une même puissance soit nulle. Or, par ces substitutions et par le développement suivant les puissances de a, b, α, β, &c., la fonction $f(x, y, z, \xi \ldots)$ devient $f(x, y, z, \xi \ldots) + af'(x) + bf'(y) +$

$$\alpha f'(\xi) + \beta f'(\eta) + \&c. + \frac{a^2}{2} f''(x) + \&c.$$

Mais on a $\sin. i = i - \frac{i^3}{2.3} + \&c.$, $\cos. i = 1 - \frac{i^2}{2} + \&c.$;
donc les termes affectés de i dans la formule précédente seront

$$i[-yf'(x) + xf'(y) - \eta f'(\xi) + \xi f'(\eta) - \&c.];$$

par conséquent on aura pour la fonction $f(x, y \ldots)$ l'équation de condition

$$xf'y - yf'(x) + \xi f'(\eta) - \eta f'(\xi) + \&c. = 0.$$

On trouvera de la même manière, pour la fonction $\varphi(x, y \ldots)$, l'équation

$$x\varphi'(y) - y\varphi'(x) + \xi\varphi'(\eta) - \eta\varphi'(\xi) + \&c. = 0;$$

et ainsi des autres.

216. Maintenant, si les corps du système n'éprouvent d'autres actions que celles qui peuvent résulter de leur liaison mutuelle, les équations du mouvement relatives aux coordonnées x, y, ξ, η &c. seront de cette forme (*n.º 207*):

$$Mx'' = \Pi f'(x) + \Psi\varphi'(x) + \&c.;$$
$$My'' = \Pi f'(y) + \Psi\varphi'(y) + \&c.;$$
$$N\xi'' = \Pi f'(\xi) + \Psi\varphi'(\xi) + \&c.;$$
$$N\eta'' = \Pi f'(\eta) + \Psi\varphi'(\eta) + \&c.;$$
&c.

Donc, si on ajoute la seconde de ces équations multipliée par x, la quatrième multipliée par ξ et ainsi de suite, et qu'on en retranche la première multipliée par y, la troisième multipliée par η, &c., on aura, en vertu des équations de condition trouvées ci-dessus, l'équation

$$M(xy'' - yx'') + N(\xi\eta'' - \eta\xi'') + \&c. = 0,$$

qui est aussi, comme l'on voit, indépendante des conditions du système.
En prenant son équation primitive, on aura

$$M(xy' - yx') + N(\xi\eta' - \eta\xi') + \&c. = C,$$

C étant une constante arbitraire. Ainsi on a tout de suite une équation du premier ordre entre les coordonnées x, y, ξ, η &c. des différens corps.

Or, $xy' - yx' = xy' + yx' - 2yx'$; mais $xy' + yx'$ est

la fonction prime de xy, c'est-à-dire, du double de l'aire du triangle rectangle dont x est la base et y la hauteur, et yx' est la fonction prime de l'aire de la courbe comprise entre l'abscisse x et l'ordonnée y; donc $\frac{xy' - yx'}{2}$ sera la fonction prime de la différence du triangle et de l'aire dont nous parlons; et il est facile de voir que cette différence est, en général, égale à l'espace compris entre la courbe dont x et y sont les coordonnées, et la droite menée de l'origine de ces coordonnées à la courbe, c'est-à-dire, à l'aire du secteur décrit par cette même droite qu'on nomme *rayon vecteur.*

Ainsi, nommant A cette aire, on aura $xy' - yx' = 2A'$; et nommant de même α l'aire décrite par le rayon vecteur mené à la courbe dont ξ et η sont les coordonnées, on aura pareillement $\xi\eta' - \eta\xi' = 2\alpha'$; et ainsi des autres. De cette manière, l'équation précédente deviendra $2MA' + 2N\alpha' + \&c. = C$; et comme les fonctions primes se rapportent ici au temps t, on aura cette équation primitive

$$MA + N\alpha + \&c. = \tfrac{1}{2}Ct + D,$$

D étant une constante arbitraire, qui sera nulle si on fait commencer les aires A, α &c. au commencement du temps t. Alors la somme des aires multipliées chacune par la masse correspondante, sera proportionelle au temps.

Il peut arriver suivant la forme de la courbe dont x et y sont les coordonnées, que l'aire décrite par le rayon vecteur soit au contraire la différence de l'aire de la courbe et de celle du triangle, auquel cas on aura $xy' - yx' = -2A'$; mais il est facile de se convaincre que, dans ce cas, l'aire sera décrite dans un sens opposé. Donc, en général, la somme des produits des masses par les aires sera proportionnelle au temps, en prenant positivement les aires tracées dans le même sens, et négativement celles qui seraient tracées dans un sens opposé. C'est une remarque essentielle, et sans laquelle le théorème dont il s'agit ne serait pas vrai en général.

Cette loi des aires aura donc lieu dans le mouvement de tout système de corps agissant les uns sur les autres d'une manière quelconque, pourvu que le système soit entièrement libre de tourner autour de l'axe des z perpendiculaire au plan des x et y; car il est visible que les conditions provenant de la liaison mutuelle des corps, seront alors les mêmes, quelque direction qu'on donne aux axes des x et y.

Et si les corps agissent les uns sur les autres par des forces d'attraction ou de répulsion, les fonctions dues à ces forces étant représentées simplement par les distances $\sqrt{[(x-\xi)^2+(y-\eta)^2+(z-\zeta)^2]}$ &c. (n.° 209), ces fonctions auront aussi la propriété que nous avons supposée, et par conséquent la même loi des aires aura encore lieu.

Enfin, si les corps M, N &c. étaient de plus animés par des forces quelconques P, Q, &c., dirigées vers des points donnés de l'axe des z, éloignés du plan des x et y des quantités m, n, &c., il est facile de conclure des formules du numéro 206 que l'on aurait à ajouter aux valeurs de Mx'' et Ny'', les termes respectifs $\frac{Px}{\sqrt{[x^2+y^2+(z-m)^2]}}$ et $\frac{Py}{\sqrt{[x^2+y^2+(z-m)^2]}}$; et de même aux valeurs de $M\xi''$ et $N\eta''$, les termes $\frac{Q\xi}{\sqrt{[\xi^2+\eta^2+(\zeta-n)^2]}}$ et $\frac{Q\eta}{\sqrt{[\xi^2+\eta^2+(\zeta-n)^2]}}$; et ainsi de suite. Donc les valeurs des quantités $M(xy''-yx'')$, $M(\xi\eta''-\eta\xi'')$ &c. seront indépendantes de ces forces, et la loi des aires subsistera également dans ce cas; donc elle subsistera aussi si les corps ne sont animés que par des forces dirigées parallèlement au même axe, et par conséquent perpendiculaires au plan des x et y.

217. Donc, en général, si le système est libre de tourner autour d'un axe fixe, quelle que soit l'action que les corps peuvent exercer les uns sur les autres et de quelques forces qu'ils soient animés, pourvu qu'elles tendent à cet axe ou qu'elles y soient parallèles, la somme des produits de la masse de chaque corps par l'aire que sa projection sur un plan perpendiculaire au même axe décrit autour de cet axe, est toujours proportionnelle au temps.

Si donc le système était libre de tourner, d'une manière quelconque,

autour

autour d'un point fixe, et qu'outre l'action mutuelle des corps, chacun d'eux fût encore sollicité par une force quelconque tendant à ce point, la même loi des aires aurait lieu relativement à tous les axes qui passeraient par ce même point. Ainsi, dans ce cas, en prenant ce point pour l'origine des coordonnées, on aurait, relativement aux trois axes des coordonnées, ces trois équations du premier ordre (*n.° précédent*):

$$M(xy' - yx') + N(\xi\eta' - \eta\xi') + \&c. = C,$$
$$M(xz' - zx') + N(\xi\zeta' - \zeta\xi') + \&c. = D,$$
$$M(yz' - zy') + N(\eta\zeta' - \zeta\eta') + \&c. = E;$$

C, D, E étant trois constantes arbitraires.

218. Si le système était entièrement libre, et qu'il n'y eût aucun point fixe, ces équations et par conséquent la loi des aires auraient lieu par rapport à un point quelconque qu'on prendrait pour l'origine des coordonnées, et pour tous les axes qu'on ferait passer par ce point.

Il en serait encore de même dans ce cas, si le point dont il s'agit, au lieu d'être fixe dans l'espace, avait un mouvement quelconque rectiligne et uniforme. En effet, supposons qu'il parcourre dans le temps t les espaces αt, βt, γt suivant la direction des axes des x, y, z, les vîtesses α, β, γ étant constantes, et soient p, q, r les coordonnées du corps M, π, χ, ρ celles du corps N, &c., rapportées à ce même point pris pour leur origine, il est clair qu'on aura $p = x - \alpha t$, $q = y - \beta t$, $r = z - \gamma t$, et de même $\pi = \xi - \alpha t$, $\chi = \eta - \beta t$, $\rho = \zeta - \gamma t$; et ainsi des autres. Donc, on aura $pq' - qp' = (x - \alpha t)(y' - \beta) - (y - \beta t)(x' - \alpha) = xy' - yx' + \alpha(ty' - y) + \beta(tx' - x)$, et pareillement $\pi\chi' - \chi\pi' = \xi\eta' - \eta\xi' - \alpha(t\eta' - \eta) + \beta(t\xi' - \xi)$; et ainsi des autres formules semblables. On aura donc

$$M(pq' - qp') + N(\pi\chi' - \chi\pi') + \&c.$$
$$= M(xy' - yx') + N(\eta\xi' - \eta\xi') + \&c.$$
$$- \alpha t(My' + N\eta' + \&c.) + \alpha(My + N\eta + \&c.)$$
$$+ \beta t(Mx' + N\xi' + \&c.) - \beta(Mx + N\xi + \&c.).$$

Or, dans ce cas (*n.os 211 et 213*), $Mx + N\xi + \&c. = at + b$,

$My + N\nu +$ &c. $= ct + d$; a, b, c, d étant des constantes: donc, faisant ces substitutions, il viendra

$$M(pq' - qp') + N(\pi\chi' - \chi\pi') + \&c.$$
$$= M(xy' - yx') + N(\xi\nu' - \nu\xi') + \&c.$$
$$+ \alpha d - \beta b = C + \alpha d - \beta b.$$

Ainsi la quantité $M(pq' - qp') + N(\pi\chi' - \chi\pi') +$ &c. sera encore constante; par conséquent, la somme des aires décrites autour de l'axe des r passant par le point mobile, multipliées chacune par la masse respective, sera aussi proportionnelle au temps.

On trouvera, de la même manière, que les deux autres quantités $M(pr' - rp') + N(\pi\varrho' - \varrho\pi') +$ &c., $M(qr' - rq') + N(\chi\varrho' - \varrho\chi') +$ &c., seront constantes, et qu'ainsi la somme des aires décrites autour des axes des q et p passant par le même point mobile, multipliées chacune par la masse respective, sera encore proportionnelle au temps.

Donc, puisque, dans le cas dont il s'agit, le centre de gravité du système ne peut avoir qu'un mouvement rectiligne et uniforme (*n.*° 213), il s'ensuit que la loi des aires aura lieu aussi par rapport au centre de gravité et pour tous les axes qu'on fera passer par ce centre.

Nous remarquerons encore que la loi des aires dont nous parlons, a lieu aussi comme celle du mouvement du centre de gravité, et par la même raison (*n.*° 213), lorsqu'il survient des changemens brusques dans les mouvemens du système, par l'action mutuelle des corps qui le composent. Ainsi la même loi peut s'appliquer également au choc des corps durs et à celui des corps élastiques.

219. Quelles que soient les conditions du système, les équations de condition $f(x, y, z, \xi \ldots) = 0$, $\varphi(x, y, z, \xi \ldots) = 0$, &c. donneront toujours, en prenant les fonctions primes relativement au temps t, dont les variables x, y, &c. sont des fonctions,

$$x'f'(x) + y'f'(y) + z'f'(z) + \xi'f'(\xi) + \nu'f'(\nu) + \zeta'f'(\zeta) + \&c. = 0,$$
$$x'\varphi'(x) + y'\varphi'(y) + z'\varphi'(z) + \xi'\varphi'(\xi) + \nu'\varphi'(\nu) + \zeta'\varphi'(\zeta) + \&c. = 0;$$

et ainsi de suite.

Or, si le système n'éprouve que l'action des forces qui résultent de ces conditions, les équations du mouvement des corps M, N, &c. seront de la forme (n.° 208).

$$Mx'' = \Pi f'(x) + \Psi \varphi'(x) + \&c.$$
$$My'' = \Pi f'(y) + \Psi \varphi'(y) + \&c.$$
$$Mz'' = \Pi f'(z) + \Psi \varphi'(z) + \&c.$$
$$N\xi'' = \Pi f'(\xi) + \Psi \varphi'(\xi) + \&c.$$
$$N\eta'' = \Pi f'(\eta) + \Psi \varphi'(\eta) + \&c.$$
$$N\zeta'' = \Pi f'(\zeta) + \Psi \varphi'(\zeta) + \&c.$$
&c.

Donc, multipliant ces équations respectivement par x', y', z', ξ', η', ζ', &c. et les ajoutant ensemble, on aura celle-ci,

$$M(x'x'' + y'y'' + z'z'') + N(\xi'\xi'' + \eta'\eta'' + \zeta'\zeta'') + \&c. = 0;$$

qui est entièrement indépendante des conditions du système, et qui, par conséquent, aura lieu en général, quelle que puisse être la disposition et la liaison mutuelle des corps qui le composent.

Cette équation a pour équation primitive

$$M(x'^2 + y'^2 + z'^2) + N(\xi'^2 + \eta'^2 + \zeta'^2) + \&c. = H,$$

dans laquelle H est une constante arbitraire. Or, nous avons vu (n.° 195) que $\sqrt{(x'^2 + y'^2 + z'^2)}$ exprime la vîtesse du corps qui décrit la courbe dont x, y, z sont les coordonnées; donc, si on nomme u la vîtesse du corps M, v celle du corps N, et ainsi des autres, on aura $x'^2 + y'^2 + z'^2 = u^2$, $\xi'^2 + \eta'^2 + \zeta'^2 = v^2$, &c., et l'équation précédente deviendra $Mu^2 + Nv^2 + \&c. = H$.

Dans la fameuse dispute sur l'estimation des forces, on a appelé *force vive* d'un corps en mouvement, le produit de sa masse et du carré de sa vîtesse. Ainsi, en conservant cette dénomination, on voit par l'équation qu'on vient de trouver, que la somme des forces vives de tous les corps d'un système, est constante, lorsque ces corps n'éprouvent d'autres actions que celles qui résultent de leur liaison, et, en général, de toutes les conditions qui peuvent être exprimées par des équations entre les différentes coordonnées du corps, sans que le temps y entre. C'est dans cette loi que consiste le principe de la conservation des forces vives.

220. Si les corps agissaient de plus les uns sur les autres par des forces d'attraction ou de répulsion quelconques, ces forces donneraient, à la vérité, des termes de la même forme $\Pi f'(x)$, $\Pi f'(y)$, &c. dans les valeurs des quantités Mx'', My'', &c., en prenant pour la fonction $f(x, y, \ldots)$ la distance $\sqrt{[(x-\xi)^2+(y-\eta)^2+(z-\zeta)^2]}$ entre deux corps, et pour Π la force absolue que ces corps exercent l'un sur l'autre (n.° 209); mais il est évident que la condition $x'f'(x)+y'f'(y)+$ &c. $=0$, n'aurait pas lieu pour cette fonction, comme pour celles qui résultent des conditions du système. Ainsi ces termes subsisteront dans l'équation indépendante des conditions du système, et l'on aura par conséquent

$$M(x'x''+y'y''+z'z'')+N(\xi'\xi''+\eta'\eta''+\zeta'\zeta'')+\text{\&c.}$$
$$=\Pi\,[x'f'(x)+y'f'(y)+z'f'(y)+\xi'f'(\xi)+\eta'f'(\eta)+\zeta'f'(\zeta)]+\text{\&c.},$$

où l'on voit que la quantité $x'f'(x)+y'f'(y)+$ &c. est la fonction prime relativement à t de la fonction $f(x, y, z, \xi \ldots)$, qui est ici

$$\sqrt{[(x-\xi)^2+(y-\eta)^2+(z-\zeta)^2]}.$$

Donc, en général, si on désigne par p la distance rectiligne entre les corps M et N, et par P la force absolue d'attraction ou de répulsion que ces corps exercent l'un sur l'autre, si on désigne de même par q la distance rectiligne entre deux autres corps du système, et par Q la force absolue d'attraction ou de répulsion entre ces corps, et ainsi de suite, en prenant les quantités P, Q, &c., positivement lorsqu'elles tendent à augmenter les distances p, q, &c., et négativement lorsqu'elles tendent à diminuer ces distances, et qu'on nomme u, v, &c. les vîtesses des corps M, N, &c., l'équation précédente deviendra

$$Muu'+Nvv'+\text{\&c.}=Pp'+Qq'+\text{\&c.}$$

qui est également indépendante des conditions du système, mais qui renferme, comme l'on voit, les forces P, Q, &c. d'attraction ou de répulsion mutuelle.

221. Enfin, si les corps étaient en même temps attirés vers des centres fixes, ou repoussés de ces centres, la même équation aurait encore lieu en prenant, par exemple, p pour la distance du corps M à un centre fixe, et P pour la force qui vient de ce centre; et ainsi des autres. Car on peut déduire le cas des forces tendantes à des centres fixes, de celui des actions mutuelles des corps, en supposant que quelques-uns de ces corps deviennent immobiles, ce qui a lieu lorsque leurs masses sont infinies; mais, sans avoir recours à cette démonstration indirecte, il n'y a qu'à considérer que si le corps M, par exemple, éprouve l'action d'une force P qui part d'un centre fixe dont la position soit déterminée par les coordonnées l, m, n, et dont la distance à M soit p, il en résultera (n.° 206) dans les valeurs des quantités Mx'', My'', Mz'', les termes respectifs $\frac{P(x-l)}{p}$, $\frac{P(y-m)}{p}$, $\frac{P(z-n)}{p}$, et par conséquent dans la valeur de $M(x'x'' + y'y'' + z'z'')$, ou de Muu', les termes $\frac{P(x-l)x'}{p} + \frac{P(y-m)y'}{p} + \frac{P(z-n)z'}{p}$; mais p étant $= \sqrt{[(x-l)^2 + (y-m)^2 + (z-n)^2]}$, on a $p' = \frac{(x-l)x' + (y-m)y' + (z-n)z'}{p}$; donc, les termes dont il s'agit se réduisent à Pp'.

D'où l'on conclura, en général, que l'équation

$$Muu' + Nvv' + \&c. = Pp' + Qq' + \&c.$$

a lieu pour un système quelconque de corps disposés ou liés entre eux d'une manière quelconque, et qui s'attirent ou se repoussent réciproquement, ou sont attirés vers des centres fixes, ou repoussés par des forces quelconques P, Q, &c., en nommant p, q, &c. les distances mutuelles des corps qui s'attirent ou se repoussent, ou leurs distances aux centres fixes d'attraction ou de répulsion, et prenant les quantités P, Q, &c., positivement ou négativement, selon que ces forces seront répulsives ou attractives, parce que les premières tendent à augmenter les distances p, q, &c., et les secondes à les diminuer.

222. Si les forces P, Q, &c. sont respectivement des fonctions

quelconques des distances p, q, &c., suivant lesquelles elles agissent, ce qu'on peut toujours supposer lorsque ces forces sont indépendantes les unes des autres; ou, en général, si les quantités P, Q, &c. sont des fonctions de p, q, &c., telles que la quantité $Pp' + Qq' +$ &c. soit la fonction prime d'une fonction de p, q, &c., que nous désignerons par $F(p, q \ldots)$, l'équation primitive de l'équation ci-dessus sera

$$Mu^2 + Nv^2 + \text{\&c.} = K + 2F(p, q \ldots)$$

K étant une constante arbitraire; et, dans ce cas, les forces P, Q, &c., qui agissent suivant les lignes p, q, &c., seront représentées par les fonctions primes $F'(p)$, $F'(q)$, &c.

Soient a, b, &c. les valeurs de p, q, &c. dans un instant donné, et U, V, &c. les vîtesses de M, N, &c. dans cet instant, l'équation précédente rapportée à ce même instant, donnera

$$MU^2 + NV^2 + \text{\&c.} = K + 2F(a, b \ldots);$$

d'où l'on tire $K = MU^2 + NV^2 + \text{\&c.} - 2F(a, b \ldots)$; donc, substituant cette valeur, on aura l'équation générale

$$Mu^2 + Nv^2 + \text{\&c.} = MU^2 + NV^2 + \text{\&c.} + 2F(p, q \ldots) - 2F(a, b \ldots).$$

Cette équation renferme le principe de la conservation des forces vives pris dans toute sa généralité. Elle fait voir que la force vive totale du système ne dépend que des forces actives qui animent les corps, et de la position des corps relativement aux centres de ces forces; de sorte que si, dans deux instans, les corps se trouvent à mêmes distances de ces centres, la somme de leurs forces vives sera aussi la même.

J'entends par *forces actives*, les forces que les corps exercent les uns sur les autres, et dont l'effet est de changer leurs distances ou leurs positions respectives, comme les forces intrinsèques d'attraction ou de répulsion, les forces des ressorts placés entre les corps, &c. Au contraire, j'appelle *forces passives* les forces de résistance produites par les pressions des corps, les tensions des fils ou des verges, &c., et dont l'effet est de maintenir les corps dans une même position respective, et d'empêcher que les conditions du système ne soient violées. Ces forces passives ne contribuent en rien, comme l'on voit, à la production de la force vive; les forces actives seules l'augmentent ou la diminuent, comme elles feraient, si les corps, étant mus librement, partaient des mêmes points et arrivaient aux mêmes points, en décrivant des lignes quelconques.

223. Nous avons vu que la loi du mouvement du centre de gravité, et celle des aires, sont indépendantes de l'action mutuelle des corps, quelle que soit cette action, soit qu'elle vienne des forces passives ou actives; ainsi, à cet égard, ces deux lois ont une plus grande étendue que la loi de la conservation des forces vives, qui n'est indépendante que de l'action des forces passives. Il résulte de là que cette dernière loi ne peut pas subsister, comme les deux premières, dans les cas où, par l'action mutuelle des corps, ou par la rencontre d'obstacles, il survient des changemens brusques dans leurs mouvemens, parce que ces changemens sont ou peuvent toujours être regardés comme l'effet des forces actives de ressorts placés entre les corps, ou entre eux et les obstacles, et qui, en se contractant ou se dilatant très-peu, maintiennent la loi de continuité dans la variation des mouvemens. La force vive des corps qui subissent ainsi des changemens brusques, reçoit, à chacun de ces changemens, une augmentation ou une diminution égale à la force vive que l'action de ces ressorts produirait si les corps n'étaient soumis qu'à cette action.

Ainsi, si les corps M, N, &c. viennent à se rencontrer, ou à rencontrer des obstacles, de manière qu'il en résulte des changemens brusques dans leurs mouvemens, on pourra appliquer à ces corps, pendant leur action, quelque courte qu'elle puisse être, la formule du numéro précédent; de sorte qu'en nommant U, V, &c. leurs vitesses au commencement de l'action, u, v les vitesses à la fin de l'action, désignant de plus par a, b, &c. les valeurs des distances p, q, &c. au commencement; et par α, β, &c. leurs valeurs à la fin de la même action, on aura

$$MU^2 + NV^2 + \&c. - Mu^2 - Nv^2 - \&c. = 2F(a, b \ldots) - 2F(\alpha, \beta \ldots).$$

Ce qui montre que la différence des forces vives, au commencement et à la fin de l'action, sera $2F(a, b, \ldots) - 2F(\alpha, \beta, \ldots)$, où l'on remarquera que, quoique les quantités α, β, &c. diffèrent très-peu des quantités a, b, &c., la différence des fonctions semblables $F(a, b \ldots)$ et $F(\alpha, \beta \ldots)$ peut avoir une valeur finie quelconque.

224. Comme ces fonctions sont inconnues, on ne pourrait pas déterminer, de cette manière, la variation de la force vive; mais, dans les cas particuliers, on pourra la trouver d'après les conditions du problème.

Lorsque des corps se choquent, soit immédiatement, soit par l'entremise de leviers ou de machines quelconques, si les corps sont parfaitement élastiques, la compression et la restitution se font suivant la même loi, et l'action est censée durer jusqu'à ce que les corps soient revenus, par la restitution du ressort, à la même position respective où la compression a commencé. On aura donc pour ce cas, dans l'équation précédente, $\alpha = a$, $\beta = b$, &c., et par conséquent $F(\alpha, \beta \ldots) = F(a, b \ldots)$; d'où il suit que la force vive sera la même avant et après le choc; ce qu'on sait depuis long-temps, mais dont on n'avait pas, que je sache, une démonstration simple et générale.

Au contraire, dans le choc des corps durs, l'action n'est censée durer que jusqu'à ce que les corps aient acquis des vîtesses en vertu desquelles ils ne se nuisent plus, et qui, par conséquent, ne produisent point d'action entre eux. Ainsi, l'effet de ces vîtesses sur l'action mutuelle des corps étant nul, si on leur imprimait ces mêmes vîtesses avant l'action, elle serait la même en vertu des vîtesses composées de celles-ci et des vîtesses propres des corps. Donc, elle serait encore la même, si les vîtesses imprimées étaient égales et directement contraires à celles dont nous parlons, car l'action ne varierait pas, en supposant qu'on détruisît ces vîtesses imprimées, par des vîtesses opposées.

Il s'ensuit de là que, dans le choc des corps durs, les vîtesses u, v, &c., après le choc, doivent être telles que, si on imprime aux corps M, N, &c. ces mêmes vîtesses en sens contraire, l'équation $MU^2 + NV^2 +$ &c. $- Mu^2 - Nv^2 -$ &c. $= 2F(a, b \ldots) - 2F(\alpha, \beta \ldots)$ du numéro précédent subsiste également. Or, les termes qui en composent le second membre, ne dépendant que de l'action mutuelle des corps, demeurent nécessairement les mêmes; donc la valeur de $MU^2 + NV^2 +$ &c. $- Mu^2 - Nv^2 -$ &c., ne changera pas en composant les vîtesses U, V, &c.

et

et les vîtesses u, v, &c. avec les vîtesses $-u$, $-v$, &c. Si donc on nomme A la vîtesse composée de U et de $-u$, B la vîtesse composée de V et de $-v$, &c., on aura l'équation

$$MU^2 + NV^2 + \&c. - Mu^2 - Nv^2 - \&c. = MA^2 + NB^2 + \&c.;$$

puisque les vîtesses composées $u-u$, $v-v$, &c., sont nulles.

Comme U, V, &c. sont les vîtesses avant le choc, et u, v les vîtesses après le choc, il est clair que A, B, &c. seront les vîtesses perdues par le choc; par conséquent, $MA^2 + NB^2 + \&c.$ sera la force vive qui résulterait de ces vîtesses; d'où l'on tire cette conclusion: que, dans le choc des corps durs, il se fait une perte de forces vives égale à la force vive que les mêmes corps auraient s'ils étaient animés chacun de la vîtesse qu'il perd dans le choc. Ce théorème remarquable est dû, je crois, à *Carnot*, qui l'a trouvé d'une autre manière dans son Essai sur les machines en général; il est utile pour compléter l'équation des forces vives, dans les cas où il se fait une perte de ces forces par le choc.

225. Dans l'équation du n.° 221

$$Muu' + Nvv' + \&c. = Pp' + Qq' + \&c.;$$

les quantités p, q, &c. désignent les distances rectilignes des points où les forces P, Q, &c. sont appliquées, aux centres de ces forces; ainsi, les quantités p', q', &c. expriment les vîtesses de ces points suivant les directions de ces mêmes forces, et comme les quantités p, q, &c. n'entrent point dans l'équation, il s'ensuit qu'elle a toujours lieu, quelles que soient les forces P, Q, &c., soit qu'elles tendent à des points donnés ou non, pourvu que l'on prenne pour p', q', &c. les vîtesses respectives des points où ces forces sont appliquées suivant les directions mêmes des forces.

Si les forces P, Q, &c. étaient en équilibre, la quantité $Pp' + Qq' + \&c.$ serait nulle par le principe des vîtesses virtuelles (*n.° 210*): ainsi l'équation précédente montre ce que cette quantité devient lorsque les forces produisent du mouvement; et l'on voit qu'elle est alors égale à la fonction prime de la moitié de la force vive de tous les corps du système, quelle que soit d'ailleurs la disposition et la liaison mutuelle de ces corps.

Donc si, dans un instant quelconque, les forces qui agissent sur le système viennent à se contre-balancer, la fonction prime de la force vive sera alors nulle, et par conséquent, la force vive sera un *maximum* ou un *minimum* (*n.° 131*). En général, de toutes les situations que le système peut prendre, celle où il serait en équilibre, est aussi celle où sa force vive serait un *maximum* ou un *minimum*, s'il était en mouvement; et il est démontré que l'équilibre sera stable lorsque la force vive sera un *maximum*, et qu'il ne le sera pas, lorsque la force vive sera un *minimum*. Mais la démonstration de cette propriété singulière de l'équilibre ne peut pas être insérée ici. *Voyez* la Mécanique analytique.

226. Puisque les quantités p', q', &c. n'expriment que les vîtesses des points où sont appliquées les forces P, Q, &c., estimées suivant la direction de ces forces, on peut prendre pour p, q, &c. les espaces simultanés parcourus par ces points, suivant ces directions. Ainsi Pp' sera la fonction prime de l'aire de la courbe dont l'abscisse serait égale à p et l'ordonnée rectangle serait P, et de même Qq' sera la fonction prime de l'aire de la courbe dont l'abscisse sera q et l'ordonnée Q; et ainsi des autres (*n.° 135*). Donc, si on désigne respectivement ces aires par (P), (Q), &c., et qu'on prenne les fonctions primitives des deux membres de l'équation dont il s'agit (*n.° préc.*), on aura, en multipliant par 2 et nommant U, V les vîtesses de M, N, &c. lorsque les aires (P), (Q), &c. sont supposées commencer :

$$Mu^2 + Nv^2 + \&c. - MU^2 - NV^2 - \&c. = 2(P) + 2(Q) + \&c.$$

Cette équation est la même que celle du n.° 222, qui renferme le principe de la conservation des forces vives; mais elle est présentée ici d'une manière indépendante des fonctions qui peuvent représenter les forces P, Q, &c.

Si on suppose que ces forces agissent chacune séparément sur des corps libres dont les masses soient m, n, &c., on aura, par les équations fondamentales du n.° 199, $mp'' = P$, $nq'' = Q$, &c.; donc, multipliant respectivement par $2p'$, $2q'$, &c., et prenant les fonctions primitives, on aura $mp'^2 = a + 2(P)$, $nq'^2 = b + 2(Q)$, et ainsi des autres, a et b étant des constantes arbitraires. Donc, si on suppose, pour plus de simplicité, que les vîtesses p', q', &c. soient nulles, lorsque les aires (P), (Q), &c. commencent, on aura $a = 0$, $b = 0$, &c.; et par conséquent

$$mp'^2 = 2(P),\ nq'^2 = 2(Q),\ \&c.,$$

où l'on voit que mp'^2, nq'^2, &c. sont les forces vives produites séparément et librement par les forces P, Q, &c. pendant la génération des aires (P), (Q), &c.; de sorte que ces aires elles-mêmes sont égales à la moitié des forces vives produites.

Donc, lorsque ces forces agissent sur des corps liés entre eux d'une manière quelconque, elles produisent, dans tout le système, une augmentation de force vive égale à la somme des forces vives que chaque force produirait en particulier si elle agissait seule sur un corps libre, et qu'elle lui fît parcourir, suivant sa direction, un espace égal à celui que le corps parcourt réellement, suivant la même direction. C'est proprement ce qui constitue le principe de la conservation des forces vives.

227. Cette loi des forces vives est d'une grande importance dans la théorie des machines. L'objet général des machines est de transmettre l'action des puissances motrices, de la manière la plus propre à vaincre les résistances qui s'opposent au mouvement qu'on veut produire. Ces résistances n'étant que des forces qui agissent dans un sens contraire à celui des puissances, on peut les regarder et traiter comme des puissances négatives. Ainsi, dans une machine quelconque en mouvement, l'augmentation de la force vive totale est toujours égale à la somme des forces vives que les puissances auraient produites, moins la somme de celles qui auraient pu être produites par les résistances, si les points sur lesquels ces forces agissent s'étaient mus librement.

On peut réduire à la gravité et aux ressorts presque toutes les forces dont nous pouvons disposer. Un poids P, en descendant librement d'une hauteur h, acquiert une force vive égale à $2Ph$; car, dans ce cas, la force P étant constante, l'aire (P) est égale au produit de l'ordonnée P par l'abscisse h (n.° 226). Ainsi, lorsqu'on a à sa disposition une chute verticale h d'un poids P, on peut dépenser une force vive égale à $2Ph$, laquelle peut être employée dans une machine comme puissance ou comme résistance. Un ressort bandé, produit, en se débandant librement, une force vive qui dépend de la force du ressort et de l'espace par lequel le ressort peut se débander, et qui est égale au double de l'aire (P) (n.° 226). Donc, si on a à sa disposition un ressort bandé jusqu'à un certain point, et qui puisse se débander par un espace donné, on est le maître de dépenser une force vive donnée et de l'employer dans une machine quelconque. Ainsi on peut dire qu'une chute d'eau, dont la quantité et la hauteur sont données; qu'une quantité donnée de charbon, en tant qu'elle peut être employée à vaporiser une quantité donnée d'eau; qu'une quantité donnée de poudre à canon; qu'une journée de travail d'un animal donné, &c., renferment une quantité déterminée de force vive, dont on peut disposer, mais qu'on ne saurait augmenter par aucun moyen mécanique.

On peut donc toujours regarder une machine comme destinée à détruire une quantité donnée de force vive en consumant une autre force vive donnée. Et il suit du principe général, que la force vive des puissances motrices doit surpasser celle des résistances, de la quantité dont la force vive totale de tous les corps qui se meuvent en vertu de ces forces, augmente pendant que ces mêmes forces vives se consument; et s'il arrivait des changemens brusques dans leurs mouvemens, il y faudrait ajouter la somme des forces vives qui résulteraient des vîtesses perdues dans les chocs (n.° 224).

On peut calculer de cette manière l'effet de toute machine, et déterminer les conditions nécessaires pour que cet effet devienne le plus grand qu'il est possible, relativement aux circonstances de la machine donnée.

228. Je ne m'étends pas davantage sur les applications à la mécanique, et je ne m'arrêterai pas à résoudre des problèmes particuliers. Comme mon dessein n'est pas de donner un Traité de mécanique, je me contente d'avoir déduit de la théorie des fonctions, les principes et les équations fondamentales du mouvement, qu'on ne démontre ordinairement que par la considération des infiniment petits. Je m'étais proposé de montrer, dans une troisième partie, la correspondance du calcul différentiel avec la théorie des fonctions, et d'y faire voir principalement que la méthode des infiniment petits n'est qu'un instrument ingénieux fondé sur cette théorie, et destiné

à abréger les opérations qui en dépendent; mais comme ces rapprochemens ne sont pas difficiles, pour ne point trop grossir cet Ouvrage, je les laisse à faire à ceux de mes lecteurs qui possèdent le calcul différentiel; et d'ailleurs, je m'en crois dispensé par le nouveau Traité du calcul différentiel de *Lacroix*, où ce calcul est présenté sous tous ses points de vue, et développé avec tout le détail qu'on peut desirer.

FIN.

FAUTES À CORRIGER.

Page 17, *ligne* 6, Naper, *lisez* Neper;

——— *ligne* 12, e^{xa}, lisez e^{xla}.

Page 27, *ligne* 9, positives, *lisez* négatives;

——— *ligne* 11, négatives, *lisez* positives.

Page 50, *ligne* 9, valeur de $(z+x)^{m-n}$, *lisez* valeur de $(z+u)^{m-n}$.

Page 63, *dernière ligne*, e^{xx}, lisez e^{mx}.

Page 68, *ligne* 14, prime, *lisez* primitive.

Page 71, *ligne* 15, *au lieu* de V', *lisez* $\frac{V'}{V}$.

Page 75, *ligne* 5, *au lieu* de $m-n$, lisez x^{m-n}.

Page 78, *ligne* 15, *au lieu* de sin. α, *lisez* sin. a.

Page 83, *ligne* 3, *au lieu* de u'', z'', lisez $2u''$, $2z''$.

Page 86, *ligne* 11, *à la fin*, *changez* cos. $\frac{u}{2}$ *en* sin. $\frac{u}{2}$.

Page 87, *ligne* 3, *changez* n en μ;

——— *ligne* 4, *changez* z en u, et u en z.

Page 97, *ligne* 8, *à la fin*, *changez* $\frac{o^2}{2}$ *en* $\frac{i^2}{2}$.

Page 120, *ligne* 12, *changez* f'' en φ''.

Page 121, *ligne* 11 et 14, *changez* f''' en φ'''.

Page 132, *ligne* 4, *au lieu* de ς, *lisez* σ.

Page 245, *lignes* 20 *et* 21, *au lieu de* $4\gamma\rho$ *au numérateur*, *lisez* $4\alpha\gamma\rho$,

ligne 21, *au lieu du premier dénominateur* $4\gamma^2$, *lisez* $4\alpha\gamma^2$.

Page 251, *ligne* 9, *effacez* le p.

IMPRIMÉ

Par les soins de P. D. DUBOY-LAVERNE, directeur de l'Imprimerie de la République.

www.ingramcontent.com/pod-product-compliance
Ingram Content Group UK Ltd.
Pitfield, Milton Keynes, MK11 3LW, UK
UKHW021854190726
13855UKWH00001B/309

9 782013 459808